2023年

JJF

中华人民共和国工业和信息化部
电子计量技术规范

2023 NIAN ZHONGHUARENMINGONGHEGUO GONGYEHEXINXIHUABU DIANZI JILIANG JISHU GUIFAN

（18项合订本）

中国电子技术标准化研究院　编

中国纺织出版社有限公司

图书在版编目（CIP）数据

2023 年中华人民共和国工业和信息化部电子计量技术
规范：18 项合订本／中国电子技术标准化研究院编 . --
北京：中国纺织出版社有限公司，2024.4
ISBN 978-7-5229-1211-0

Ⅰ . ①2⋯　　Ⅱ . ①中⋯　　Ⅲ . ①无线电计量－技术规范
－中国　　Ⅳ . ①TB973-65

中国国家版本馆 CIP 数据核字（2023）第 213929 号

责任编辑：孔会云　陈怡晓　　特约编辑：牛晋阳
责任校对：高　涵　　　　　　责任印制：王艳丽

中国纺织出版社有限公司出版发行
地址：北京市朝阳区百子湾东里 A407 号楼　邮政编码：100124
销售电话：010—67004422　传真：010—87155801
http://www.c-textilep.com
中国纺织出版社天猫旗舰店
官方微博 http://weibo.com/2119887771
北京华联印刷有限公司印刷　各地新华书店经销
2024 年 4 月第 1 版第 1 次印刷
开本：889×1230　1/16　印张：26
字数：586 千字　定价：680.00 元

凡购本书，如有缺页、倒页、脱页，由本社图书营销中心调换

目　　录

中华人民共和国工业和信息化部
电子计量技术规范

JJF（电子）0080—2023

高频电感标准器校准规范

Calibration Specification for High-Frequency Inductance Standard

2023-08-16 发布   2023-09-01 实施

中华人民共和国工业和信息化部   发 布

高频电感标准器校准规范
Calibration Specification for
High-Frequency Inductance Standard

JJF（电子）0080—2023

归 口 单 位：中国电子技术标准化研究院
主要起草单位：工业和信息化部电子第五研究所
　　　　　　　中国电子技术标准化研究院
参加起草单位：广州赛宝计量检测中心服务有限公司

本规范技术条文委托起草单位负责解释

本规范主要起草人：

魏　武（工业和信息化部电子第五研究所）

郑健荣（工业和信息化部电子第五研究所）

裴　静（中国电子技术标准化研究院）

参　加　起　草　人：

邓志勇（广州赛宝计量检测中心服务有限公司）

彭继煌（工业和信息化部电子第五研究所）

高贯玺（广州赛宝计量检测中心服务有限公司）

庞建龙（广州赛宝计量检测中心服务有限公司）

目　　录

引　言

　　本规范依据 JJF 1071—2010《国家计量校准规范编写规则》和 JJF 1059.1—2012《测量不确定度评定与表示》编写。
　　本规范为首次发布。

高频电感标准器校准规范

1 范围

本规范适用于电感量范围 1μH~10mH，频率范围 100kHz~10MHz 的高频电感标准器校准。

2 引用文件

本规范引用了下列文件：
JJG 726—2017 《标准电感器检定规程》
JJF 1735—2018 《高频 Q 值标准线圈校准规范》
凡是注日期的引用文件，仅注日期的版本适用于本规范；凡是不注日期的引用文件，其最新版本（包括所有的修改单）适用于本规范。

3 术语和计量单位

高频电感标准器 high-frequency inductance standard
一种在高频率范围内（100kHz~10MHz）使用的电感标准器，能够在不同感抗值和不同频率范围内复现其计量特性的实物计量器具。

4 概述

高频电感标准器是用于校准 RLC 测量仪、阻抗分析仪、交流电桥的高频电感量值的实物量具。
高频电感标准器一般为线绕电感，结构上采取螺线管型，密封结构一般采用金属屏蔽外壳。高频电感标准器按测量端子引出接线的不同，可分为端钮式（三端口）或端对式（四端对）高频电感标准器。
高频电感标准器的等效电路如图1所示。

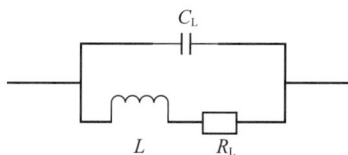

C_L—固有电容　R_L—绕线电阻　L—电感
图1 高频电感标准器的等效电路图

5 计量特性

5.1 校准频率下的电感量

校准频率下的电感量见表1。

表1　高频电感标准器的电感量及最大允许误差

电感量	校准频率	最大允许误差
1μH	1.0MHz~10MHz	±（0.6%~3%）
2μH	1.0MHz~10MHz	±（0.6%~3%）
5μH	1.0MHz~5.0MHz	±（0.6%~3%）
10μH	0.5MHz~5.0MHz	±（0.4%~3%）
20μH	0.5MHz~5.0MHz	±（0.4%~3%）
50μH	0.5MHz~1.0MHz	±（0.3%~3%）
100μH	100kHz~1.0MHz	±（0.3%~2.5%）
200μH	100kHz~1.0MHz	±（0.3%~2.5%）
500μH	100kHz~0.5MHz	±（0.3%~2.5%）
1mH	100kHz~0.5MHz	±（0.3%~2.5%）
2mH	100kHz~0.5MHz	±（0.3%~2%）
5mH	100kHz~0.2MHz	±（0.3%~2%）
10mH	100kHz~0.2MHz	±（0.3%~2%）

5.2 品质因数

品质因数见表2。

表2　高频电感标准器的品质因数允许范围

电感量	校准频率	品质因数允许范围
1μH	1.0MHz~10MHz	≥20
2μH	1.0MHz~10MHz	≥20
5μH	1.0MHz~5.0MHz	≥30
10μH	0.5MHz~5.0MHz	≥30
20μH	0.5MHz~5.0MHz	≥30
50μH	0.5MHz~1.0MHz	≥30
100μH	100kHz~1.0MHz	≥30
200μH	100kHz~1.0MHz	≥40
500μH	100kHz~0.5MHz	≥40
1mH	100kHz~0.5MHz	≥40
2mH	100kHz~0.5MHz	≥20
5mH	100kHz~0.2MHz	≥20
10mH	100kHz~0.2MHz	≥15

5.3 直流电阻

直流电阻允许范围见表3。

表3 高频电感标准器的直流电阻允许范围

电感量	直流电阻允许范围
1μH	≤2Ω
2μH	≤2Ω
5μH	≤2Ω
10μH	≤5Ω
20μH	≤5Ω
50μH	≤5Ω
100μH	≤8Ω
200μH	≤8Ω
500μH	≤10Ω
1mH	≤30Ω
2mH	≤50Ω
5mH	≤50Ω
10mH	≤100Ω

5.4 年稳定性

高频电感标准器的年稳定性应优于其在校准频率下电感量的最大允许误差。

注：标称电感量不同的高频电感标准器，其校准频率、使用频率范围和最大允许误差各有不同。具体的计量特性应以高频电感器生产厂家的技术手册为参考。以上计量特性不用于合格性判定，仅供参考。

6 校准条件

6.1 环境条件

6.1.1 环境温度：20℃±5℃。

6.1.2 相对湿度：20%~80%。

6.1.3 周围无影响仪器正常工作的电磁干扰和机械振动。

注：不同型号高频电感标准器校准的具体环境条件应以生产厂家的技术手册为参考。若无规定时，可以参考上述条件。

6.2 校准用设备（或测量标准及其他设备）

校准所用测量标准及设备应经过计量技术机构检定（或校准），校准时由测量标准器、辅助设备及环境条件引起的扩展不确定度（$k=2$）应不大于被校高频电感标准器最大允许误差绝对值的1/3。测量标准的测量范围应能覆盖高频电感标准器的测量范围。

6.2.1 电感测量装置

由精密阻抗分析仪、精密数字电桥、RLC测量仪和高频Q表等组成。

电感量测量范围：1μH~10mH，最大允许误差：±（0.05%~0.8%）；

品质因数测量范围：0~500，最大允许误差：±（1%~10%）；

测量频率范围：100kHz~10MHz。

6.2.2 频率计

频率范围：DC~20MHz，最大允许误差：±（$5×10^{-8}$~$5×10^{-7}$）。

6.2.3 数字多用表/电阻表

直流电阻测量范围：0.01Ω~100Ω，最大允许误差：±0.2%。

7 校准项目和校准方法

7.1 校准项目

校准项目见表4。

表4　校准项目一览表

序号	校准项目	校准方法条款
1	外观及工作正常性检查	7.2.1
2	校准频率下的电感量	7.2.2
3	品质因数	7.2.3
4	直流电阻	7.2.4
5	年稳定性	7.2.5

7.2 校准方法

7.2.1 外观及工作正常性检查

a）被校高频电感器应有说明书及全部配套附件。

b）被校高频电感器应无影响正常工作的机械损伤。

c）根据高频电感器的说明书/技术资料/标识，确定其校准频率。若无规定，则选取表1中校准频率范围的下限作为校准频率。

d）进行以下校准时，校准用设备应按规定先预热半小时，被校高频电感器应置于校准环境下不小于4小时。

e）将检查情况记录于附录A表A.1中。

7.2.2 校准频率下的电感量

7.2.2.1 测量方法

a）对电感测量装置中的精密阻抗分析仪或精密数字电桥进行开路、短路和负载校准。

b）按图2接线。对于四端对高频电感器，使用BNC测试线将其I_H、V_H、V_L、I_L端分别接到精密阻抗分析仪或精密数字电桥的I_H、V_H、V_L、I_L端，接地端G也互相连接。

对于三端口高频电感器，使用BNC转夹子测试线将精密阻抗分析仪或精密数字电桥的I_H、V_H端接到其H端，同时将V_L、I_L端接到其L端，并将接地端G互相连接。

c）将精密阻抗分析仪或精密数字电桥的测量模式设置为串联电感—品质因数模式，测量频率设置为高频电感器的校准频率，在校准频率下对被校高频电感器的电感值进行直接测量。

9

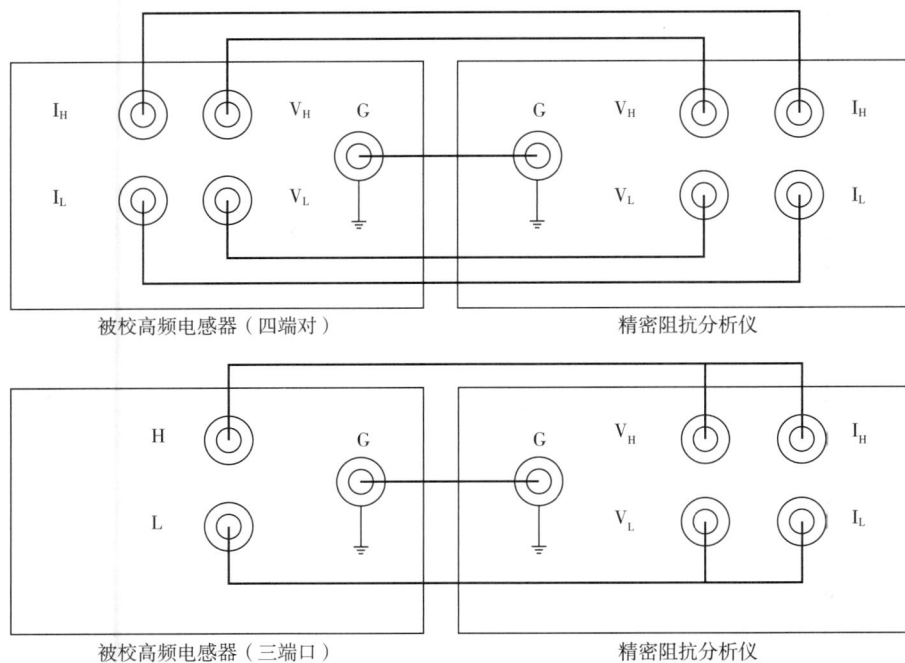

图 2　校准频率下电感值的校准接线图

d）共进行 n 次测量（$n \geqslant 3$），将多次测量数据 L_i 记录于附录 A 表 A.2 中。

7.2.2.2　数据处理

计算多次测量结果的平均值作为校准频率下的电感实测值 L_S。

$$L_S = \frac{\sum\limits_{i=1}^{n} L_i}{n} \tag{1}$$

被校高频电感器在校准频率下的电感量示值误差为：

$$\Delta = L_N - L_S \tag{2}$$

式中：

Δ ——被校高频电感标准器在校准频率下的电感量示值误差，H；

L_N ——被校高频电感器的在校准频率下的电感量标称值，H；

L_S ——被校高频电感器的在校准频率下的电感量实测值，H。

相对误差按下式计算：

$$\gamma_L = \frac{\Delta}{L_S} \times 100\% \tag{3}$$

式中：

γ_L ——被校高频电感标准器在校准频率下的电感量相对误差。

7.2.3　品质因数

7.2.3.1　测量方法

7.2.3.1.1　精密阻抗分析仪/精密数字电桥法

a）对电感测量装置中的精密阻抗分析仪或精密数字电桥进行开路、短路和负载校准。

b）参考 7.2.2.1 的接线方式进行接线。

c）将精密阻抗分析仪或精密数字电桥的测量模式设置为串联电感—品质因数模式，测量频率设置为高频电感器的校准频率，在校准频率下对高频电感器的品质因数 Q 值进行直接测量。

d）共进行 n 次测量（$n \geqslant 3$），将多次测量的数据 Q_i 记录于附录 A 表 A.3 中。

7.2.3.1.2　高频 Q 值测量表法

a）按图 3 接线。对于四端对高频电感标准器，使用 BNC 转夹子线将其 I_H 和 V_H 端接到高频 Q 值测量表的 H 端，高频电感器的 V_L 和 I_L 端接到高频 Q 值测量表的 L 端，接地端 G 也互相连接；同时把高频 Q 值测量表的频率输出端接到频率计。

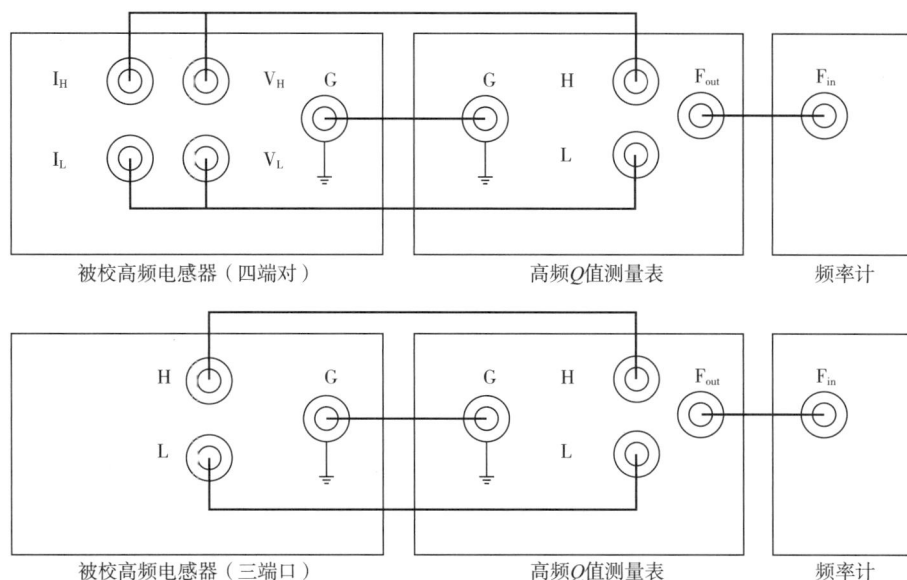

图 3　高频 Q 值测量表法接线图

对于三端口高频电感标准器，使用香蕉头测试线将其 H 端接到高频 Q 值测量表的 H 端，高频电感器的 L 端接到高频 Q 值测量表的 L 端，接地端 G 也互相连接；同时把高频 Q 值测量表的频率输出端接到频率计。

b）调节高频 Q 值测量表面板上的频率旋钮，使频率计读数 f_0 为被校高频电感标准器的校准频率值。

c）调节高频 Q 值测量表的调谐电容主、微调电容度盘，使高频 Q 值测量表上的 Q 值达到最大值，则高频电感标准器达到谐振，此时读取高频 Q 值测量表上显示的 Q 值。

d）共进行 n 次测量（$n \geqslant 3$），将多次测量的数据 Q_i 记录于附录 A 表 A.3 中。

7.2.3.2　数据处理

按照式（4）计算多次测量结果的平均值作为校准频率下的品质因数实测值 Q_S。

$$Q_S = \frac{\sum_{i=1}^{n} Q_i}{n} \tag{4}$$

式中：

Q_S——被校高频电感器在校准频率下的品质因数实测值；

Q_i——被校高频电感器在校准频率下第 i 次测量的品质因数测量结果；

n——测量次数。

7.2.4　直流电阻

测量方法。

a）对校准用的数字多用表/电阻表进行短路清零。

11

b）按图 4 接线。对于四端对高频电感标准器，BNC 转香蕉头测试线将其 I_H、V_H、V_L、I_L 端分别接到数字多用表/电阻表的 Current+、Sense+、Sense−、Current−端，并将接地端 G 互相连接。

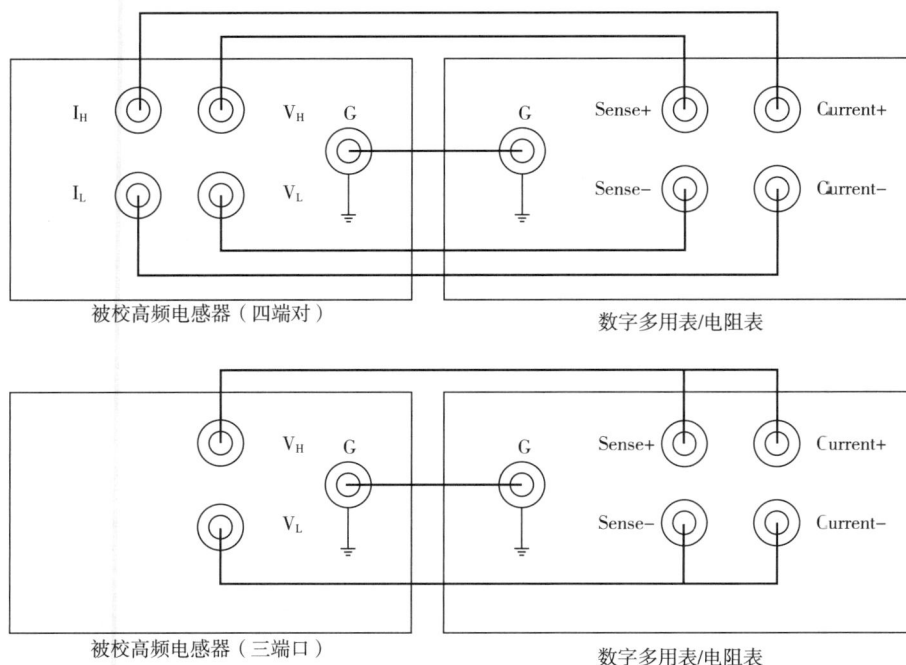

图 4　直流电阻的校准接线图

对于三端口高频电感标准器，使用 BNC 转夹子测试线将数字多用表/电阻表的 Current+、Sense+端接到其 H 端，同时将 Sense−、Current−端接到其 L 端，并将接地端 G 互相连接。

c）将数字多用表或电阻表设置成四线电阻测量模式，按照不同高频电感标准器的直流电阻参数，选择适当的电阻测量量程。

d）对高频电感器的直流电阻进行直接测量，将测得直流电阻值数据 R_L 记录于附录 A 表 A.4 中。

7.2.5　年稳定性

进行年稳定性考核的高频电感器，应有上一年度的校准证书。

7.2.5.1　测量方法

a）选择高频电感标准器的校准频率作为年稳定性考核的频率，在校准频率下进行电感量的校准。

b）按图 2 接线。

c）按照本规范 7.2.2 的方法，使用精密阻抗分析仪或精密数字电桥对被校高频电感器的电感量进行直接测量，将电感量实测值数据 L_S 记录于附录 A 表 A.5 中。

7.2.5.2　数据处理

高频电感器的年稳定性为：

$$\delta_y = \frac{L_S - L_S'}{L_S'} \times 100\% \tag{5}$$

式中：

δ_y ——被校高频电感器在校准频率下的年稳定性；

L_S ——本次被校高频电感器的电感量实测值，H；

L'_S ——上一周期被校高频电感器的电感量实测值，H。

8 校准结果表达

校准完成后的仪表应出具校准证书。校准证书应至少包含以下信息：

a）标题："校准证书"；
b）实验室名称和地址；
c）进行校准地点（如果与实验室的地址不同）；
d）证书的唯一性标识（如编号），每页和总页数的标识；
e）客户的名称和地址；
f）被校对象的描述和明确标识；
g）进行校准的日期，如果与校准结果的有效性和应用有关时，应说明被校对象的接收日期；
h）如果与校准结果有效性应用有关时，应对被校样品的抽样程序进行说明；
i）校准所依据的技术规范的标识，包括名称及代号；
j）本次校准所用测量标准的溯源性及有效性说明；
k）校准环境的描述；
l）校准结果及其测量不确定度的说明；
m）对校准规范的偏离的说明；
n）校准证书或校准报告签发人的签名、职务或等效标识；
o）校准结果仅对被校对象有效的声明；
p）未经实验室书面批准，不得部分复制证书的声明。

9 复校时间间隔

建议复校时间间隔不超过 12 个月。由于复校时间间隔的长短是由仪器的使用情况、使用者、仪器本身质量等诸因素所决定的，送校单位可根据实际使用情况决定复校时间间隔。

附录 A　原始记录格式

A.1　外观及工作正常性检查

表 A.1　外观及工作正常性检查

项目	检查结果
外观检查	
工作正常性检查	

A.2　校准频率下的电感量

表 A.2　校准频率下的电感量

机身号	电感量标称值	测量频率	电感量	
			次数	实测值
			1	
			2	
			3	
			1	
			2	
			3	

A.3　品质因数

表 A.3　品质因数

机身号	电感量标称值	测试频率	品质因数	
			次数	实测值
			1	
			2	
			3	
			1	
			2	
			3	

A.4 直流电阻

表 A.4 直流电阻

机身号	电感量标称值	直流电阻实测值

A.5 年稳定性

表 A.5 年稳定性

机身号	电感量标称值	测试频率	上一年实测值	本次实测值	年稳定性

附录 B　校准证书内页格式

证书编号 ×××××–××××

<校准机构授权说明>				
校准结果不确定度的评估和表述均符合 JJF 1059.1 的要求。				
校准环境条件及地点：				
温度		℃	地点	
相对湿度		%	其他	
校准所依据的技术文件（代号、名称）：				
校准所使用的主要测量标准：				
名称	测量范围	不确定度/准确度等级	证书编号	证书有效期至（YYYY-MM-DD）

证书编号 ××××××–××××

校准结果

1 外观及工作正常性检查

项目	检查结果
外观检查	
工作正常性检查	

2 校准频率下的电感量

机身号	电感量标称值	测试频率	电感量实测值	相对误差	U

3 品质因数

机身号	电感量标称值	测试频率	品质因数实测值	U

4 直流电阻

机身号	电感量标称值	直流电阻实测值	U

机身号	电感量标称值	测试频率	上一年实测值	本次实测值	年稳定性	U
5 年稳定性

说明:

根据客户要求和校准文件的规定, 通常情况下_____个月校准一次。

声明:

1. 仅对加盖 "×××××校准专用章" 的完整证书负责。

2. 本证书的校准结果仅对本次所校准的计量器具有效。

校准员: 核验员:

第×页   共×页

附录 C 校准频率下的电感量示值误差测量不确定度评定示例

C.1 测量方法

按本规范7.2.2章节进行校准，以1mH高频电感为例，校准频率为100kHz。采用直接测量法，使用电感测量装置对高频电感器进行校准频率下的电感量校准。记录电感测量装置稳定后的示值，测量3次，取3次的平均值作为高频电感器的电感量实测值，计算电感量示值误差。

C.2 测量模型

在规定环境条件下，温度、湿度、电磁干扰等带来的影响可忽略，测量模型用式（C.1）表示：

$$\Delta = L_{\mathrm{N}} - L_{\mathrm{S}} \tag{C.1}$$

式中：

Δ ——被校高频电感器的在校准频率下的电感量示值误差；

L_{S} ——被校高频电感器的在校准频率下的电感量实测值；

L_{N} ——被校高频电感器的在校准频率下的电感量标称值。

C.3 不确定度传播律

由于各输入量互不相关，对公式（C.1）求偏导，则不确定度传播率见公式（C.2）：

$$u_{c}(\Delta) = \sqrt{c_{1}^{2} u^{2}(L_{\mathrm{N}}) + c_{2}^{2} u^{2}(L_{\mathrm{S}})} \tag{C.2}$$

灵敏系数：$c_{1} = \dfrac{\partial \Delta}{\partial L_{\mathrm{N}}} = 1$，$c_{2} = \dfrac{\partial \Delta}{\partial L_{\mathrm{S}}} = -1$。

C.4 主要不确定度来源

a）电感测量装置测量不准确引入的不确定度分量 $u_{1}(L_{\mathrm{S}})$；

b）电感测量装置分辨力不足引入的不确定度分量 $u_{2}(L_{\mathrm{S}})$；

c）测量重复性引入的不确定度分量 $u_{3}(L_{\mathrm{S}})$。

C.5 标准不确定度评定

C.5.1 电感测量装置测量不准确引入的标准不确定度分量 $u_{1}(L_{\mathrm{S}})$

B类评定。1693型RLC数字电桥在100kHz的频率下测量1mH电感量的最大允许误差为±0.25×10^{-2}mH，视为均匀分布，置信因子 $k = \sqrt{3}$，故有：

$$u_{1}(L_{\mathrm{S}}) = \frac{0.25 \times 10^{-2}}{\sqrt{3}} = 1.4 \times 10^{-3} (\mathrm{mH}) \tag{C.3}$$

C.5.2 电感测量装置分辨力不足引入的不确定度分量 $u_{2}(L_{\mathrm{S}})$

B类评定。1693型RLC数字电桥的分辨力为1×10^{-5}mH，视为均匀分布，置信因子 $k = \sqrt{3}$，故有：

$$u_{2}(L_{\mathrm{S}}) = \frac{1 \times 10^{-5}}{2 \times \sqrt{3}} = 2.9 \times 10^{-6} (\mathrm{mH}) \tag{C.4}$$

C.5.3 测量重复性引入的标准不确定度 $u_{3}(L_{\mathrm{S}})$

A类评定。在重复性条件下，用1693型RLC数字电桥直接测量SB2036型高频电感器的电感量，测量点1mH/100kHz，短时间内重复测量10次，测得数据见表C.1。

表 C.1 测得数据记录表

次数	1	2	3	4	5
电感量/mH	1.0006	1.0006	1.0007	1.0007	1.0007
次数	6	7	8	9	10
电感量/mH	1.0007	1.0006	1.0007	1.0006	1.0007

由贝塞尔公式可得 10 次测量的标准偏差为：

$$s(L_S) = \sqrt{\frac{1}{n-1}\sum_{i=1}^{n}(L_i-\bar{L})^2} = 5.2\times10^{-5}(\text{mH}) \tag{C.5}$$

则有：

$$u_3(L_S) = s(S_i) = 5.2\times10^{-5}(\text{mH})$$

C.6 标准不确定度一览表

见表 C.2。

表 C.2 标准不确定度一览表

不确定度来源	概率分布	评定方法	灵敏系数	标准不确定度
电感测量装置不准确引入 $u_1(L_S)$	均匀	B	-1	1.4×10^{-3} mH
电感测量装置分辨力不足引入 $u_2(L_S)$	均匀	B	-1	2.9×10^{-6} mH
测量重复性 $u_3(L_S)$	正态	A	-1	5.2×10^{-5} mH

注 由于重复性和数字电桥的分辨力不足为同种影响量且相互影响，因此取两分量中的最大值，只计算 $u_3(L_S)$，舍去 $u_2(L_S)$。

C.7 合成标准不确定度

以上各分量相互独立、不相关，故合成标准不确定度：

$$u_c = \sqrt{u_1^2(L_S)+u_3^2(L_S)} = 1.4\times10^{-3}(\text{mH}) \tag{C.6}$$

C.8 扩展不确定度

取包含因子 $k=2$，测量点 1mH/100kHz 校准结果的扩展不确定度：

$$U = k\times u_c = 2\times1.4\times10^{-3}\text{mH} = 2.8\times10^{-3}(\text{mH}) \tag{C.7}$$

相对扩展不确定度为：

$$U_{rel} = \frac{U}{1\text{mH}}\times100\% = 0.28\% \tag{C.8}$$

附录 D 高频电感标准器频率特性测量

高频电感标准器在校准频率下，可以按照其电感量标称值或实测值使用。对于具备稳定频率特性的高频电感器，可以在技术条件规定的频率范围内使用。符合图 1 等效模型的空心螺线管型高频电感器，在一定使用频率范围内，其电感值可按式（D.1）进行计算。

$$L_C = a_2 (f - f_r)^2 + a_1 (f - f_r) + a_0 \tag{D.1}$$

式中：

f_r ——被校高频电感器的校准频率；

f ——被校高频电感器使用频率范围内的频率；

L_C ——被校高频电感器在频率 f 下的电感计算值；

a_2、a_1、a_0 ——多项式的系数。

D.1 频率特性测量方法

按照本规范 7.2.2 节的方法，使用精密阻抗分析仪或精密 RLC 测量仪直接测量多个离散频率点（数据量 $n \geqslant 3$）下高频电感器的电感量值（也可使用扫频测量，数据量 $n \geqslant 30$），然后计算其"电感值—频率"曲线的多项式系数。得到多项式系数后，就可以计算使用频率范围内任意频率 f 下的电感值。

多项式系数获取方法有两种：分别是最小二乘法拟合和方程组解算法。最小二乘法拟合法用于定型测试和初次校准，以确定电感器频率特性是否符合二阶多项式；方程组解算法用于后续校准。具体方法如下：

D.1.1 最小二乘法拟合法

用阻抗分析仪扫描测量被校高频电感器在使用频率范围内的电感值与频率数据（数据量 $n \geqslant 30$），选择参考频率 f_r，用最小二乘法拟合获取多项式 3 个系数 a_2、a_1、a_0。

D.1.2 方程组解算法

在可用工作频率下，选取 3 个频率点，使用精密 RLC 测量仪分别测量被校高频电感器电感量，代入式（D.1）得到 3 个方程，解方程组得到 3 个系数 a_2、a_1、a_0。

D.2 数据处理

将得到的二次项方程系数 a_2、a_1、a_0 分别代入式（D.1），得到被校高频电感标准器在使用频率范围内任意频率下的电感值 L_C，使用精密阻抗分析仪或精密 RLC 测量仪直接测量高频电感器在该任意频率下的电感量实际值 L_f，可以得到电感量计算值 L_C 与实际值 L_f 之间的相对误差值 δ_f。

$$\delta_f = \frac{L_C - L_f}{L_f} \times 100\% \tag{D.2}$$

式中：

δ_f ——被校高频电感器在使用频率范围内的电感量计算值相对误差，%；

L_C ——被校高频电感器在使用频率范围内的电感量计算值，H；

L_f ——被校高频电感器在使用频率范围内的电感量实测值，H。

JJF

中华人民共和国工业和信息化部
电子计量技术规范

JJF（电子）0081—2023

雪崩能量测试仪校准规范

Calibration Specification of Avalanche Energy Testers

2023-08-16 发布　　　　　　　　2023-09-01 实施

中华人民共和国工业和信息化部　发　布

雪崩能量测试仪校准规范
Calibration Specification of Avalanche
Energy Testers

归 口 单 位：中国电子技术标准化研究院
主要起草单位：中国电子技术标准化研究院

本规范技术条文委托起草单位负责解释

本规范主要起草人：

    徐迎春（中国电子技术标准化研究院）

    段密克（中国电子技术标准化研究院）

    李　奇（北京市科通电子继电器总厂有限公司）

参 加 起 草 人：

    何丽娇（中国电子技术标准化研究院）

    褚　楚（中国电子技术标准化研究院）

    张　珊（中国电子技术标准化研究院）

目　录

引　言

　　本规范依据 JJF 1071—2010《国家计量校准规范编写规则》和 JJF 1059.1—2012《测量不确定度评定与表示》编写。

　　本规范为首次发布。

雪崩能量测试仪校准规范

1 范围

本规范适用于功率 MOSFET 器件雪崩能量测试仪的校准。

2 术语和计量单位

雪崩能量：功率 MOSFET 器件雪崩击穿状态下器件能够消耗的最大能量，单位 J。

3 概述

雪崩能量测试仪是用来测试功率 MOSFET 器件雪崩能量的专用仪器，按测试原理可分为去耦电压源测试方法和单脉冲非钳位感应开关测试方法。该类测试仪包含正偏置电压源、负偏置电压源、电压测量单元、电流源、D/A 转换单元、电感负载、电阻校验盒等单元，实现功率 MOSFET 器件雪崩能量测试，具有精度高、稳定可靠、测试方便等特点。其组成原理如图 1 所示。

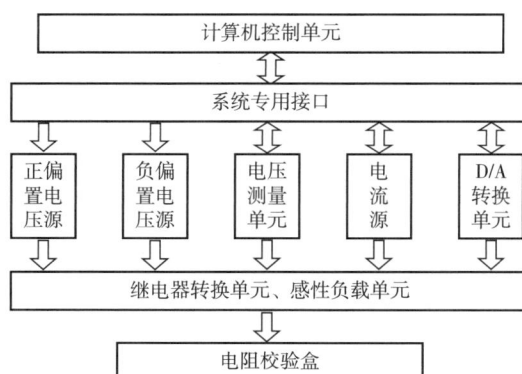

图 1 雪崩能量测试仪组成原理图

4 计量特性

4.1 直流电阻

范围：0.01Ω~1kΩ，最大允许误差：±1%。

4.2 D/A 转换器电压

范围：-20V~0.1V，0.1V~20V，最大允许误差：±（0.1%~1%）。

4.3 正偏置电压

范围：0.5V~200V，最大允许误差：±（0.1%~1%）。

4.4 负偏置电压

范围：-30V～-0.5V，最大允许误差：±（0.1%～1%）。

4.5 电压测量

范围：0.5V～30V，最大允许误差：±（0.1%～1%）。

4.6 电流源测量

范围：1A～10A（直流），最大允许误差：±（0.1%～0.5%）；

范围：10A～200A（脉冲），最大允许误差：±（0.5%～1%）。

注：对于脉冲测试，脉冲宽度范围为100μs～1ms。

4.7 电感

范围：10μH～149.99mH，最大允许误差：±（3%+10μH）；

工作频率：1kHz。

4.8 雪崩能量

范围：1mJ～2J，最大允许误差：±（3%+1mJ）。

注：以上计量特性不用于合格性判定，仅供参考。

5 校准条件

5.1 环境条件

5.1.1 环境温度：20℃±5℃。

5.1.2 相对湿度：≤70%。

5.1.3 供电电源：220V±11V；50Hz±1Hz。

5.1.4 周围无影响正常工作的机械振动和电磁干扰。

5.1.5 保证校准过程中测量标准有良好的接地。

5.2 测量标准及其他设备

5.2.1 数字多用表

直流电压测量范围：±（10mV～1000V），最大允许误差：±（0.05%～0.1%）；

直流电流测量范围：±（1A～10A），最大允许误差：±（0.03%～0.3%）；

电阻测量范围：0.01Ω～1kΩ，最大允许误差：±（0.03%～0.3%）。

5.2.2 脉冲数字化仪

脉冲电压范围：±（0.1V～40V），最大允许误差：±0.3%；

采样速率：≥5×10^{4}Sa/s；

输入阻抗：≥1MΩ；

带宽：≥100kHz；

具备取样点分析并求取部分区域平均值功能。

5.2.3 脉冲分流器

电阻：0.005Ω、0.01Ω、0.1Ω、1Ω，最大允许误差：±0.15%；

功率：≥10W；

带宽：≥10kHz。

5.2.4 数字示波器

带宽：≥100MHz；

电压范围：±（0.1V～40V），最大允许误差：±1%；

时间测量范围：1μs～10ms。

5.2.5 电流探头

带宽：≥100MHz；

电流范围：1A～200A，最大允许误差：±1%。

5.2.6 高频电感测量仪

电感：10μH～99.99mH，最大允许误差：±（0.1%～1%）；

工作频率：1kHz。

5.2.7 MOSFET 器件雪崩能量验证件

雪崩能量范围：1mJ～2J，短期稳定性：≤1%；

数量：≥3 只。

6 校准项目和校准方法

6.1 外观及工作正常性检查

6.1.1 被校雪崩能量测试仪应结构完好，不应有影响正常工作的机械碰伤，插针、接线端子等连接器不应有接触不良的现象，将检查结论记录于附录 A 表 A.1 中。

6.1.2 被校雪崩能量测试仪产品名称、制造厂家、仪器型号和编号等均应有明确标记，将检查结论记录于附录 A 表 A.1 中。

6.2 直流电阻

6.2.1 仪器连接如图 2 所示。将雪崩能量测试仪器电阻校验盒测试端与数字多用表 SENSE 端和输入端按四线法相连。

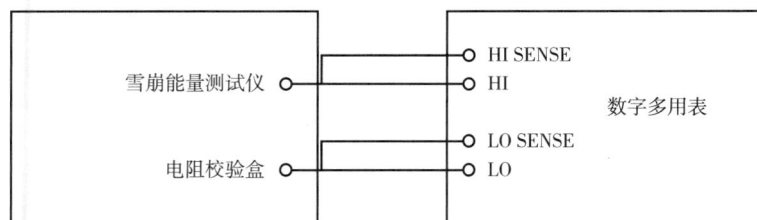

图 2 直流电阻校准示意图

6.2.2 数字多用表设置在四线电阻测量功能，读取数字多用表直流电阻测量值，记入附录 A 的表 A.2 中。

6.2.3 校准电阻校验盒其他直流电阻校准点，重复 6.2.1 到 6.2.2。

6.3 D/A 转换器电压输出

6.3.1 仪器连接如图 3 所示。将雪崩能量测试仪 D/A 转换器电压输出端与数字多用表电压输入端相连。

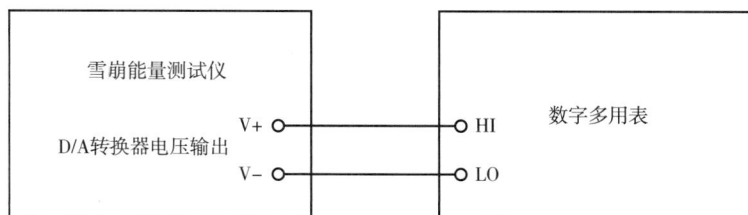

图3　D/A 转换器电压输出校准示意图

6.3.2　设置数字多用表于直流电压测量功能，按要求选择校准点，通常在每个量程的 20%～100% 范围内均匀选取至少三个校准点。

6.3.3　设置被校设备输出校准点值，读取数字多用表电压测量实际值，将结果记入附录 A 的表 A.3 中。

6.3.4　选择其他校准点，重复 6.3.2 到 6.3.3。

6.4　正偏置电压

6.4.1　仪器连接如图 4 所示。将雪崩能量测试仪器正偏置电压输出端与数字多用表电压输入端相连。

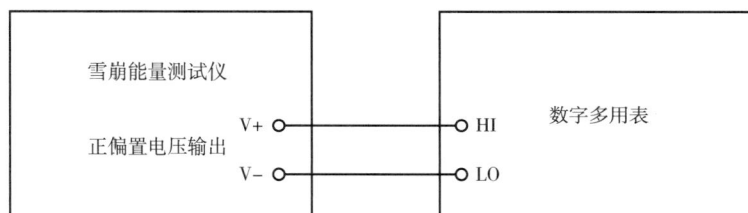

图4　正偏置电压输出校准示意图

6.4.2　设置数字多用表于直流电压测量功能，按要求选择校准点，通常在每个量程的 20%～100% 范围内均匀选取至少三个校准点。

6.4.3　设置被校设备输出校准点值，读取数字多用表电压测量实际值，将结果记入附录 A 的表 A.4 中。

6.4.4　选择其他校准点，重复 6.4.2 到 6.4.3。

6.5　负偏置电压

6.5.1　仪器连接如图 5 所示。将雪崩能量测试仪负偏置电压输出端与数字多用表电压输入端相连。

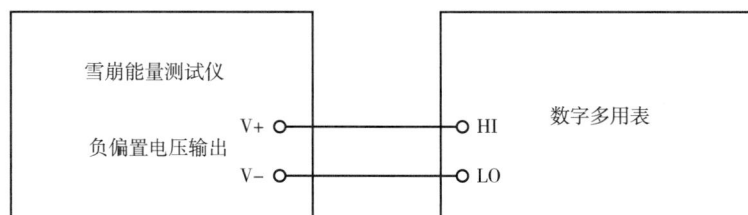

图5　负偏置电压输出校准示意图

6.5.2　设置数字多用表于直流电压测量功能，按要求选择校准点，通常在每个量程的 20%～100% 范围内均匀选取至少三个校准点。

6.5.3 设置被校设备输出校准点值，读取数字多用表电压测量实际值，将结果记入附录 A 的表 A.5 中。

6.5.4 选择其他校准点，重复 6.5.2 到 6.5.3。

6.6 电压测量

6.6.1 仪器连接如图 6 所示。将雪崩能量测试仪电压输出端连接到电压测量端，并与数字多用表电压输入端相连。

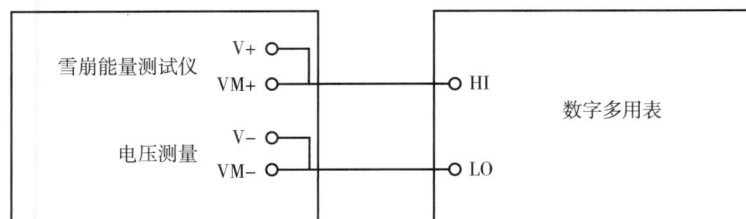

图 6 电压测量校准示意图

6.6.2 将雪崩能量测试仪器设置为加压测压模式，设置数字多用表于直流电压测量功能，按要求选择校准点，通常在每个量程的 20%～100% 范围内均匀选取至少三个校准点。

6.6.3 设置被校设备输出校准点值，读取雪崩能量测试仪电压显示值和数字多用表电压测量实际值，将结果记入附录 A 表 A.6 中。

6.6.4 选择其他校准点，重复 6.6.2 到 6.6.3。

6.7 电流源测量

6.7.1 直流电流输出 1A～10A。

6.7.1.1 仪器连接如图 7 所示。将雪崩能量测试仪电流源输出端与数字多用表电流输入端相连。

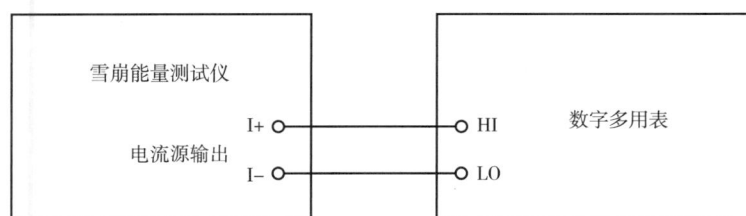

图 7 电流源直流电流输出校准示意图

6.7.1.2 设置数字多用表于直流电流测量，按要求选择校准点，通常在每个量程的 20%～100% 范围内均匀选取至少三个校准点。

6.7.1.3 调节电流旋钮或通过编程方式设置被校设备输出校准点值，读取数字多用表电流测量实际值，记入附录 A 表 A.7 中。

6.7.1.4 选择其他校准点，重复 6.7.1.2 到 6.7.1.3。

6.7.2 脉冲电流输出 10A～200A。

6.7.2.1 仪器连接如图 8 所示。将雪崩能量测试仪电流源输出端与脉冲分流器输入端相连，脉冲分流器输出端与数字化仪输入端相连。

6.7.2.2 设置数字化仪工作于数据采集模式，设置采样模式为单次采样，设置触发电平为被测电流通过分流器后电压信号幅度的 90%，采样率大于 $5 \times 10^4 Sa/s$，按要求选择校准点，通常在每个量程的 20%～100% 范围内均匀选取至少三个校准点。

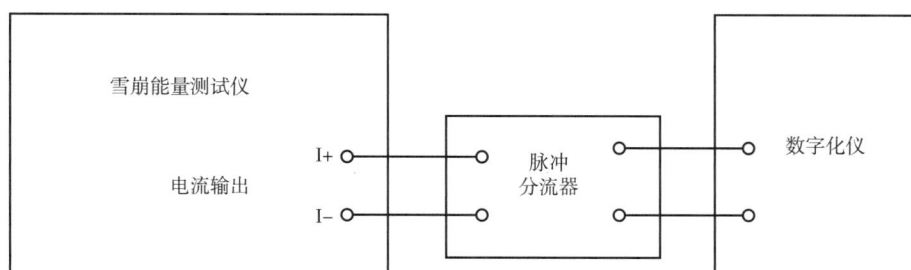

图 8　电流源脉冲电流输出校准示意图

6.7.2.3　设置被校设备脉冲电流校准点值，根据数字化仪显示的数据波形，除另有规定外，取中间稳定部分平均值作为电压测量值 V，按公式（1）计算出被校脉冲电流的实际值 I_0，记录设定值及实际值于附录 A 表 A.8 中。

$$I_0 = \frac{V}{R} \tag{1}$$

式中：

I_0——脉冲电流测量值，A；

V——数字化仪电压测量值，V；

R——脉冲分流器电阻值，Ω。

6.7.2.4　选择其他校准点，重复 6.7.2.2 到 6.7.2.3。

6.8　电感

6.8.1　仪器连接如图 9 所示。将雪崩能量测试仪负载电感与高频电感测量仪输入端相连。

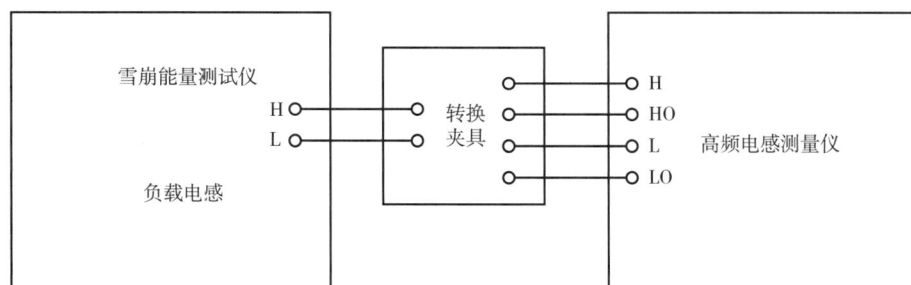

图 9　电感校准示意图

6.8.2　根据设备技术说明书要求，设置负载电感值，读取高频电感测量仪测量值，将结果记入附录 A 表 A.9 中。

6.8.3　选择其他负载电感值作为校准点，重复 6.8.1 到 6.8.2。

6.9　雪崩能量

6.9.1　按去耦电压源测试原理设计的雪崩能量测试仪。

6.9.1.1　仪器连接如图 10 所示。连接雪崩能量测试仪测量夹具，将验证件连接至测量夹具，用导线将验证件雪崩电流输出+、−端子短接，数字示波器电流探头经过零点调节和去磁后，卡住导线。

6.9.1.2　根据验证件输出信号设置数字示波器工作于单次触发模式，按照雪崩能量测试仪技术说明书要求，设置条件并启动测试。

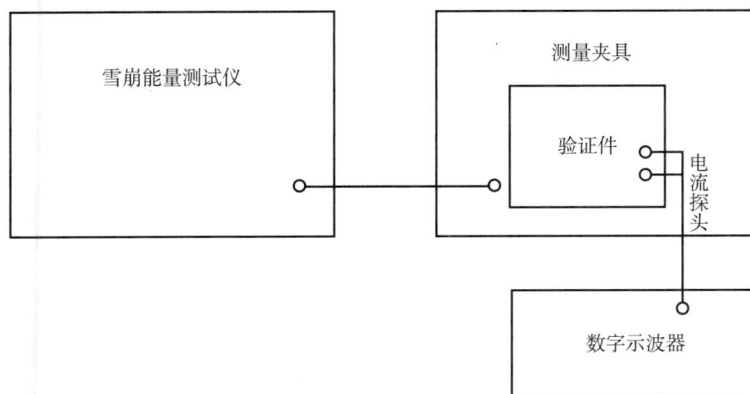

图 10　雪崩能量校准示意图（去耦电压源）

6.9.1.3　读取雪崩能量测量仪显示值和数字示波器显示波形最大电流测量值，并记录雪崩能量测量仪负载电感值，将结果记入附录 A 表 A.10 中，并根据公式（2）计算数字示波器波形显示雪崩能量大小即雪崩能量标准值，将结果记入附录 A 表 A.10 中。

$$E_{AS} = \frac{1}{2}I_{AR}^2 L \tag{2}$$

式中：

E_{AS} ——单脉冲雪崩能量，J；

I_{AR} ——雪崩电流值，A；

L ——负载电感值，H。

6.9.1.4　选择其他验证件作为校准点，重复 6.9.1.1 到 6.9.1.3。

6.9.2　按单脉冲非钳位感应开关测试原理设计的雪崩能量测试仪。

6.9.2.1　仪器连接如图 11 所示。连接雪崩能量测试仪测量夹具，将验证件连接至测量夹具，用导线将验证件雪崩电流输出+、－端子短接，数字示波器电流探头经过零点调节和去磁后，卡住导线。并将验证件漏极与源极间的电压输出端子与数字示波器另一通道的测量端子相连。

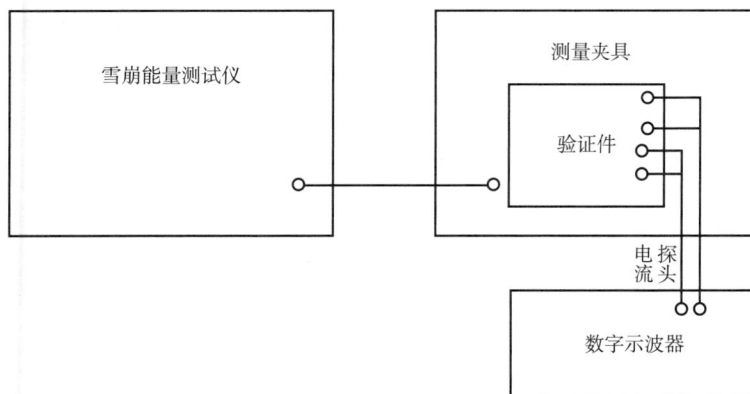

图 11　雪崩能量校准示意图（单脉冲非钳位感应开关）

6.9.2.2　根据验证件输出信号设置数字示波器工作于单次触发模式，按照雪崩能量测试仪技术说明书要求，设置条件并启动测试。

6.9.2.3　读取雪崩能量测量仪显示值和数字示波器显示波形最大电流值和最大电压测量值，并记录雪崩能量测量仪负载电感值和漏极偏置电压修正值，将结果记入附录 A 表 A.11 中，并根据公式（3）计算数字示波器波形显示雪崩能量大小即雪崩能量标准值，将结果记入附录 A 表 A.11 中。

$$E_{\mathrm{AS}} = \frac{1}{2} I_{\mathrm{AR}}^2 L \frac{V_{\mathrm{DS}}}{V_{\mathrm{DS}} - V_{\mathrm{DD}}} \tag{3}$$

式中：

V_{DS} ——漏极与源极间的电压值，V；

V_{DD} ——漏极偏置电压修正值，V；

I_{AR} ——雪崩电流值，A；

L ——负载电感值，H。

6.9.2.4 选择其他验证件作为校准点，重复6.9.2.1到6.9.2.3。

7 校准结果表达

校准后，出具校准证书。校准证书至少应包含以下信息：

a）标题："校准证书"；

b）实验室名称和地址；

c）进行校准的地点（如果与实验室的地址不同）；

d）证书的唯一性标识（如编号），每页及总页数的标识；

e）客户的名称和地址；

f）被校对象的描述和明确标识；

g）进行校准的日期，如果与校准结果的有效性和应用有关时，应说明被校对象的接收日期；

h）如果与校准结果的有效性应用有关时，应对被校样品的抽样程序进行说明；

i）校准所依据的技术规范的标识，包括名称及代号；

j）本次校准所用测量标准的溯源性及有效性说明；

k）校准环境的描述；

l）校准结果及其测量不确定度的说明；

m）对校准规范的偏离的说明；

n）校准证书签发人的签名、职务或等效标识；

o）校准结果仅对被校对象有效的说明；

p）未经实验室书面批准，不得部分复制证书的声明。

8 复校时间间隔

复校时间间隔由用户根据使用情况自行确定，一般推荐为1年。

附录 A   原始记录格式

A.1   外观及工作正常性检查

表 A.1   外观及工作正常性检查

项目	检查结论
外观检查	合格 □ 不合格 □
工作正常性检查	正常 □ 不正常 □

A.2   直流电阻

表 A.2   直流电阻校准记录表

标称值/Ω	测量值/Ω	测量不确定度 U（$k=2$）

A.3   D/A 转换器电压

表 A.3   D/A 转换器电压校准记录表

量程/V	设定值/V	测量值/V	测量不确定度 U（$k=2$）

A.4   正偏置电压

表 A.4   正偏置电压校准记录表

量程/V	设定值/V	测量值/V	测量不确定度 U（$k=2$）

A.5 负偏置电压

表 A.5 负偏置电压校准记录表

量程/V	设定值/V	测量值/V	测量不确定度 U ($k=2$)

A.6 电压测量

表 A.6 电压测量校准记录表

量程/V	设定值/V	显示值/V	测量值/V	测量不确定度 U ($k=2$)

A.7 电流源

表 A.7 直流电流源校准记录表

直流电流 量程/A	设定值/A	测量值/A	测量不确定度 U ($k=2$)

表 A.8 脉冲电流源校准记录表

脉冲电流 量程/A	设定值/A	脉冲 分流器值/Ω	电压 测量值/V	测量值/A	测量不确定度 U ($k=2$)

注 如校准脉冲电流，实际值应记录下中间部分原始数据值，然后给出平均值作为实际值。

A.8 电感

表 A.9 电感校准记录表

频率/Hz	标称值/H	测量值/H	测量不确定度 U（$k=2$）

A.9 雪崩能量校准

表 A.10 雪崩能量校准记录表（去耦电压源测试原理）

校验件型号/编号	显示值/J	雪崩电流值/A	负载电感值/H	标准值/J	测量不确定度 U（$k=2$）

表 A.11 雪崩能量校准记录表（单脉冲非钳位感应开关测试原理）

校验件型号/编号	显示值/J	雪崩电流值/A	负载电感值/H	漏源电压值/V	漏极偏置电压值/V	标准值/J	测量不确定度 U（$k=2$）

附录 B　校准证书内页格式

B.1　外观及工作正常性检查

表 B.1　外观及工作正常性检查

项目	检查结论
外观检查	合格 □　　不合格 □
工作正常性检查	正常 □　　不正常 □

B.2　直流电阻

表 B.2　直流电阻校准记录表

标称值/Ω	测量值/Ω	测量不确定度 U（$k=2$）

B.3　D/A 转换器电压校准

表 B.3　D/A 转换器电压校准记录表

量程/V	设定值/V	测量值/V	测量不确定度 U（$k=2$）

B.4　正偏置电压

表 B.4　正偏置电压校准记录表

量程/V	设定值/V	测量值/V	测量不确定度 U（$k=2$）

B.5 负偏置电压

表 B.5 负偏置电压校准记录表

量程/V	设定值/V	测量值/V	测量不确定度 U ($k=2$)

B.6 电压测量

表 B.6 电压测量校准记录表

量程/V	设定值/V	显示值/V	测量值/V	测量不确定度 U ($k=2$)

B.7 电流源

表 B.7 电流源校准记录表（直流）

直流电流量程/A	设定值/A	测量值/A	测量不确定度 U ($k=2$)

表 B.8 电流源校准记录表（脉冲）

脉冲电流量程/A	设定值/A	脉冲分流器值/Ω	电压测量值/V	测量值/A	测量不确定度 U ($k=2$)

注 如校准脉冲电流，实际值应记录下中间部分原始数据值，然后给出平均值作为实际值。

B.8 电感

表 B.9 电感校准记录表

频率/Hz	标称值/H	测量值/H	测量不确定度 U （k＝2）

B.9 雪崩能量

表 B.10 雪崩能量校准记录表

校验件型号/编号	显示值/J	标准值/J	测量不确定度 U （k＝2）

附录 C　测量不确定度评定示例

C.1　直流电阻校准结果的测量不确定度的评定

C.1.1　测量模型

采用直接测量法进行测量，仪器连接如图 C.1 所示。

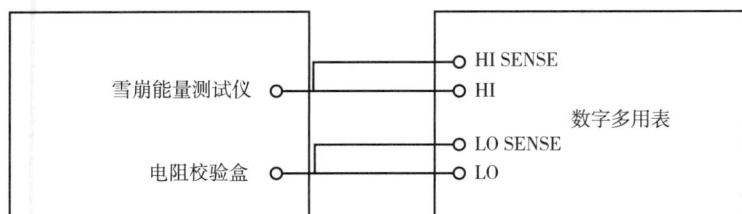

图 C.1　直流电阻校准示意图

将雪崩能量测试仪器电阻校验盒与数字多用表的四线电阻输入端相连。设置雪崩能量测试仪器电阻校验盒电阻标称值为 R_x，数字多用表设置为四线电阻测量功能，读取电阻的测量值 R_n。

$$\delta = R_x - R_n \tag{C.1}$$

式中：

R_n——数字多用表的四线电阻测量值，Ω；

R_x——雪崩能量测试仪器电阻校验盒电阻标称值，Ω；

δ——测量误差，Ω。

C.1.2　不确定度来源

a）测量重复性变化引入的不确定度分量 u_A；

b）数字多用表四线电阻测量不准引入的不确定度分量 u_{B1}；

c）由数字多用表四线电阻测量分辨率所引入的不确定度分量 u_{B2}。

C.1.3　标准不确定度评定

C.1.3.1　测量重复性变化引入的不确定度分量 u_A

按 A 类评定，用数字多用表对雪崩能量测试仪器电阻校验盒标称 10Ω 测试点进行短期重复测量，独立测量 $n=10$ 次，数据见表 C.1。

表 C.1　测得数据记录表

次数	1	2	3	4	5	6	7	8	9	10	$\bar{x}$
电阻/Ω	9.994	9.993	9.995	9.991	9.992	9.996	9.993	9.992	9.993	9.991	9.9930
实验标准偏差 $S(x)=0.0016\Omega$，相对值为 $u_A=0.016\%$。											

考虑到其他量程，进行适当放大，$u_A=0.02\%$。

C.1.3.2　数字多用表四线电阻测量不准引入的不确定度分量 u_{B1}

用 B 类标准不确定度评定。根据数字多用表四线电阻测量功能的技术指标可知，其技术指标为：最大允许误差为 $\pm0.1\%$，按均匀分布，包含因子 $k=\sqrt{3}$，则对应的不确定度分量为：$u_{B1}=$

42

（$0.1\%/\sqrt{3}$）$=0.06\%$。

C.1.3.3　由数字电压表的电压测量分辨率所引入的不确定度分量 u_{B2}

用 B 类标准不确定度评定。根据数字多用表四线电阻测量功能的技术指标可知，在 10Ω 量程的分辨率为 $0.1m\Omega$，区间半宽为 $0.05m\Omega$，即 $a=0.05m\Omega$，估计为均匀分布，则 $k=\sqrt{3}$，故其不确定度分量 $u_{B2}=\alpha/k=0.029m\Omega$，相对值为 0.00029%。该项可忽略不计。

C.1.4　相对合成标准不确定度

直流电阻的测量不确定度汇总见表 C.2。

表 C.2　标准不确定度一览表

不确定度 分量	不确定度来源	评定 方法	分布	k 值	相对标准不确定度
u_A	测量重复性变化	A	正态	—	0.02%
u_{B1}	数字多用表四线电阻测量不准	B	均匀	$\sqrt{3}$	0.06%
u_{B2}	数字四线电阻测量分辨率	B	均匀	$\sqrt{3}$	0.00029%

以上各不确定度分量独立不相关，根据下面公式，则相对合成标准不确定度为：

$$u_{crel}=\sqrt{u_{B1}{}^2+u_{B2}{}^2+u_A{}^2}=0.064\%$$

C.1.5　相对扩展不确定度

取 $k=2$，则相对扩展不确定度 $U_{rel}=u_{crel}\times k=0.2\%$。

C.2　电压输出校准结果的测量不确定度的评定

C.2.1　测量模型

采用直接测量法进行测量，仪器连接如图 C.2 所示。

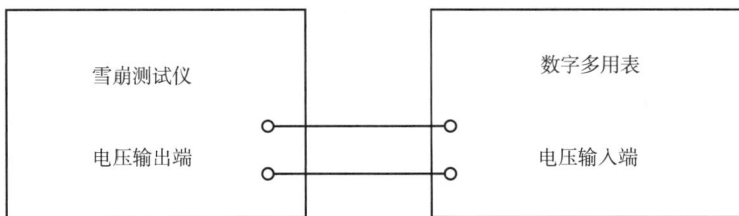

图 C.2　电压输出校准示意图

将雪崩能量测试仪器电压输出端与数字多用表的输入端相连。设置雪崩能量测试仪器电压输出值 V_x，数字多用表设置为直流电压测量功能，读取电压输出的测量值 V_n。

$$\delta = V_x - V_n \tag{C.2}$$

式中：

V_n ——数字多用表的电压测量值，V；

V_x ——雪崩能量测试仪器电压输出的设定值，V；

δ ——测量误差，V。

C.2.2　不确定度来源

a）测量重复性变化引入的不确定度分量 u_A；

b）数字多用表直流电压测量不准引入的不确定度分量 u_{B1}；

c）由数字多用表直流电压测量分辨率所引入的不确定度分量 u_{B2}。

C.2.3 标准不确定度评定

C.2.3.1 测量重复性变化引入的不确定度分量 u_A

按 A 类评定，用数字多用表对雪崩能量测试仪器电压输出的 10V 电压测试点进行短期重复测量，独立测量 $n=10$ 次，数据见表 C.3。

表 C.3 测得数据记录表

次数	1	2	3	4	5	6	7	8	9	10	$\bar{x}$
电压/V	9.9982	9.9983	9.9985	9.9983	9.9982	9.9982	9.9982	9.9980	9.9983	9.9981	9.99825
实验标准偏差 $S(x)=0.00013\mathrm{V}$，相对值为 $u_A=0.0013\%$。											

考虑到其他量程，进行适当放大，$u_A=0.002\%$。

C.2.3.2 数字多用表直流电压测量不准引入的不确定度分量 u_{B1}

用 B 类标准不确定度评定。根据数字多用表直流电压测量功能的技术指标可知，其技术指标为：最大允许误差为 $\pm0.05\%$，按均匀分布，包含因子 $k=\sqrt{3}$，则对应的不确定度分量为：$u_{B1}=0.05\%/\sqrt{3}=0.029\%$。

C.2.3.3 由数字多用表直流电压测量分辨率所引入的不确定度分量 u_{B2}

用 B 类标准不确定度评定。根据数字多用表直流电压测量功能的技术指标可知，在 20V 量程的分辨率为 $0.1\mu V$，根据实际测试要求，将其分辨率扩大为 $0.1mV$，区间半宽为 $0.05mV$，即 $a=0.05mV$，估计为均匀分布，则 $k=\sqrt{3}$，故其不确定度分量 $u_{B2}=\alpha/k=0.029mV$，相对值为 0.00029%。该项可忽略不计。

C.2.4 相对合成标准不确定度

电压输出的测量不确定度汇总见表 C.4。

表 C.4 标准不确定度一览表

不确定度 分量	不确定度来源	评定 方法	分布	k 值	相对标准不确定度
u_A	测量重复性变化	A	正态	—	0.002%
u_{B1}	数字多用表直流电压测量不准	B	均匀	$\sqrt{3}$	0.029%
u_{B2}	数字多用表直流电压测量分辨率	B	均匀	$\sqrt{3}$	0.00029%

以上各不确定度分量独立不相关，根据下面公式，则相对合成标准不确定度为：

$$u_{\mathrm{crel}}=\sqrt{u_{B1}{}^2+u_{B2}{}^2+u_A{}^2}=0.029\%$$

C.2.5 相对扩展不确定度

取 $k=2$，则相对扩展不确定度 $U_{\mathrm{rel}}=u_{\mathrm{crel}}\times k=0.06\%$。

C.3 电流源脉冲电流输出校准不确定度评定

C.3.1 测量模型

根据被校设备使用说明书的要求，将脉冲电流输出设定为指定校准点，根据欧姆定律，通过数字化仪测量脉冲分流器上的脉冲电压稳定部分幅度值实现脉冲电流输出的校准。

$$I_0 = \frac{V_0}{R} \qquad (C.3)$$

式中：

I_0——被校脉冲电流输出测量值，A；

V_0——数字化仪脉冲电压测量平均值，V；

R——脉冲分流器电阻值，Ω。

C.3.2 不确定度来源

a）测量重复性变化引入的不确定度分量 u_A；

b）由数字化仪电压测量不准引入的不确定度分量 u_{B1}；

c）数字化仪电压测量分辨力引入的不确定度分量 u_{B2}；

d）数字化仪输入阻抗所引入的不确定度分量 u_{B3}；

e）数字化仪带宽引入的不确定度分量 u_{B4}；

f）由测试线、连接及其他因素引入的不确定分量 u_{B5}；

g）脉冲分流器不准引入的不确定度分量 u_{B6}；

h）温度变化时分流器阻值变化引入的不确定度分量 u_{B7}；

i）电阻功率变化时脉冲分流器阻值变化引入的不确定度分量 u_{B8}；

j）脉冲分流器频响所引入的不确定度分量 u_{B9}；

k）脉冲分流器响应时间所引入的不确定度分量 u_{B10}；

l）脉冲分流器感性成分引起电阻阻值变化引入的不确定度分量 u_{B11}。

C.3.3 标准不确定度评定

C.3.3.1 由数字化仪电压测量不准引入的不确定度分量 u_{B1}

以脉冲电压 3V 为例进行分析：

a）数字化仪在 10V 量程测量 3V 电压时的允许误差极限为 ±（12_{ppm} reading +0.5_{ppm} range），即为 ±41μV；

b）采样速率设为 50kSa/s，由采样速率引入的附加噪声误差为 Noise $= \dfrac{2 \times \text{Range(V)}}{\sqrt{12} \times 2^{\text{Bits}}}$，因为 50kS/s 采样速率对应 14Bits，所以在 10V 量程，附加噪声误差为 ±352μV；

c）在 50kSa/s 采样速率下，由于 Auto Zero 功能"OFF"引入的误差为 ±2_{ppm} of Range，即为 ±20μV；

d）在 50kSa/s 采样速率下，由 ADC Calibration 功能"OFF"引入的误差为 ±3_{ppm} of Reading，即为 ±9μV。

综合以上误差来源，3V 电压测量的允许误差限为 ±422μV，则允许误差的区间半宽度为 $a_1 =$ 422μV，认为在该区间内服从均匀分布，包含因子 $k_1 = \sqrt{3}$，根据公式（C.4），则 u_{B1} 为：

$$u_{B1} = \frac{a_1}{k_1} = 244(\mu V) \qquad (C.4)$$

相对值 u_{B1} 为 0.008%。

C.3.3.2 数字化仪电压测量分辨力引入的不确定度分量 u_{B2}

以 3V 电压为例进行分析。数字化仪在采样速率设为 50kSa/s 时，相当于 4 位半数字表，在 10V 量程其分辨力为 1mV，则其区间半宽度为 $a_2 = 500\mu V$，认为在该区间内服从均匀分布，包含因子 $k_2 = \sqrt{3}$，根据公式（C.5），则 u_{B2} 为：

$$u_{B2} = \frac{a_2}{k_2} = 289(\mu V) \qquad (C.5)$$

相对值 u_{B2} 为 0.01%。

C.3.3.3 数字化仪输入阻抗所引入的不确定度分量 u_{B3}

在 10V 量程，数字化仪输入阻抗为 10MΩ，远大于分流器 R，所以不会产生分流作用，则由输入阻抗引入的不确定度分量 u_{B3} 可忽略不计。

C.3.3.4 数字化仪带宽引入的不确定度分量 u_{B4}

数字化仪在 10V 量程，其带宽为 325kHz，上升时间为 1.08μs，根据标准规定和对不同厂家、型号脉冲电流源的技术查询，被校脉冲信号的上升时间在 15μs 以上，所以，由数字化仪的上升时间远小于被测信号的上升时间，所以 u_{B4} 可忽略不计。

C.3.3.5 由测试线、连接及其他因素引入的不确定分量 u_{B5}

由测试线、连接及其他因素会对测试结果带来影响，根据试验数据将其适当扩大，u_{B5} 为 0.1%。

C.3.3.6 脉冲分流器不准引入的不确定度分量 u_{B6}

所用 1Ω 分流器阻值的最大允许误差极限为 ±0.2%，则其区间半宽度为 $a_6=0.2\%$，认为在该区间内服从均匀分布，包含因子 $k_6=\sqrt{3}$，根据公式（C.6），则 u_{B6} 为：

$$u_{B6}=\frac{a_6}{k_6}=0.12\% \tag{C.6}$$

C.3.3.7 温度变化时分流器阻值变化引入的不确定度分量 u_{B7}

根据对脉冲分流器技术指标，当温度在 15℃~35℃ 变化时，电阻温度系数变化不超过 100ppm（即 1μΩ），在相对稳定的校准环境温度下，此项影响可忽略不计。

C.3.3.8 电阻功率变化时脉冲分流器阻值变化引入的不确定度分量 u_{B8}

1Ω 电阻的功率为 20W，当被校脉冲电流源输出 1A 电流时，其脉冲持续时间为 300μs，通常为瞬时单次脉冲信号，1Ω 分流器的功率远远满足使用要求，不会由于功率影响电阻阻值变化，此项影响可忽略不计。

C.3.3.9 脉冲分流器频响所引入的不确定度分量 u_{B9}

根据电阻以往试验数据和波形，由电阻频率特性引入的不确定度分量 u_{B9} 可忽略不计。

C.3.3.10 脉冲分流器响应时间所引入的不确定度分量 u_{B10}

脉冲分流器带宽足够，不可能响应到被测脉冲波形，不会引起波形失真和波形不完整，因此其影响量忽略不计。

C.3.3.11 脉冲分流器感性成分引起电阻阻值变化引入的不确定度分量 u_{B11}

脉冲分流器中的感性成分和其他成分会对脉冲信号的上升时间和脉冲宽度有影响，但波形和数据没有突变，而且被测脉冲信号的频谱范围较低，最高约为 50kHz，所以其影响量可忽略不计。

C.3.3.12 由测量重复性等随机因素引入的相对不确定度 u_A

对 3A 脉冲电流测试点用规范规定方法进行独立重复测量，测量次数 $n=10$，重复性测试数据见表 C.5。根据公式（C.7），则 u_A 为：

$$u_A=s(x)=\sqrt{\frac{\sum_{i=1}^{10}(x_i-\bar{x})^2}{n-1}}=0.00067（A）\tag{C.7}$$

相对量 u_A 为 0.02%。

表 C.5　测得数据记录表

次数	x_1	x_2	x_3	x_4	x_5	x_6	x_7	x_8	x_9	x_{10}	$\bar{x}$	$s(x)$
电流/A	2.9963	2.9967	2.9964	2.9954	2.9965	2.9962	2.9952	2.9951	2.9951	2.9967	2.9960	0.00067

C.3.4　相对合成标准不确定度计算公式

去掉可忽略的不确定度分量，不确定度分量见表 C.6。

表 C.6　标准不确定度一览表

不确定度分量	来源	分布	k 值	相对标准不确定度
u_{B1}	数字化仪脉冲电压测量不准	均匀	$\sqrt{3}$	0.008%
u_{B2}	数字化仪电压分辨力引入	均匀	$\sqrt{3}$	0.01%
u_{B5}	测试线、连接及其他因素引入	—	—	0.1%
u_{B6}	脉冲分流器阻值不准引入	均匀	$\sqrt{3}$	0.12%
u_A	测量重复性等随机因素引入	—	—	0.02%

以上各不确定度分量互不相关，根据公式（C.8），则相对合成标准不确定度为：

$$u_{crel} = \sqrt{u_{B1}^2 + u_{B2}^2 + u_{B5}^2 + u_{B6}^2 + u_A^2} \approx 0.15\% \tag{C.8}$$

C.3.5　相对扩展不确定度

取包含因子 $k=2$，则相对扩展不确定度为：

$$U_{rel} = k \times u_{crel} = 0.3\% \tag{C.9}$$

C.4　电感校准不确定度评定

C.4.1　测量模型

根据雪崩能量测试仪器使用说明书的要求，将高频电感测量仪的四端对测试端口与转换夹具相连，可以使四端对结构转换成两端，然后接上被校电感进行电感的测量。在 1kHz 频率下测量电感，雪崩能量测试仪器电感设定值 L_x，读取高频电感测量仪的测量值为 L_n。

$$\delta = L_x - L_n \tag{C.10}$$

式中：

L_n ——高频电感测量仪的测量值，H；

L_x ——雪崩能量测试仪器电感设定值，H；

δ ——测量误差，H。

C.4.2　不确定度来源

a）测量重复性变化引入的不确定度分量 u_A；

b）高频电感测量仪测量电感不准引入的不确定度分量 u_{B1}；

c）由测试线、连接及其他因素引入的不确定度分量 u_{B2}。

C.4.3　标准不确定度评定

C.4.3.1　由高频电感测量仪测量电感不准引入的不确定度分量 u_{B1}

根据高频电感测量仪技术指标，其测量最大允许误差与被测电感的大小以及频率有关。在 1kHz 频率下测量 1mH 电感时，其最大允许误差为 ±0.1%，按均匀分布，包含因子 $k=\sqrt{3}$，则对应的不确定度分量为：$u_{B1} = (0.1\%/\sqrt{3}) = 0.06\%$。

C.4.3.2 由测试线、连接及其他因素引入的不确定分量 u_{B2}

由测试线、连接及其他因素会对测试结果带来影响，根据试验数据将其适当扩大，u_{B2} 为 0.1%。

C.4.3.3 测量重复性变化引入的不确定度分量 u_A

按 A 类评定，用高频电感测量仪对雪崩能量测试仪器电感标称值为 1mH 测试点进行短期重复测量，独立测量 $n=10$ 次，数据见表 C.7。

表 C.7 测得数据记录表

次数	1	2	3	4	5	6	7	8	9	10	$\bar{x}$
电感/mH	0.9981	0.9983	0.9985	0.9983	0.9982	0.9984	0.9982	0.9986	0.9983	0.9987	0.99836
实验标准偏差 $S(x) = 0.00019$mH，相对值为 $u_A = 0.019\%$。											

考虑到其他量程，进行适当放大，$u_A = 0.02\%$。

C.4.4 相对合成标准不确定度

电感的测量不确定度汇总见表 C.8。

表 C.8 标准不确定度一览表

不确定度分量	不确定度来源	评定方法	分布	k 值	相对标准不确定度
u_A	测量重复性变化	A	正态	—	0.02%
u_{B1}	高频电感测量仪测量电感不准	B	均匀	$\sqrt{3}$	0.06%
u_{B2}	由测试线、连接及其他因素	B	—		0.1%

以上各不确定度分量独立不相关，根据下面公式，则相对合成标准不确定度为：

$$u_{crel} = \sqrt{u_{B1}^2 + u_{B2}^2 + u_A^2} = 0.12\%$$

C.4.5 相对扩展不确定度

取 $k=2$，则相对扩展不确定度 $U_{rel} = u_{crel} \times k = 0.3\%$。

C.5 雪崩能量校准不确定度评定

以按去耦电压源测试原理设计的雪崩能量测试仪的雪崩能量校准项目不确定度评定为例，说明雪崩能量校准项目的测量不确定度评定的程序。

C.5.1 测量模型

根据雪崩能量测试仪器使用说明书的要求，连接雪崩能量测试仪测量夹具，将验证件连接至测量夹具，用导线将验证件雪崩电流输出+、-端子短接，数字示波器电流探头经过零点调节和去磁后，卡住导线，测量雪崩电流值 I。

$$E = \frac{1}{2}I^2L \tag{C.11}$$

式中：

E ——雪崩能量，J；

I ——雪崩电流值，A；

L ——负载电感值，H。

求导得相对不确定度：

$$\left[\frac{u_{c}(E)}{E}\right]^{2} = 2^{2}\left[\frac{u_{c}(I)}{I}\right]^{2} + \left[\frac{u_{c}(L)}{L}\right]^{2}$$

即

$$u_{crel}(E) = \sqrt{4u_{rel}^{2}(I) + u_{rel}^{2}(L)}$$

C.5.2　不确定度来源

a）测量重复性变化引入的不确定度分量 u_{A}；

b）数字示波器电流探头测量电流不准引入的不确定度分量 $u_{B1}(I)$；

c）由测量夹具、测试线、连接及其他因素引入的不确定度分量 $u_{B2}(I)$；

d）负载电感短期稳定性引入的不确定度分量 $u_{B3}(L)$。

C.5.3　标准不确定度评定

C.5.3.1　由数字示波器电流探头测量电流不准引入的不确定度分量 u_{B1}（I）

根据数字示波器电流探头技术指标，其测量最大允许误差为±1%，按均匀分布，包含因子 $k = \sqrt{3}$，则对应的不确定度分量为：$u_{B1}(I) = 1\%/\sqrt{3} = 0.6\%$。

C.5.3.2　由测量夹具、测试线、连接及其他因素引入的不确定度分量 u_{B2}（I）

由测量夹具、测试线、连接及其他因素会对测试结果带来影响，根据试验数据将其适当扩大，$u_{B2}(I)$ 为 0.3%。

C.5.3.3　负载电感短期稳定性引入的不确定度分量 u_{B3}（L）

负载电感值直接利用的是本次校准中电感校准项目中得到的电感测量值，根据电感的短期稳定性重复性试验数据将其适当扩大，$u_{B3}(L)$ 为 0.1%。

C.5.3.4　测量重复性变化引入的不确定度分量 u_{A}

按 A 类评定，用 IPA65R095C7 型 MOSFET 器件雪崩能量验证件对雪崩能量测试仪器雪崩能量进行短期重复测量，独立测量 $n = 10$ 次，数据见表 C.9。

表 C.9　测得数据记录表

次数	1	2	3	4	5	6	7	8	9	10	$\bar{x}$
能量/J	0.991	0.993	0.995	0.993	0.992	0.994	0.992	0.996	0.993	0.995	0.9934
实验标准偏差 $S_{n}(x) = 0.0016mJ$，相对值为 $u_{A} = 0.16\%$。											

考虑到其他量程，进行适当放大，$u_{A} = 0.2\%$。

C.5.4　相对合成标准不确定度

雪崩能量的测量不确定度汇总见表 C.10。

表 C.10　标准不确定度一览表

不确定度分量	不确定度来源	评定方法	分布	k 值	相对标准不确定度
u_{A}	测量重复性变化	A	正态	—	0.2%
$u_{B1}(I)$	数字示波器电流探头测量电流不准	B	均匀	$\sqrt{3}$	0.6%
$u_{B2}(I)$	由测量夹具、测试线、连接及其他因素	B	—	—	0.3%
$u_{B3}(L)$	负载电感短期稳定性	B	—	—	0.1%

以上各不确定度分量独立不相关，根据下面公式，则相对合成标准不确定度为：

$$u_{crel} = \sqrt{4[u_{B1}^2(I) + u_{B2}^2(I)] + u_{B3}^2(L) + u_A^2} = 1.4\%$$

C.5.5　相对扩展不确定度

取 $k = 2$，则相对扩展不确定度 $U_{rel} = u_{crel} \times k = 2.8\%$。

附录 D 雪崩能量测试方法

功率 MOSFET 器件雪崩能量测试有两种测试方法：去耦电压源测试方法和单脉冲非钳位感应开关测试方法。雪崩能量测试仪不同厂商生产的仪器，按照不同的测试方法设计。

D.1 定义

单脉冲雪崩能量（E_{AS}）：标定了器件可以容忍的瞬时过冲电压的安全值即外加电压大于 BV_{DSS} 时器件也不会损坏的最大漏源间的能量。

I_{AR}：雪崩电流（I_{AR}）。

E_{AR}：重复脉冲雪崩能量（E_{AR}）。

D.2 测试方法

功率 MOSFET 器件雪崩能量测试有两种测试方法：去耦电压源测试方法和单脉冲非钳位感应开关测试方法。图 D.1 为去耦电压源测试电路，图 D.2 位单脉冲非钳位感应开关测试电路。

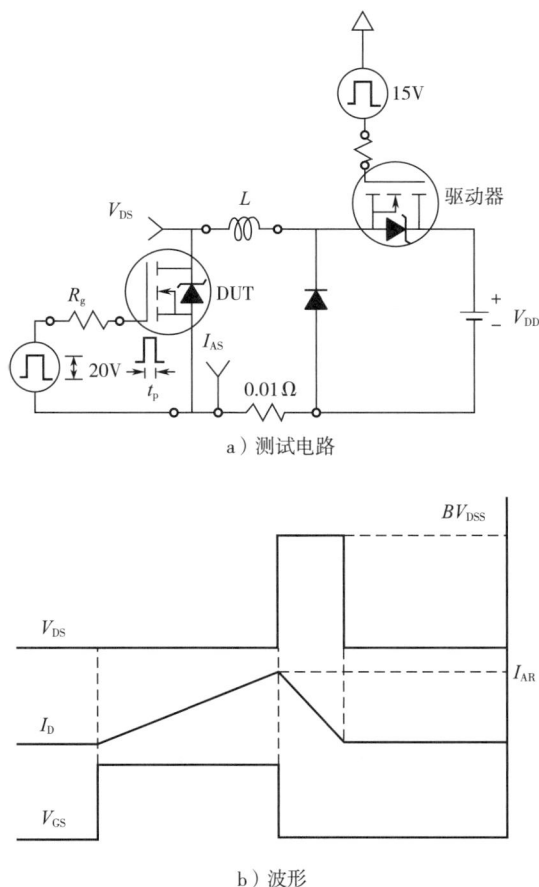

a）测试电路

b）波形

图 D.1 V_{DD} 去耦电压源的测试电路和波形

对于图 D.1 来说，雪崩能量计算公式为：

$$E_{AS} = \frac{1}{2} I_{AR}^2 L \tag{D.1}$$

51

对于图 D.2 来说，雪崩能量计算公式为：

$$E_{AS} = \frac{1}{2} I_{AR}^2 L \frac{V_{DS}}{V_{DS} - V_{DD}} \tag{D.2}$$

两者的区别在于图 D.2 中的 V_{DS} 最后没有降到 0，而是降到 V_{DD}，也就是说有部分的能量没有转换到雪崩能量中。对于低压器件而言，$V_{DS} - V_{DD}$ 会变得很小，这样就会引入较大的误差，因此限制了此测量电路在低压器件中的使用。

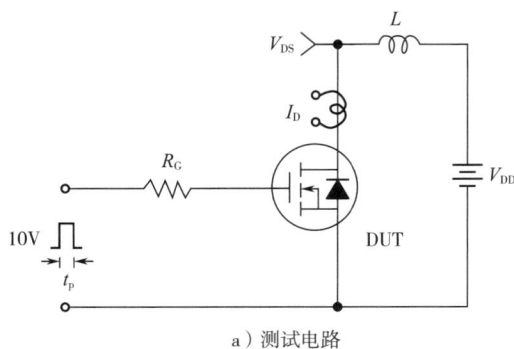

a）测试电路

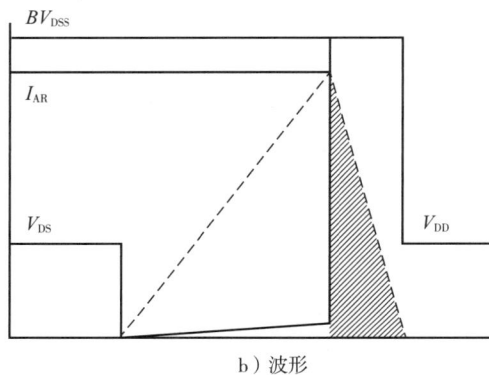

b）波形

图 D.2　单脉冲非钳位感应开关的测试电路和波形

注：图 D.1 和图 D.2 中除 DUT 为被测器件外，均为雪崩能量测试仪的内部电路。

JJF

中华人民共和国工业和信息化部
电子计量技术规范

JJF（电子）0082—2023

陶瓷封装外壳飞针测试系统校准规范

Calibration Specification for Flying Probe Testers
Used for Ceramic Package

2023-08-16 发布　　　　　　　　　　　　　2023-09-01 实施

中华人民共和国工业和信息化部　发　布

陶瓷封装外壳飞针测试系统
校准规范

Calibration Specification for Flying Probe
Testers Used for Ceramic Package

JJF（电子）0082—2023

归 口 单 位：中国电子技术标准化研究院
主要起草单位：中国电子科技集团公司第十三研究所

本规范技术条文委托起草单位负责解释

本规范主要起草人：

    荆晓冬（中国电子科技集团公司第十三研究所）

    吴爱华（中国电子科技集团公司第十三研究所）

    翟玉卫（中国电子科技集团公司第十三研究所）

参 加 起 草 人：

    丁立强（中国电子科技集团公司第十三研究所）

    李　灏（中国电子科技集团公司第十三研究所）

    赵　丽（中国电子科技集团公司第十三研究所）

目　　录

引　言

  本规范依据 JJF 1071—2010《国家计量校准规范编写规则》和 JJF 1059.1—2012《测量不确定度评定与表示》编写。

  本规范为首次发布。

陶瓷封装外壳飞针测试系统校准规范

1 范围

本规范适用于陶瓷封装外壳飞针测试系统电阻、电容、电感测量功能的校准。

2 引用文件

本规范引用了下列文件：
JJG 166—1993 《直流电阻器检定规程》
JJG 183—2017 《标准电容器检定规程》
JJG 726—2017 《标准电感器检定规程》
注：凡是注日期的引用文件，仅注日期的版本适用于本规范；凡是不注日期的引用文件，其最新版本（包括所有的修改单）适用于本规范。

3 概述

陶瓷封装外壳飞针测试系统具备电阻、电容、电感测试的功能，主要用于判断陶瓷封装外壳上金属焊盘、金属线路之间的通断，以及对电路中电阻、电容、电感参数的测量，从而为最终产品检测出性能合格的陶瓷封装外壳。陶瓷封装外壳飞针测试系统带有校准板，校准板上集成有电阻、电容、电感等分立元件，测试部分主要由位移装置搭载的飞针、连接线缆以及包含测试仪器和显示装置的主体三部分组成，结构如图1所示。

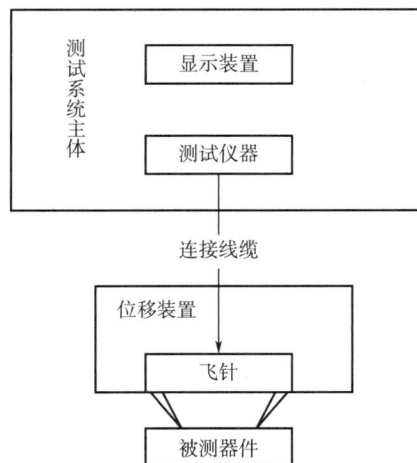

图 1　陶瓷封装外壳飞针测试系统结构图

本规范规定陶瓷封装外壳飞针测试系统校准分为两步进行：第一步，对其自带校准板上电阻、电容、电感等分立元件进行校准标定；第二步，利用陶瓷封装外壳飞针测试系统——测量校准板上已被校准的各个分立元件，完成对陶瓷封装外壳飞针测试系统的校准。

4 计量特性

4.1 校准板电阻

范围：10mΩ～100mΩ

测量不确定度：0.05%～5%，$k=2$

范围：1Ω～100MΩ

测量不确定度：0.001%～5%，$k=2$

范围：1GΩ～10GΩ

测量不确定度：0.1%～5%，$k=2$

4.2 校准板电容

范围：1pF～100pF

频率：1MHz

测量不确定度：0.1%～5%，$k=2$

范围：1nF～100nF

频率：1kHz

测量不确定度：0.1%～5%，$k=2$

4.3 校准板电感

范围：10μH～100μH

频率：1kHz

测量不确定度：0.1%～5%，$k=2$

4.4 飞针测试系统电阻测量

范围：10mΩ～10GΩ

最大允许误差：±（0.3%～15%）

4.5 飞针测试系统电容测量

范围：1pF～100pF

频率：1MHz

最大允许误差：±（0.3%～15%）

范围：1nF～100nF

频率：1kHz

最大允许误差：±（0.3%～15%）

4.6 飞针测试系统电感测量

范围：10μH～100μH

频率：1kHz

最大允许误差：±（0.3%～15%）

5 校准条件

5.1 环境条件

环境温度：20℃±2℃，校准期间温度变化不超过2℃

环境相对湿度：40%~60%

供电电源：220V±22V，50Hz±1Hz

周围无影响仪器正常工作的电磁干扰和机械振动。

注：环境温湿度的允许偏差也可以参照仪器使用说明书中的规定。

5.2 测量标准及其他设备

5.2.1 数字多用表

电阻测量范围：$1\Omega \sim 100M\Omega$

最大允许误差：$\pm(0.001\% \sim 5\%)$

5.2.2 标准电阻

范围：$10m\Omega \sim 100m\Omega$

最大允许误差：$\pm(0.01\% \sim 5\%)$

5.2.3 带有高阻测量功能的仪器（如高阻计、绝缘电阻测量仪、源表测试系统等）

测试电压：100V 或 500V

测量范围：$100M\Omega \sim 10G\Omega$

最大允许误差：$\pm(0.01\% \sim 5\%)$

5.2.4 直流毫欧表

测量范围：$10m\Omega \sim 1\Omega$

最大允许误差：$\pm(0.2\% \sim 5\%)$

5.2.5 LCR 测量仪

电容测量范围：$1pF \sim 1\mu F$，频率 $1kHz \sim 1MHz$

最大允许误差：$\pm(0.05\% \sim 5\%)$

电感测量范围：$10\mu H \sim 10mH$，频率 $1kHz \sim 1MHz$

最大允许误差：$\pm(0.05\% \sim 5\%)$

5.2.6 标准电容

范围：$1pF \sim 100nF$，频率 $1kHz \sim 1MHz$

最大允许误差：$\pm(0.1\% \sim 5\%)$

5.2.7 标准电感

范围：$10\mu H \sim 100\mu H$，频率 $1kHz \sim 1MHz$

最大允许误差：$\pm(0.1\% \sim 5\%)$

5.3 其他条件

校准过程中表笔或飞针应保证与校准板焊盘目视的中心点接触良好。

6 校准项目和校准方法

6.1 校准项目

校准项目见表1。

表1 陶瓷封装外壳飞针测试系统校准项目

序号	项目名称	对应章节
1	外观、附件及工作正常性检查	6.2.1
2	校准板电阻校准	6.2.2
3	校准板电容校准	6.2.3
4	校准板电感校准	6.2.4
5	飞针测试系统电阻测量	6.2.5
6	飞针测试系统电容测量	6.2.6
7	飞针测试系统电感测量	6.2.7

6.2 校准方法

本规范陶瓷封装外壳飞针测试系统校准分为两步进行：第一步，对其自带校准板上电阻、电容、电感等分立元件进行校准；第二步，利用陶瓷封装外壳飞针测试系统测量校准板上已被校准的各个分立元件，完成对陶瓷封装外壳飞针测试系统的校准。

6.2.1 外观、附件及工作正常性检查

6.2.1.1 设备外观应完好，无影响正常工作机械损伤。

6.2.1.2 附件配置齐全、完好。

6.2.1.3 操作按钮、开关应灵活可调，计算机正常工作，显示正常。

6.2.1.4 通电测试，仪器传动机构可以正常运行，测试平台装夹功能正常，探针定位精准。

6.2.2 校准板电阻校准

校准板电阻分为常规电阻以及高值电阻，常规电阻为阻值100MΩ及其以下的直流电阻，高值电阻为阻值在100MΩ以上的直流电阻。常规电阻的校准采用直接测量法或同标称值替代法，高值电阻的校准采用直接测量法。

6.2.2.1 常规电阻直接测量法

a）将校准板在实验室环境中放置24h以上；

b）选择合适的标准器，调到合适量程，将标准器短路清零；

c）连线如图2或图3所示，选择校准板电阻进行测量，读取标准器的测量值A_X即为校准板电阻的校准值R。

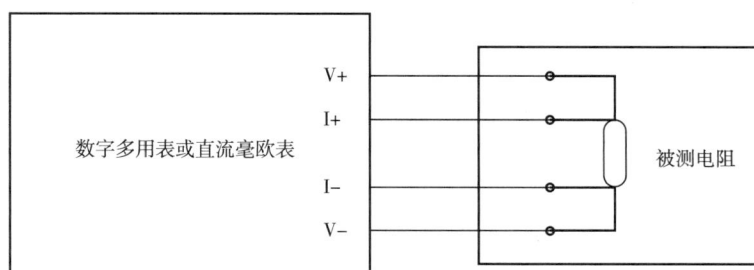

图2 四线法测电阻示意图

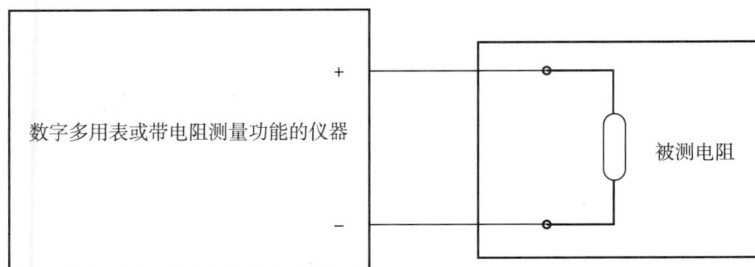

图 3　两线法测量电阻示意图

6.2.2.2　常规电阻同标称值替代法

直流电阻同标称值替代法测量引用于 JJG 166—2022《直流标准电阻器检定规程》第 28 章节。

a）将校准板与标准电阻在实验室环境中放置 24h 以上；

b）选择与校准板电阻标称值相同的标准电阻，选择合适的标准数字多用表或直流毫欧表，短路清零；

c）连线如图 4 所示，首先利用标准数字多用表或直流毫欧表测量标准值为 R_S 的标准电阻得到其测量值 A_S；

d）利用标准数字多用表或直流毫欧表测量校准板电阻得到其测量值 A_X；

e）通过公式（1）计算得到校准板电阻的校准值 R。

$$R = R_S + （A_X - A_S）\tag{1}$$

式中：

R ——校准板电阻的校准值；

R_S——标准电阻的标准值；

A_X——校准板电阻的测量值；

A_S——标准电阻的测量值。

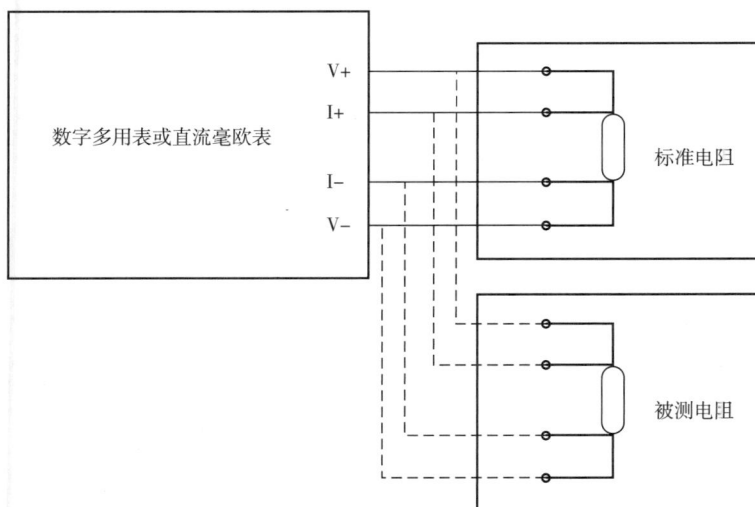

图 4　替代法测电阻示意图

6.2.2.3　高值电阻直接测量法

a）将校准板与标准器在实验室环境中放置 24h 以上；

b）调整标准器测试电压（通常为 100V 或 500V），将标准器短路清零；

c）连线如图 3 所示，测量校准板电阻，读取标准器的测量值 A_X 即为校准板电阻的校准值 R。

6.2.3 校准板电容校准

校准板电容的校准可以通过直接测量法或同标称值替代法进行。

6.2.3.1 直接测量法

a）将校准板与标准器在实验室环境中放置 24h 以上；

b）将标准器调到合适量程，设置测试频率，在开路状态下进行标准器清零；

c）尽量保持表笔及线缆位置不变，连线如图 5 所示，选择校准板电容测量，读取标准器的测量值 B_X 即为校准板电容的校准值 C。

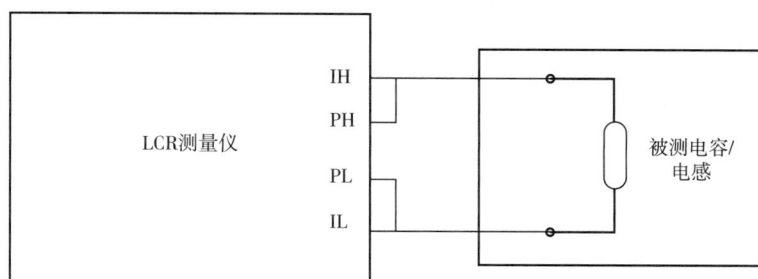

图 5　直接法电容/电感测量示意图

6.2.3.2 同标称值替代法

电容同标称值替代法测量引用于 JJG 183—2017《标准电容器检定规程》第 7.4.2.2 章节。

a）将校准板及标准电容在实验室环境中放置 24h 以上；

b）选择与校准板电容标称值相同的标准电容，选择合适的标准 LCR 测量仪，调到合适量程，设置测试频率，开路清零；

c）连线如图 6 所示，首先利用 LCR 测量仪测量标准值为 C_S 的标准电容得到其测量值 B_S；

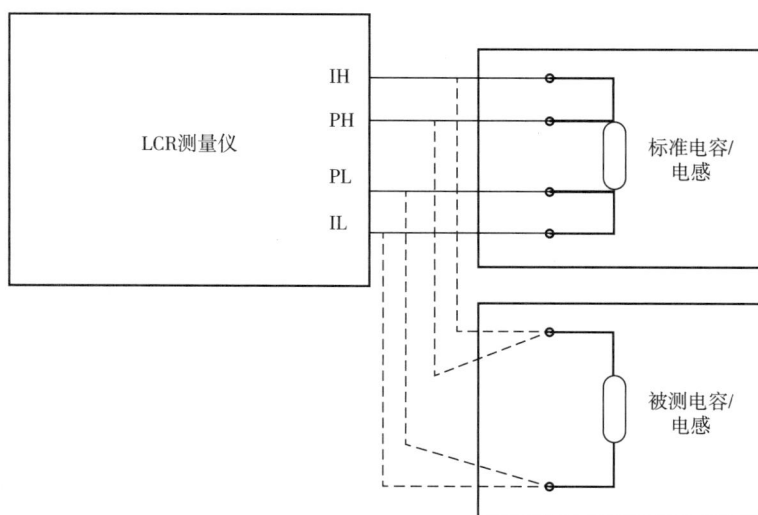

图 6　替代法测电容/电感测量示意图

d）尽量保持表笔及线缆位置不变，连线如图 6 所示，选择校准板电容测量，读取标准 LCR 测量仪的测量值 B_X；

e）通过公式（2）计算得到校准板电容的校准值 C。

$$C = C_S + (B_X - B_S) \tag{2}$$

式中：

C ——校准板电容的校准值；

C_S ——标准电容的标准值；

B_X ——校准板电容的测量值；

B_S ——标准电容的测量值。

6.2.4 校准板电感校准

校准板电感的校准可以通过直接测量法或同标称值替代法进行。

6.2.4.1 直接测量法

a) 将校准板与标准器在实验室环境中放置 24h 以上；

b) 将标准器调到合适量程，测试频率设置为 1kHz，在短路状态下进行标准器清零；

c) 尽量保持表笔及线缆位置不变，连线如图 5 所示，选择校准板电感测量，读取标准器的测量值 D_X 即为校准板电感的校准值 L。

6.2.4.2 同标称值替代法

电感同标称值替代法测量引用于 JJG 726—2017《标准电感器检定规程》第 7.3.2.2 章节。

a) 将校准板与标准器在实验室环境中放置 24h 以上；

b) 选择与校准板电感标称值相同的标准电感，选择合适的标准 LCR 测量仪，调到合适量程，测试频率设置为 1kHz，短路清零；

c) 连线如图 6 所示，首先利用 LCR 测量仪测量标准值为 L_S 的标准电感得到其测量值 D_S；

d) 尽量保持表笔及线缆位置不变，连线如图 6 所示，选择校准板电感测量，读取标准 LCR 测量仪的测量值 D_X；

e) 通过公式（3）计算得到校准板电感的校准值 L。

$$L=L_S+（D_X-D_S）\tag{3}$$

式中：

L ——校准板电感的校准值；

L_S ——标准电感的标准值；

D_X ——校准板电感的测量值；

D_S ——标准电感的测量值。

6.2.5 飞针测试系统电阻测量

a) 测试平台装夹校准板；

b) 选择校准板上校准值为 R 的电阻（6.2.2 章节得出），校准采用直接测量法，根据飞针测试系统的说明书选择四线测量或两线测量；

c) 控制飞针机构按图 7 连接；

d) 飞针测试系统选择电阻测量功能（100MΩ 以上选择测试电压 100V 或 500V），测量所得示值 R_X 即为电阻测量的校准值。

6.2.6 飞针测试系统电容测量

a) 测试平台装夹校准板；

b) 选择校准板上校准值为 C 的电容（6.2.3 章节得出），校准采用直接测量法，根据飞针测试系统的说明书选择测量频率；

c) 控制飞针机构按图 8 连接；

d) 飞针测试系统选择电容测量功能，测量所得示值 C_X 即为电容测量的校准值。

6.2.7 飞针测试系统电感测量

a) 测试平台装夹校准板；

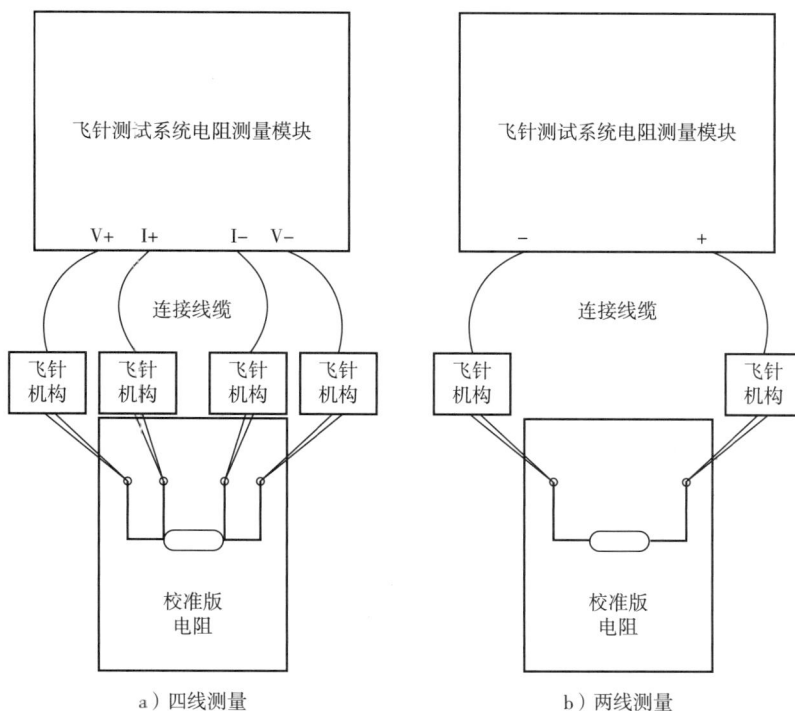

a）四线测量   b）两线测量

图 7 飞针测试系统电阻测量校准示意图

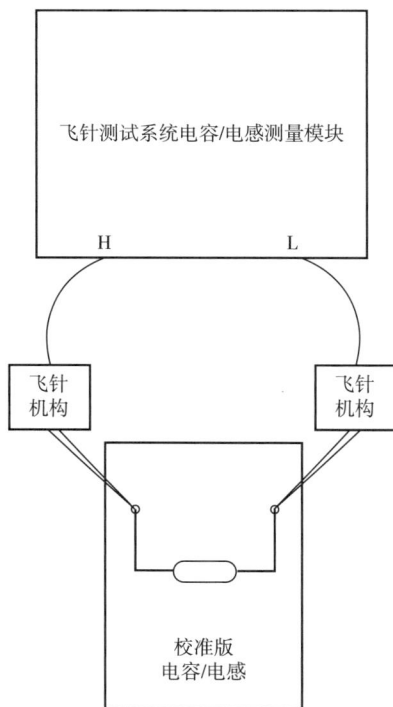

图 8 飞针测试系统电容/电感测量校准示意图

b）选择校准板上校准值为 L 的电感（6.2.4 章节得出），校准采用直接测量法，根据飞针测试系统的说明书选择测量频率；

c）控制飞针机构按图 8 连接；

d）飞针测试系统选择电感测量功能，测量所得示值 L_X 即为电感测量的校准值。

7 校准结果表达

校准后，出具校准证书。校准证书至少应包含以下信息：

a）标题："校准证书"；

b）实验室名称和地址；

c）进行校准的地点（如果与实验室的地址不同）；

d）证书的唯一性标识（如编号），每页及总页数的标识；

e）客户的名称和地址；

f）被校对象的描述和明确标识；

g）进行校准的日期，如果与校准结果的有效性和应用有关时，应说明被校对象的接收日期；

h）如果与校准结果的有效性应用有关时，应对被校样品的抽样程序进行说明；

i）校准所依据的技术规范的标识，包括名称及代号；

j）本次校准所用测量标准的溯源性及有效性说明；

k）校准环境的描述；

l）校准结果及其测量不确定度的说明；

m）对校准规范的偏离的说明；

n）校准证书签发人的签名、职务或等效标识；

o）校准结果仅对被校对象有效的说明；

p）未经实验室书面批准，不得部分复制证书的声明。

8 复校时间间隔

建议复校时间间隔不超过1年。由于复校时间间隔的长短是由仪器的使用情况、使用者、仪器本身质量等诸多因素决定的，因此，送校单位可根据实际使用情况自主决定复校时间间隔。

附录 A　原始记录格式

A.1　外观、附件及工作正常性检查

表 A.1　外观、附件及工作正常性检查

项目	检查结果
外观、附件检查	
工作正常性检查	

A.2　校准板电阻

表 A.2　校准板上电阻标定

标称值 R/Ω	测量值 A_X/Ω	相对扩展不确定度 U_{rel}（$k=2$）

A.3　校准板电容

表 A.3　校准板上电容标定

标称值 C/pF	测量频率 f/Hz	测量值 B_X/pF	相对扩展不确定度 U_{rel}（$k=2$）

A.4　校准板电感

表 A.4　校准板上电感标定

标称值 $L/\mu H$	测量频率 f/Hz	测量值 $D_X/\mu H$	相对扩展不确定度 U_{rel}（$k=2$）

A.5 飞针测试系统电阻测量

表 A.5 飞针测试系统电阻测量校准

校准板测量值 A_x/Ω	飞针测试系统电阻测量校准值 R_x/Ω	相对扩展不确定度 U_{rel}（$k=2$）

A.6 飞针测试系统电容测量

表 A.6 飞针测试系统电容测量校准

校准板测量值 B_x/pF	测量频率 f/Hz	飞针测试系统电容测量校准值 C_x/pF	相对扩展不确定度 U_{rel}（$k=2$）

A.7 飞针测试系统电感测量

表 A.7 飞针测试系统电感测量校准

校准板测量值 $D_x/\mu H$	测量频率 f/Hz	飞针测试系统电感测量校准值 $L_x/\mu H$	相对扩展不确定度 U_{rel}（$k=2$）

附录 B 校准证书内页格式

B.1 外观、附件及工作正常性检查

表 B.1 外观、附件及工作正常性检查

项目	检查结果
外观、附件检查	
工作正常性检查	

B.2 校准板电阻

表 B.2 校准板上电阻标定

标称值 R/Ω	测量值 A_X/Ω	相对扩展不确定度 U_{rel}（$k=2$）

B.3 校准板电容

表 B.3 校准板上电容标定

标称值 C/pF	测量频率 f/Hz	测量值 B_X/pF	相对扩展不确定度 U_{rel}（$k=2$）

B.4 校准板电感

表 B.4 校准板上电感标定

标称值 $L/\mu H$	测量频率 f/Hz	测量值 $D_X/\mu H$	相对扩展不确定度 U_{rel}（$k=2$）

B.5 飞针测试系统电阻测量

表 B.5 飞针测试系统电阻测量校准

校准板测量值 A_X/Ω	飞针测试系统电阻测量校准值 R_X/Ω	相对扩展不确定度 U_{rel} （$k=2$）

B.6 飞针测试系统电容测量

表 B.6 飞针测试系统电容测量校准

校准板测量值 B_X/pF	测量频率 f/Hz	飞针测试系统电容测量校准值 C_X/pF	相对扩展不确定度 U_{rel} （$k=2$）

B.7 飞针测试系统电感测量

表 B.7 飞针测试系统电感测量校准

校准板测量值 $D_X/\mu H$	测量频率 f/Hz	飞针测试系统电感测量校准值 $L_X/\mu H$	相对扩展不确定度 U_{rel} （$k=2$）

附录 C 测量不确定度评定示例

C.1 概述

环境条件：温度：20℃，相对湿度：46%；

测量标准：8508A 型数字多用表，BZ3C 型标准电阻，E4980A 型 LCR 测量仪；

被校对象：陶瓷封装外壳用飞针测试系统；

测量方法：校准分两步，首先利用标准器校准标定校准板上的电阻、电容、电感，再利用校准板电阻、电容、电感的校准值对飞针测试系统测量功能进行校准。下面以 10mΩ 电阻、10kΩ 电阻、10nF 电容、10mH 电感为典型点进行评定。

C.2 校准板电阻测量不确定度（10mΩ 替代法，均为相对值）

C.2.1 测量模型

测量模型如式（C.1）。

$$R = R_S + (A_X - A_S) \tag{C.1}$$

式中：

R——校准板电阻的校准值；

R_S——标准电阻的标准值；

A_X——校准板电阻的测量值；

A_S——标准电阻的测量值。

C.2.2 不确定度来源

校准板电阻替代法测量的不确定度主要来源于 4 个方面（均为相对形式）：

a）标准电阻准确度引入标准不确定度分量，u_1；

b）数字多用表测量标准电阻重复性引入标准不确定度分量，u_2；

c）数字多用表测量校准板电阻重复性引入标准不确定度分量，u_3；

d）数字多用表分辨力引入的标准不确定度分量，u_4。

考虑到两次测量结果 A_X 和 A_S 是由同一数字多用表短时间内测量所得，数字多用表测不准引入的不确定度呈线性的完全正相关，因此公式（C.1）测量模型中两次测量值 A_X 和 A_S 相减后，将数字多用表两次测不准的不确定度分量消除，所以本规范不再做分析计算。

C.2.3 标准不确定度评定

C.2.3.1 标准电阻准确度引入标准不确定度分量（u_1）

由上级证书可知，上级评定 BZ3C 型标准电阻 0.01Ω 的不确定度为 3×10^{-7}，与准确度等级 0.01 级相比很小，因此可以忽略上级评定不确定度的影响。标准电阻准确度等级为 0.01 级，按 B 类评定其服从均匀分布，置信因子 $k = \sqrt{3}$，因此，标准电阻准确度引入的相对不确定度分量 u_1：

$$u_1 = \frac{1.0 \times 10^{-4}}{\sqrt{3}} = 5.8 \times 10^{-5}$$

C.2.3.2 数字多用表测量标准电阻重复性引入标准不确定度分量（u_2）

按照 A 类方法评定，首先将数字多用表与 BZ3C 型标准电阻放置在校准环境下预热 24h，利用数字多用表对 BZ3C 型标准电阻连续测量 10 次，测量结果见表 C.1，计算其实验标准偏差，并与测量

值相比得到 u_2。

表 C.1 测量标准电阻重复性测量数据

第 i 次测量	1	2	3	4	5
测量值/mΩ	10.0008	10.0007	10.0008	10.0007	10.0009
第 i 次测量	6	7	8	9	10
测量值/mΩ	10.0006	10.0011	10.0009	10.0010	10.0008

根据表 C.1 中的数据，可由贝塞尔公式计算出标准装置测量重复性的实验标准偏差：

$$s(X) = \sqrt{\frac{\sum_{i=1}^{10}(X_i - \overline{X})^2}{n-1}} = 1.5 \times 10^{-4}(\text{m}\Omega)$$

则对其求相对量得到 u_2：

$$u_2 = \frac{s(X)}{\overline{X}} = \frac{1.5 \times 10^{-4}\text{m}\Omega}{10.0008\text{m}\Omega} = 1.5 \times 10^{-5}$$

C.2.3.3 数字多用表测量校准板电阻重复性引入标准不确定度分量（u_3）

按照 A 类方法评定，首先将数字多用表与被测电阻放置在校准环境下预热 24h，利用数字多用表对被测电阻连续测量 10 次，测量结果见表 C.2，计算其实验标准偏差，与测量值相比得到 u_3。

表 C.2 测量被测电阻重复性测量数据

第 i 次测量	1	2	3	4	5
测量值/mΩ	10.0750	10.0752	10.0771	10.0755	10.0870
第 i 次测量	6	7	8	9	10
测量值/mΩ	10.0730	10.0763	10.0740	10.0740	10.0717

根据表 C.2 中的数据，可由贝塞尔公式计算出标准装置测量重复性的实验标准偏差：

$$s(X) = \sqrt{\frac{\sum_{i=1}^{10}(X_i - \overline{X})^2}{n-1}} = 4.2 \times 10^{-3}(\text{m}\Omega)$$

则对其求相对量得到 u_3：

$$u_3 = \frac{s(X)}{\overline{X}} = \frac{4.2 \times 10^{-3}\text{m}\Omega}{10.0750\text{m}\Omega} = 4.1 \times 10^{-4}$$

C.2.3.4 数字多用表 8508A 分辨力引入的标准不确定度（u_4）

按 B 类方法评定，从说明书得知数字多用表 8508A 测量 10mΩ 电阻时分辨力为 0.0001mΩ，其分布为均匀分布，置信因子 $k = \sqrt{3}$。因此，可得 u_4：

$$u_4 = \frac{0.0001\text{m}\Omega}{2 \times \sqrt{3} \times 10.0750\text{m}\Omega} = 2.9 \times 10^{-6}$$

C.2.4 相对合成标准不确定度

不确定度汇总表见表 C.3。

表 C.3　校准板电阻校准不确定度汇总表

不确定度分量	不确定度来源	评定方法	分布类型	k 值	相对标准不确定度
u_1	标准电阻准确度	B 类	均匀	$\sqrt{3}$	5.8×10^{-5}
u_2	测量标准电阻重复性	A 类	正态	—	1.5×10^{-5}
u_3	测量被测电阻重复性	A 类	正态	—	4.1×10^{-4}
u_4	数字多用表分辨力	B 类	均匀	$\sqrt{3}$	2.9×10^{-6}

各不确定度分量不相关，且由于重复性和分辨力引入不确定度存在重复，因此两者取大值计算，由表 C.3 可知，u_4 可被忽略，则相对合成标准不确定度按照下式计算得出：

$$u_{\text{crel}} = \sqrt{u_1^2 + u_2^2 + u_3^2} = 4.2\times10^{-4}$$

C.2.5　相对扩展不确定度

使用简易法，取包含因子 $k=2$，则相对扩展不确定度为：

$$U_{\text{rel}} = k \times u_{\text{crel}} = 2 \times 4.2 \times10^{-4} = 8.4 \times10^{-4}$$

C.3　飞针测试系统电阻测量校准值测量不确定度（10mΩ，均为相对值）

C.3.1　测量模型

测量模型如式（C.2）。

$$R_{\text{x}} = R \tag{C.2}$$

式中：

R——校准板电阻的校准值，kΩ；

R_{x}——飞针测试系统的电阻测量值，kΩ。

C.3.2　不确定度来源

飞针测试系统电阻测量校准值的测量不确定度主要来源于 3 个方面（均为相对形式）：

a）测量过程的重复性引入的标准不确定度分量，u_1；

b）校准板电阻校准值的不准确引入的标准不确定度分量，u_2；

c）飞针测试系统分辨力引入的标准不确定度分量，u_3。

C.3.3　标准不确定度评定

C.3.3.1　测量过程的重复性引入的标准不确定度（u_1）

按照 A 类方法评定，利用飞针测试系统对校准板电阻连续测量 10 次，测量结果见表 C.4，计算其实验标准偏差，与测量值相比得到 u_1。

表 C.4　重复性测量数据

第 i 次测量	1	2	3	4	5
测量值/mΩ	10.0	10.1	10.0	10.1	10.1
第 i 次测量	6	7	8	9	10
测量值/mΩ	10.1	10.0	10.0	10.1	10.1

根据表 C.4 中的数据，可由贝塞尔公式计算出标准装置测量重复性的实验标准偏差：

$$s(X) = \sqrt{\frac{\sum_{i=1}^{10}(X_i - \overline{X})^2}{n-1}} = 5.2 \times 10^{-2}(\text{m}\Omega)$$

则对其求相对量得到 u_1：

$$u_1 = \frac{s(X)}{\overline{X}} = \frac{5.2 \times 10^{-2}\text{m}\Omega}{10.1\text{m}\Omega} = 5.1 \times 10^{-3}$$

C.3.3.2　校准板电阻校准值不准引入的标准不确定度（u_2）

按 B 类方法评定，由于由 C.2 章节得知校准板电阻校准值的测量不确定度 U_{rel}，包含因子 $k=2$。因此，可得 u_2：

$$u_2 = \frac{8.4 \times 10^{-4}}{2} = 4.2 \times 10^{-4}$$

C.3.3.3　飞针测试系统分辨力引入的标准不确定度（u_3）

按 B 类方法评定，从说明书得知飞针测试系统测量 10mΩ 电阻时分辨力为 0.1mΩ，其分布为均匀分布，置信因子 $k = \sqrt{3}$。因此，可得 u_3：

$$u_3 = \frac{0.1\text{m}\Omega}{2 \times \sqrt{3} \times 10.1\text{m}\Omega} = 2.9 \times 10^{-3}$$

C.3.4　相对合成标准不确定度

不确定度汇总表见表 C.5。

表 C.5　飞针测试系统电阻测量校准不确定度汇总表

不确定度分量	不确定度来源	评定方法	分布类型	k 值	相对标准不确定度
u_1	测量过程重复性	A 类	—	—	5.1×10^{-3}
u_2	校准板电阻校准值不准确	B 类	—	2	4.2×10^{-4}
u_3	飞针测试系统分辨力	B 类	均匀	$\sqrt{3}$	2.9×10^{-3}

考虑到被测飞针测试系统的重复性和分辨力存在重复，计算相对合成标准不确定度时应将较小值去除，则相对合成标准不确定度按照下式计算得出：

$$u_{\text{crel}} = \sqrt{u_1^2 + u_2^2} = 5.1 \times 10^{-3}$$

C.3.5　相对扩展不确定度

使用简易法，取包含因子 $k=2$，则相对扩展不确定度为：

$$U_{\text{rel}} = k \times u_{\text{crel}} = 2 \times 5.1 \times 10^{-3} = 1.0 \times 10^{-2}$$

C.4　校准板电阻测量不确定度（10kΩ 直接测量法，均为相对值）

C.4.1　测量模型

测量模型如式（C.3）。

$$R = R_{\text{M}} \tag{C.3}$$

式中：

R ——被校校准板电阻的校准值，kΩ；

R_M——被校校准板电阻的测量值，kΩ。

C.4.2 不确定度来源

校准板电阻测量的不确定度主要来源于 3 个方面（均为相对形式）：

a）测量过程的重复性引入的标准不确定度分量，u_1；

b）数字多用表测量不准确引入的标准不确定度分量，u_2；

c）数字多用表分辨力引入的标准不确定度分量，u_3。

C.4.3 标准不确定度评定

C.4.3.1 测量过程的重复性引入的标准不确定度（u_1）

按照 A 类方法评定，首先将数字多用表与被测电阻放置在校准环境下预热 24h，利用数字多用表对被测电阻连续测量 10 次，测量结果见表 C.6，计算其实验标准偏差，与测量值相比得到 u_1。

表 C.6 重复性测量数据

第 i 次测量	1	2	3	4	5
测量值/kΩ	10.013731	10.013764	10.013752	10.013733	10.013741
第 i 次测量	6	7	8	9	10
测量值/kΩ	10.013752	10.013722	10.013732	10.013731	10.013722

根据表 C.6 中的数据，可由贝塞尔公式计算出标准装置测量重复性的实验标准偏差：

$$s(X) = \sqrt{\frac{\sum_{i=1}^{10}(X_i - \overline{X})^2}{n-1}} = 1.5 \times 10^{-5}(\text{k}\Omega)$$

则对其求相对量得到 u_1：

$$u_1 = \frac{s(X)}{\overline{X}} = \frac{1.5 \times 10^{-5}\text{k}\Omega}{10.0137341\text{k}\Omega} = 1.5 \times 10^{-6}$$

C.4.3.2 数字多用表 10kΩ 测量不准引入的标准不确定度（u_2）

按 B 类方法评定，查阅说明书其服从正态分布，置信概率为 95%，置信因子 $k = 1.96$。因此，根据标准器说明书此点技术指标可得 u_2：

$$u_2 = \frac{7.0 \times 10^{-6} \times 10.0137341\text{k}\Omega + 2.5 \times 10^{-7} \times 20\text{k}\Omega}{1.96 \times 10.0137341\text{k}\Omega} = 3.8 \times 10^{-6}$$

C.4.3.3 数字多用表 8508A 分辨力引入的标准不确定度（u_3）

按 B 类方法评定，从说明书得知数字多用表 8508A 测量 10kΩ 电阻时分辨力为 0.000001kΩ，其分布为均匀分布，置信因子 $k = \sqrt{3}$。因此，可得 u_3：

$$u_3 = \frac{0.000001\text{k}\Omega}{2 \times \sqrt{3} \times 10.0137341\text{k}\Omega} = 2.9 \times 10^{-8}$$

C.4.4 相对合成标准不确定度

不确定度汇总表见表 C.7。

JJF（电子）0082—2023

表 C.7　校准板电阻校准不确定度汇总表

不确定度分量	不确定度来源	评定方法	分布类型	k 值	相对标准不确定度
u_1	测量过程重复性	A 类	—	—	1.5×10^{-6}
u_2	数字多用表测量不准	B 类	正态	1 96	3.8×10^{-6}
u_3	数字多用表分辨力	B 类	均匀	$\sqrt{3}$	2.9×10^{-8}

各不确定度分量不相关，由于分辨力与重复性引入不确定度分量有重复，所以两者取大值合成，则相对合成标准不确定度按照下式计算得出：

$$u_{\text{crel}} = \sqrt{u_1^2 + u_2^2} = 4.1\times10^{-6}$$

C.4.5　相对扩展不确定度

使用简易法，取包含因子 $k=2$，则相对扩展不确定度为：

$$U_{\text{rel}} = k \times u_{\text{crel}} = 2 \times 4.1 \times 10^{-6} = 8.2 \times 10^{-6}$$

C.5　飞针测试系统电阻测量校准值测量不确定度（10kΩ，均为相对值）

C.5.1　测量模型

测量模型如式（C.4）。

$$R_x = R \tag{C.4}$$

式中：

R ——被校校准板电阻的校准值，kΩ；

R_x ——飞针测试系统的电阻测量值，kΩ。

C.5.2　不确定度来源

飞针测试系统电阻校准值的测量不确定度主要来源于 3 个方面（均为相对形式）：

a）测量过程的重复性引入的标准不确定度分量，u_1；

b）校准板电阻校准值的不准确引入的标准不确定度分量，u_2；

c）飞针测试系统分辨力引入的标准不确定度分量，u_3。

C.5.3　标准不确定度评定

C.5.3.1　测量过程的重复性引入的标准不确定度（u_1）

按照 A 类方法评定，利用飞针测试系统对校准板电阻连续测量 10 次，测量结果见表 C.8，计算其实验标准偏差，与测量值相比得到 u_1。

表 C.8　重复性测量数据

第 i 次测量	1	2	3	4	5
测量值/kΩ	10.015	10.015	10.015	10.015	10.014
第 i 次测量	6	7	8	9	10
测量值/kΩ	10.015	10.015	10.015	10.015	10.015

根据表 C.8 中的数据，可由贝塞尔公式计算出标准装置测量重复性的实验标准偏差：

$$s(X) = \sqrt{\frac{\sum\limits_{i=1}^{10}(X_i - \bar{X})^2}{n-1}} = 3.2 \times 10^{-4}(\text{kΩ})$$

则对其求相对量得到 u_1 ：

$$u_1 = \frac{s(X)}{\bar{X}} = \frac{3.2 \times 10^{-4} \text{k}\Omega}{10.015 \text{k}\Omega} = 3.2 \times 10^{-5}$$

C.5.3.2 校准板电阻校准值的不准引入的标准不确定度（u_2）

按 B 类方法评定，由于由 C.4 章节得知校准板电阻校准值的测量不确定度 U_{rel}，包含因子 $k = 2$。因此，可得 u_2：

$$u_2 = \frac{8.2 \times 10^{-6}}{2} = 4.1 \times 10^{-6}$$

C.5.3.3 飞针测试系统分辨力引入的标准不确定度（u_3）

按 B 类方法评定，从说明书得知飞针测试系统测量 10kΩ 电阻时分辨力为 0.001kΩ，其分布为均匀分布，置信因子 $k = \sqrt{3}$。因此，可得 u_3：

$$u_3 = \frac{0.001 \text{k}\Omega}{2 \times \sqrt{3} \times 10.015 \text{k}\Omega} = 2.9 \times 10^{-5}$$

C.5.4 相对合成标准不确定度

不确定度汇总表见表 C.9。

表 C.9 飞针测试系统电阻测量校准不确定度汇总表

不确定度分量	不确定度来源	评定方法	分布类型	k 值	相对标准不确定度
u_1	测量过程重复性	A 类	—	—	3.2×10^{-6}
u_2	校准板电阻校准值不准确	B 类	—	2	4.1×10^{-5}
u_3	飞针测试系统分辨力	B 类	均匀	$\sqrt{3}$	2.9×10^{-5}

考虑到被测飞针测试系统的重复性和分辨力存在重复，计算相对合成标准不确定度时应将较小值去除，则相对合成标准不确定度按照下式计算得出：

$$u_{\text{crel}} = \sqrt{u_1^2 + u_2^2} = 3.2 \times 10^{-5}$$

C.5.5 相对扩展不确定度

使用简易法，取包含因子 $k = 2$，则相对扩展不确定度为：

$$U_{\text{rel}} = k \times u_{\text{crel}} = 2 \times 3.2 \times 10^{-5} = 6.4 \times 10^{-5}$$

C.6 校准板电容测量不确定度（10nF，均为相对值）

C.6.1 测量模型

测量模型如式（C.5）。

$$C = C_{\text{M}} \tag{C.5}$$

式中：

C ——被校校准板电容的校准值，nF；

C_{M} ——被校校准板电容的测量值，nF。

C.6.2 不确定度来源

校准板电容测量的不确定度主要来源于 3 个方面：

a）测量过程的重复性引入的标准不确定度分量，u_1；

b）LCR 测量仪测量不准确引入的标准不确定度分量，u_2；

c）LCR 测量仪分辨力引入的标准不确定度分量，u_3。

C.6.3 标准不确定度评定

C.6.3.1 测量过程的重复性引入的标准不确定度（u_1）

按照 A 类方法评定，首先将 LCR 测量仪与被测电容放置在校准环境下预热 24h，利用 LCR 测量仪对被测电容连续测量 10 次，测量结果见表 C.10，计算其实验标准偏差，得到 u_1。

表 C.10　重复性测量数据

第 i 次测量	1	2	3	4	5
测量值/nF	10.002	10.003	10.003	10.002	10.002
第 i 次测量	6	7	8	9	10
测量值/nF	10.002	10.002	10.003	10.002	10.002

根据表 C.10 中的数据，可由贝塞尔公式计算出标准装置测量重复性的实验标准偏差：

$$s(X) = \sqrt{\frac{\sum_{i=1}^{10} (X_i - \overline{X})^2}{n-1}} = 4.8 \times 10^{-4} (\mathrm{nF})$$

则得到 u_1：

$$u_1 = s(X)/\overline{X} = 4.8 \times 10^{-5}$$

C.6.3.2 LCR 测量仪 10nF 测量不准引入的标准不确定度（u_2）

按 B 类方法评定，假设其服从均匀分布，$k = \sqrt{3}$。因此，查阅标准器说明书此点技术指标可得 u_2：

$$u_2 = \frac{1.0 \times 10^{-3} \times 10\mathrm{nF}}{\sqrt{3} \times 10.002\mathrm{nF}} = 5.7 \times 10^{-4}$$

C.6.3.3 LCR 测量仪分辨力引入的标准不确定度（u_3）

按 B 类方法评定，从说明书得知 LCR 测量仪测量 10nF 电容时分辨力为 0.001nF，其分布为均匀分布，置信因子 $k = \sqrt{3}$。因此，可得 u_3：

$$u_3 = \frac{0.001\mathrm{nF}}{2 \times \sqrt{3} \times 10.002\mathrm{nF}} = 2.9 \times 10^{-5}$$

C.6.4 相对合成标准不确定度

不确定度汇总表见表 C.11。

表 C.11　校准板电容校准不确定度汇总表

不确定度分量	不确定度来源	评定方法	分布类型	k 值	相对标准不确定度
u_1	测量过程重复性	A 类	—	—	4.8×10^{-5}
u_2	LCR 测量仪测量不准	B 类	均匀	$\sqrt{3}$	5.7×10^{-4}
u_3	LCR 测量仪分辨力	B 类	均匀	$\sqrt{3}$	2.9×10^{-5}

考虑到重复性和分辨力存在重复，计算相对合成标准不确定度时应将较小值去除，则相对合成

标准不确定度按照下式计算得出：

$$u_{crel} = \sqrt{u_1^2 + u_2^2} = 5.7 \times 10^{-4}$$

C.6.5　相对扩展不确定度

使用简易法，取包含因子 $k = 2$，则相对扩展不确定度为：

$$U_{rel} = k \times u_{crel} = 2 \times 5.7 \times 10^{-4} = 1.1 \times 10^{-3}$$

C.7　飞针测试系统电容测量校准值测量不确定度（10nF，均为相对值）

C.7.1　测量模型

测量模型如式（C.6）。

$$C_x = C \tag{C.6}$$

式中：

C ——被校校准板电容的校准值，nF；

C_x ——飞针测试系统的电容测量值，nF。

C.7.2　不确定度来源

飞针测试系统电容测量校准值的测量不确定度主要来源于3个方面：

a）测量过程的重复性引入的标准不确定度分量，u_1；

b）校准板电容校准值的不准确引入的标准不确定度分量，u_2；

c）飞针测试系统分辨力引入的标准不确定度分量，u_3。

C.7.3　标准不确定度评定

C.7.3.1　测量过程的重复性引入的标准不确定度（u_1）

按照 A 类方法评定，利用飞针测试系统对校准板电容连续测量 10 次，测量结果见表 C.12，计算其实验标准偏差，得到 u_1。

表 C.12　重复性测量数据

第 i 次测量	1	2	3	4	5
测量值/nF	9.80	9.80	9.81	9.82	9.80
第 i 次测量	6	7	8	9	10
测量值/nF	9.81	9.80	9.81	9.80	9.80

根据表 C.12 中的数据，可由贝塞尔公式计算出标准装置测量重复性的实验标准偏差：

$$s(X) = \sqrt{\frac{\sum_{i=1}^{10}(X_i - \overline{X})^2}{n-1}} = 7.1 \times 10^{-3}(nF)$$

则得到 u_1：

$$u_1 = s(X)/\overline{X} = 7.2 \times 10^{-4}$$

C.7.3.2　校准板电容校准值不准引入的标准不确定度（u_2）

按 B 类方法评定，由于由 C6.5 章节得知校准板电容校准值的测量不确定度 U_{rel}，其包含因子 $k = 2$。因此，可得 u_2：

$$u_2 = \frac{1.1 \times 10^{-3}}{2} = 5.5 \times 10^{-4}$$

C.7.3.3 飞针测试系统分辨力引入的标准不确定度（u_3）

按 B 类方法评定，从说明书得知飞针测试系统测量 10nF 电容时分辨力为 0.01nF，其分布为均匀分布，置信因子 $k = \sqrt{3}$。因此，可得 u_3：

$$u_3 = \frac{0.01}{2 \times \sqrt{3} \times 9.80} = 2.9 \times 10^{-4}$$

C.7.4 相对合成标准不确定度

不确定度汇总表见表 C.13。

表 C.13 飞针测试系统电容测量校准不确定度汇总表

不确定度分量	不确定度来源	评定方法	分布类型	k 值	相对标准不确定度
u_1	测量过程重复性	A 类	—	—	7.2×10^{-4}
u_2	校准板电容校准值不准确	B 类	—	2	5.5×10^{-4}
u_3	飞针测试系统分辨力	B 类	均匀	$\sqrt{3}$	2.9×10^{-4}

考虑到被测飞针测试系统的重复性和分辨力存在重复，计算相对合成标准不确定度时应将较小值去除，则相对合成标准不确定度按照下式计算得出：

$$u_{\text{crel}} = \sqrt{u_1^2 + u_2^2} = 9.6 \times 10^{-4}$$

C.7.5 相对扩展不确定度

使用简易法，取包含因子 $k = 2$，则相对扩展不确定度为：

$$U_{\text{rel}} = k \times u_{\text{crel}} = 2 \times 9.6 \times 10^{-4} = 1.9 \times 10^{-3}$$

C.8 校准板上电感测量不确定度（10mH，均为相对值）

C.8.1 测量模型

测量模型如式（C.7）。

$$L = L_{\text{M}} \tag{C.7}$$

式中：

L ——被校校准板电感的校准值，mH；

L_{M} ——被校校准板电感的测量值，mH。

C.8.2 不确定度来源

校准板电感测量的不确定度主要来源于 3 个方面：

a）测量过程的重复性引入的标准不确定度分量，u_1；

b）LCR 测量仪测量不准确引入的标准不确定度分量，u_2；

c）LCR 测量仪分辨力引入的标准不确定度分量，u_3。

C.8.3 标准不确定度评定

C.8.3.1 测量过程的重复性引入的标准不确定度（u_1）

按照 A 类方法评定，首先将 LCR 测量仪与被测电感放置在校准环境下预热 24h，利用 LCR 测量仪对被测电感（以 10mH 为例）连续测量 10 次，测量结果见表 C.14，计算其实验标准偏差，得到 u_1。

表 C.14　重复性测量数据

第 i 次测量	1	2	3	4	5
测量值/mH	10.002	10.001	10.003	10.003	10.003
第 i 次测量	6	7	8	9	10
测量值/mH	10.002	10.002	10.002	10.002	10.002

根据表 C.14 中的数据，可由贝塞尔公式计算出标准装置测量重复性的实验标准偏差：

$$s(X) = \sqrt{\frac{\sum_{i=1}^{10}(X_i - \overline{X})^2}{n-1}} = 6.3 \times 10^{-4}(\text{mH})$$

则得到 u_1：

$$u_1 = s(X)/\overline{X} = 6.3 \times 10^{-5}$$

C.8.3.2　LCR 测量仪 10mH 测量不准引入的标准不确定度（u_2）

按 B 类方法评定，假设其服从均匀分布，$k = \sqrt{3}$。因此，查阅标准器说明书此点技术指标可得 u_2：

$$u_2 = \frac{1.0 \times 10^{-3} \times 10\text{mH}}{\sqrt{3} \times 10.002\text{mH}} = 5.7 \times 10^{-4}$$

C.8.3.3　LCR 测量仪分辨力引入的标准不确定度（u_3）

按 B 类方法评定，从说明书得知 LCR 测量仪测量 10mH 电容时分辨力为 0.001mH，其分布为均匀分布，置信因子 $k = \sqrt{3}$。因此，可得 u_3：

$$u_3 = \frac{0.001\text{mH}}{2 \times \sqrt{3} \times 10.002\text{mH}} = 2.9 \times 10^{-5}$$

C.8.4　相对合成标准不确定度

不确定度汇总表见表 C.15。

表 C.15　校准板电感校准不确定度汇总表

不确定度分量	不确定度来源	评定方法	分布类型	k 值	相对标准不确定度
u_1	测量过程重复性	A 类	—	—	6.3×10^{-5}
u_2	LCR 测量仪测量不准	B 类	均匀	$\sqrt{3}$	5.7×10^{-4}
u_3	LCR 测量仪分辨力	B 类	均匀	$\sqrt{3}$	2.9×10^{-5}

考虑到被测飞针测试系统的重复性和分辨力存在重复，计算相对合成标准不确定度时应将较小值去除，则相对合成标准不确定度按照下式计算得出：

$$u_{crel} = \sqrt{u_1^2 + u_2^2} = 5.8 \times 10^{-4}$$

C.8.5　相对扩展不确定度

使用简易法，取包含因子 $k = 2$，则相对扩展不确定度为：

$$U_{rel} = k \times u_{crel} = 2 \times 5.8 \times 10^{-4} = 1.2 \times 10^{-3}$$

C.9 飞针测试系统电感测量校准值测量不确定度 （10mH，均为相对值）

C.9.1 测量模型

测量过程数学模型如式（C.8）。

$$\Delta L = L_x - L \tag{C.8}$$

式中：

L ——被校校准板电感的校准值，mH；

L_x ——飞针测试系统的电感测量值，mH。

C.9.2 不确定度来源

飞针测试系统电感测量校准值的测量不确定度主要来源于 3 个方面：

a）测量过程的重复性引入的标准不确定度分量，u_1；

b）校准板电感校准值不准确引入的标准不确定度分量，u_2；

c）飞针测试系统分辨力引入的标准不确定度分量，u_3。

C.9.3 标准不确定度评定

C.9.3.1 测量过程的重复性引入的标准不确定度 （u_1）

按照 A 类方法评定，利用飞针测试系统对校准板电感连续测量 10 次，测量结果见表 C.16，计算其实验标准偏差，得到 u_1。

表 C.16 重复性测量数据

第 i 次测量	1	2	3	4	5
测量值/mH	9.91	9.90	9.90	9.92	9.91
第 i 次测量	6	7	8	9	10
测量值/mH	9.90	9.90	9.91	9.90	9.92

根据表 C.16 中的数据，可由贝塞尔公式计算出标准装置测量重复性的实验标准偏差：

$$s(X) = \sqrt{\frac{\sum_{i=1}^{10}(X_i - \overline{X})^2}{n-1}} = 8.2 \times 10^{-3}(\text{mH})$$

则得到 u_1：

$$u_1 = s(X)/\overline{X} = 8.3 \times 10^{-4}$$

C.9.3.2 校准板电感校准值不准确引入的标准不确定度 （u_2）

按 B 类方法评定，由于由 C8.5 章节得知校准板电感校准值的测量不确定度 U_{rel}，其包含因子 $k = 2$。因此，可得 u_2：

$$u_2 = \frac{1.2 \times 10^{-3}}{2} = 6 \times 10^{-4}$$

C.9.3.3 飞针测试系统分辨力引入的标准不确定度 （u_3）

按 B 类方法评定，从说明书得知飞针测试系统测量 10mH 电容时分辨力为 0.01mH，其分布为均匀分布，置信因子 $k = \sqrt{3}$。因此，可得 u_3：

$$u_3 = \frac{0.01}{2 \times \sqrt{3} \times 9.91} = 2.9 \times 10^{-4}$$

C.9.4 相对合成标准不确定度

不确定度汇总表见表 C.17。

表 C.17 飞针测试系统电感测量校准不确定度汇总表

不确定度分量	不确定度来源	评定方法	分布类型	k 值	相对标准不确定度
u_1	测量过程重复性	A 类	—	—	8.3×10^{-4}
u_2	校准板电感校准值不准确	B 类	—	2	6×10^{-4}
u_3	飞针测试系统分辨力	B 类	均匀	$\sqrt{3}$	2.9×10^{-4}

考虑到被测飞针测试系统的重复性和分辨力存在重复，计算相对合成标准不确定度时应将较小值去除，则相对合成标准不确定度按照下式计算得出：

$$u_{\text{crel}} = \sqrt{u_1^2 + u_2^2} = 1.0 \times 10^{-3}$$

C.9.5 相对扩展不确定度

使用简易法，取包含因子 $k = 2$，则相对扩展不确定度为：

$$U_{\text{rel}} = k \times u_{\text{crel}} = 2 \times 1.0 \times 10^{-3} = 2.0 \times 10^{-3}$$

JJF

中华人民共和国工业和信息化部
电子计量技术规范

JJF（电子）0083—2023

管状波耦合器校准规范

Calibration Specification for Tubular Wave Couplers

2023-08-16 发布　　　　　　　　　　2023-09-01 实施

中华人民共和国工业和信息化部　发　布

管状波耦合器校准规范
Calibration Specification for
Tubular Wave Couplers

JJF（电子）0083—2023

归 口 单 位：中国电子技术标准化研究院
主要起草单位：广州广电计量检测股份有限公司
　　　　　　　河南广电计量检测有限公司
　　　　　　　广电计量检测（南宁）有限公司

本规范技术条文委托起草单位负责解释

本规范主要起草人：

张　辉（广州广电计量检测股份有限公司）

徐静霞（广州广电计量检测股份有限公司）

吕东瑞（广州广电计量检测股份有限公司）

师　航（河南广电计量检测有限公司）

魏　亮（河南广电计量检测有限公司）

赵振飞［广电计量检测（南宁）有限公司］

目　　录

引　言

　　本规范依据 JJF 1071—2010《国家计量校准规范编写规则》 和 JJF 1059.1—2012《测量不确定度评定与表示》编写。

　　本规范为首次发布。

管状波耦合器校准规范

1 范围

本规范适用于频率 400MHz～3000MHz 范围内管状波耦合器的校准。

2 引用文件

本规范引用了下列文件：

ISO 11452-1：2015《道路车辆 电气/电子部件对窄带辐射电磁能的抗扰性试验方法 第1部分：一般规定和术语》（*Road vehicles—Component test methods for electrical disturbance from narrowband radiated electromagnetic energy—Part 1：General principles and terminology*）

ISO 11452-4：2020《道路车辆 电气/电子部件对窄带辐射电磁能的抗扰性试验方法 第4部分：线束激励法》（*Road vehicles—Component test methods for electrical disturbance from narrowband radiated electromagnetic energy—Part 4：Harness excitation methods*）

注：凡是注日期的引用文件，仅注日期的版本适用于本规范；凡是不注日期的引用文件，其最新版本（包括所有的修改单）适用于本规范。

3 概述

管状波耦合器（Tubular Wave Coupler，简称 TWC）用于将电磁干扰信号耦合到被测样品的线束中，并在测试频率范围内有较高的耦合功率。管状波耦合器是有两个输入端子的同轴结构系统，中间是管状的耦合装置，由内外两个同轴的管状电极组成，内外电极之间用硬绝缘材料填充，输入端子的内芯和内电极连接，外电极与屏蔽层连接，使用时两个输入端子一个连接功放作为信号输入，另一个接 50Ω 负载，其测量原理及结构如图1所示。

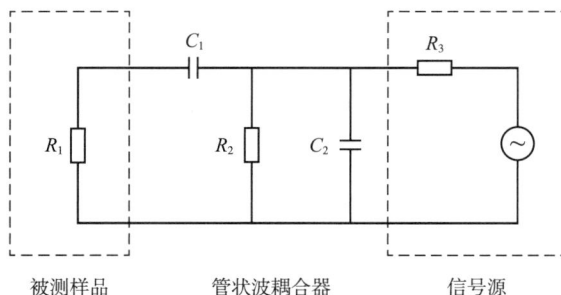

R_1—被测样品的阻抗　R_2—50Ω 负载　R_3—信号源的内阻
C_1—内电极与被测电缆之间的电容　C_2—内电极与外电极之间的电容

图1 管状波耦合器的测量原理及结构

4 计量特性

插入损耗：≤20dB。

频率范围：400MHz～3000MHz。

注：以上范围及指标不适用于合格性判定，仅供参考。

5 校准条件

5.1 环境条件

5.1.1 环境温度：23℃±5℃。

5.1.2 环境相对湿度：30%～75%。

5.1.3 供电电源：电压（220±11）V，频率（50±1）Hz。

5.1.4 其他：周围无影响仪器正常工作的电磁干扰和机械振动。

5.2 测量标准及其他设备

5.2.1 网络分析仪

频率范围：400MHz～3000MHz；

动态范围：≥80dB；

传输系数误差：±0.1dB。

5.2.2 校准夹具

频率范围：400MHz～3000MHz；

插入损耗：<1.5dB。

5.2.3 同轴负载

频率范围：400MHz～3000MHz；

阻值：50Ω；

电压驻波比：≤1.2。

6 校准项目和校准方法

6.1 外观及工作正常性检查

被校管状波耦合器外观应完好，无明显机械损伤和变形；开口处电极端面平整，旋钮锁紧后内外管状电极应同心。检查结果记录于附录A表A.1中。

6.2 插入损耗

6.2.1 设置网络分析仪为传输测量 S_{21}，源信号功率设置为−10dBm，中频带宽设为不大于100Hz，起始频率400MHz，终止频率3000MHz，将测试线缆接网络分析仪的输入输出端口，在线缆端口对网络分析仪进行双端口自校准。

6.2.2 如图2所示，将网络分析仪输出端线缆接校准夹具的输入端，校准夹具的另一端接网络分析仪的输入端线缆，按原始记录频率取点记录校准夹具的插入损耗 F，其中频率在400MHz～1000MHz时步进为20MHz，频率1000MHz～3000MHz时步进为40MHz。

6.2.3 如图3所示，被校管状波耦合器放置于校准夹具中，校准夹具的导体通过管状波耦合器内腔，调整管状波耦合器的位置并用绝缘垫脚支撑，使校准夹具的导体通过其中心，且到校准夹具两端的距离相等；网络分析和校准夹具的连接不变，管状波耦合器的两个输入端接50Ω负载。网络分析仪设置不变，对网络分析仪进行归一化校准。

6.2.4 管状波耦合器的插入损耗测量如图4所示，网络分析仪输出接管状波耦合器的输入端，管

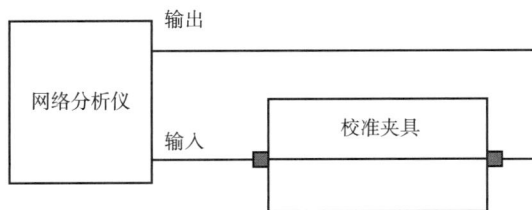

图 2　校准夹具插入损耗校准示意图

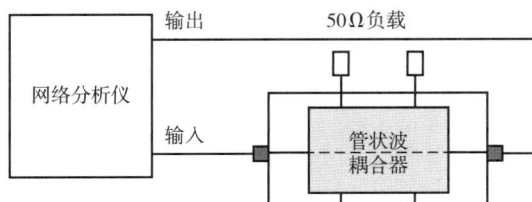

图 3　归一化校准示意图

状波耦合器的另一端接 50Ω 负载。网络分析仪的输入端接校准夹具，校准夹具的另一端接 50Ω 负载，按原始记录频率取点记录网络分析仪示值 S_{21}。

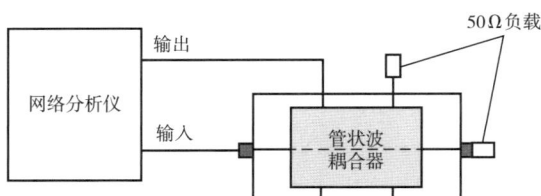

图 4　插入损耗测量示意图

6.2.5　用式（1）计算管状波耦合器插入损耗。

$$I_L = |S_{21}| - F \tag{1}$$

式中：

I_L　——管状波耦合器的插入损耗，dB；

S_{21}　——网络分析仪示值，dB；

F　——校准夹具的插入损耗，dB。

7　校准结果表达

校准后，出具校准证书。校准证书应至少包含以下信息：

a）标题："校准证书"；

b）实验室名称和地址；

c）进行校准的地点（如果与实验室的地址不同）；

d）证书或报告的唯一性标识（如编号），每页及总页数的标识；

e）客户的名称和地址；

f）被校准对象的描述和明确标识；

g）进行校准的日期，如果与校准结果的有效性和应用有关时，应说明被校对象的接收日期；

h）如果与校准结果的有效性应用有关时，应对被校样品的抽样程序进行说明；

i）校准所依据的技术规范的标识，包括名称及代号；

j）本次校准所用测量标准的溯源性及有效性说明；

k）校准环境的描述；

l）校准结果及其测量不确定度的说明；

m）对校准规范的偏离的说明；

n）校准证书签发人的签名、职务或等效标识；

o）校准结果仅对被校对象有效的说明；

p）未经实验室书面批准，不得部分复制证书的声明。

8　复校时间间隔

建议复校时间间隔不超过1年。由于复校时间间隔的长短是由仪器的使用情况、使用者、仪器本身质量等诸多因素决定的，因此，送校单位可根据实际使用情况自主决定复校时间间隔。

附录 A 原始记录格式

A.1 外观及工作正常性检查

表 A.1 外观及工作正常性检查

项目	检查结果
外观及工作正常性检查	

A.2 插入损耗

表 A.2 插入损耗

频率/MHz	网络分析仪 示值 S_{21}/dB	校准夹具 插入损耗 F/dB	插入损耗 I_L/ dB	不确定度/ dB（$k=2$）
400				
420				
440				
…				
1000				
1040				
1080				
…				
3000				

附录 B 校准证书内页格式

B.1 外观及工作正常性检查

表 B.1 外观及工作正常性检查

项目	检查结果
外观及工作正常性检查	

B.2 插入损耗

表 B.2 插入损耗

频率/MHz	插入损耗 I_L/dB	不确定度/dB（$k=2$）
400		
420		
440		
…		
1000		
1040		
1080		
…		
3000		

附录 C 插入损耗测量结果不确定度评定示例

C.1 测量模型

管状波耦合器插入损耗的测量模型为：

$$I_L = |S_{21}| - F \qquad (C.1)$$

式中：

I_L ——管状波耦合器的插入损耗，dB；

S_{21} ——网络分析仪示值，dB；

F ——校准夹具的插入损耗，dB。

C.2 不确定度来源

不确定度来源主要有：网络分析仪传输系数误差、校准夹具引入的误差、系统失配误差、测量重复性等引入的不确定度分量。

C.3 标准不确定度评定

C.3.1 网络分析仪传输系数误差引入的不确定度分量 u_1

由网络分析仪技术指标可知，网络分析仪传输系数误差最大为±0.1dB，按均匀分布，取 $k=\sqrt{3}$，则不确定度分量 $u_1 = 0.1\text{dB}/\sqrt{3} = 0.058\text{dB}$。

C.3.2 校准夹具误差引入的不确定度分量 u_2

被校管状波耦合器在校准夹具中因位置变化及校准夹具导体和管状波耦合器内腔不同心的误差按 0.3dB 计算，按均匀分布，取 $k=\sqrt{3}$，则由此引入的不确定度分量 $u_2 = 0.3\text{dB}/\sqrt{3} = 0.17\text{dB}$。

C.3.3 系统失配误差引入的标准不确定度分量 u_3

校准系统失配误差最大按 0.45dB 计算，按反正弦分布，$k=\sqrt{2}$，由此引入的不确定度分量 $u_3 = 0.45\text{dB}/\sqrt{2} = 0.32\text{dB}$。

C.3.4 示值分辨力引入的不确定度分量 u_4

网络分析仪示值分辨力为 0.01dB，按均匀分布，$k=\sqrt{3}$，由分辨力引入的不确定度分量 $u_4 = 0.01/2\text{dB}/\sqrt{3} = 0.0029\text{dB}$。

C.3.5 测量重复性引入的标准不确定度分量 u_A

对管状波耦合器 2000MHz 时的插入损耗进行重复性测量，结果见表 C.1。

表 C.1 插入损耗重复性测量数据

测量序号	1	2	3	4	5
测量结果/dB	2.82	2.69	2.48	2.56	2.64
测量序号	6	7	8	9	10
测量结果/dB	2.55	2.91	2.72	2.68	2.96
平均值 $\bar{x}$	2.701dB		标准差 s	0.16dB	

测量重复性引入的标准不确定度分量 $u_A = s = \sqrt{\dfrac{\sum\limits_{i=1}^{10}(x_i - \bar{x})^2}{n-1}} = 0.16$ （dB）。

由于测量重复性包含了人员读数时因分辨力引入的误差，因此由分辨力引入的不确定度分量 u_4 和测量重复性引入的不确定度分量 u_A 取大者。

C.4 合成标准不确定度

C.4.1 主要不确定度汇总表

主要不确定度汇总表见表 C.2。

表 C.2 主要不确定度汇总表

不确定度来源 u_i	a_i/dB	k_i	u_i/dB
网络分析仪传输系数误差，u_1	0.1	$\sqrt{3}$	0.058
校准夹具误差，u_2	0.3	$\sqrt{3}$	0.17
系统失配误差，u_3	0.45	$\sqrt{2}$	0.32
测量重复性，u_A	0.16	1	0.16

C.4.2 合成不确定度计算

以上各项不确定度分量相互独立不相关，合成标准不确定度为：

$$u_c = \sqrt{u_1^2 + u_2^2 + u_3^2 + u_A^2} = 0.40 \text{（dB）}$$

C.5 扩展不确定度

取包含因子 $k=2$，则扩展不确定度为：

$$U = k u_c = 0.80 \text{（dB）}$$

中华人民共和国工业和信息化部
电子计量技术规范

JJF（电子）0084—2023

卫星信号矢量测速仪校准规范

Calibration Specification for GNSS Vector Speedometers

2023-08-16 发布　　　　　　　　　　　　2023-09-01 实施

中华人民共和国工业和信息化部　发　布

卫星信号矢量测速仪
校准规范
Calibration Specification for GNSS
Vector Speedometers

归 口 单 位：中国电子技术标准化研究院

主要起草单位：广州广电计量检测股份有限公司

参加起草单位：广电计量检测（深圳）有限公司

本规范技术条文委托起草单位负责解释

本规范主要起草人：
  王卓念（广州广电计量检测股份有限公司）
  张 辉（广州广电计量检测股份有限公司）
  吕东瑞（广州广电计量检测股份有限公司）
参 加 起 草 人：
  曾 昕（广州广电计量检测股份有限公司）
  李建征［广电计量检测（深圳）有限公司］
  李文兴（广州广电计量检测股份有限公司）

目　录

引　言

　　本规范依据 JJF 1071—2010《国家计量校准规范编写规则》和 JJF 1059.1—2012《测量不确定度评定与表示》编写。
　　本规范为首次发布。

卫星信号矢量测速仪校准规范

1 范围

本规范适用卫星信号矢量测速仪的校准。

2 引用文件

本规范引用了下列文件：
GB/T 39267—2020《北斗卫星导航术语》
注：凡是注日期的引用文件，仅注日期的版本适用于本规范；凡是不注日期的引用文件，其最新版本（包括所有的修改单）适用于本规范。

3 术语

3.1 全球卫星导航系统 Global Navigation Satellite System；GNSS

能在全球范围内提供导航服务的卫星导航系统的通称。
［GB/T 39267—2020，2.1.9］

3.2 星基增强系统 Satellite-Based Augmentation System；SBAS

利用卫星播发差分修正、完好性信息及其他信息的 GNSS 增强系统。
［GB/T 39267—2020，2.1.17］

3.3 地球静止轨道导航卫星 Geostationary Earth Orbit Navigation Satellite

运行在地球静止轨道（GEO）的导航卫星。GEO 是卫星轨道倾角和偏心率为零，且运行周期与地球自转周期相同的顺行轨道。
［GB/T 39267—2020，3.2.4］

4 概述

卫星信号矢量测速仪主要由 GNSS 接收单元、分析软件、数据采集与输出单元组成。仪器通过 GNSS 载波信号中的频率偏移计算速度和航向信息；通过导出的矢量速度信息与时间信息相结合，可以实现加速度、距离等参数的测量；测得运动数据经过软件处理后，输出数字/模拟信号至其他设备完成工作。

5 计量特性

5.1 单点定位误差

单点定位平面测量误差：优于2m；
单点定位高程测量误差：优于6m。

5.2 广域差分测量误差

广域差分平面测量误差：优于 1m；
广域差分高程测量误差：优于 2m。

5.3 实时动态差分测量误差

实时动态差分平面测量误差：优于 20mm；
实时动态差分高程测量误差：优于 20mm。

5.4 航向示值误差

航向示值允许误差：±0.1°。

5.5 速度

速度测量范围：0.1km/h～1600km/h；
速度测量允许误差：±0.1km/h。

5.6 加速度

加速度测量范围：$-98m/s^2$～$98m/s^2$；
加速度测量允许误差：±0.5%。

5.7 距离示值误差

距离示值允许误差：±0.05%。

5.8 模拟信号

模拟信号输出范围：0.1V～10V（DC）；
模拟信号允许误差：±5mV。

5.9 数字信号

数字信号输出范围：10Hz～50kHz；
数字信号允许误差：±2.5Hz。
注：以上范围及指标不适用于合格性判定，仅供参考。

6 校准条件

6.1 环境条件

6.1.1 校准应在仪器标称工作环境下进行。
6.1.2 环境温度：20℃～25℃，温度变化不超过±2℃。
6.1.3 相对湿度：≤80%。
6.1.4 其他：周围无影响正常校准工作的机械振动和电磁干扰。

6.2 测量标准及其他设备

6.2.1 GNSS 模拟器

基本功能：模拟器支持被校准卫星信号矢量测速仪所用的导航系统，模拟器可自定义校准所需标准场景并且可选择双端口同时输出信号；

伪距精度：≤10mm（rms）；

伪距率精度：≤10mm/s（rms）。

6.2.2 直流电压表

直流电压范围：0.1V～15V；

最大允许误差：±1.5mV。

6.2.3 频率计

频率范围：10Hz～75kHz；

最大允许误差：±0.5Hz。

7 校准项目和校准方法

7.1 外观及一般功能性检查

仪器以及其他部件均保持外观良好，无影响计量性能的外观缺陷，硬件以及软件功能使用正常。仪器应具备工作模式、卫星状态、差分状态、数据记录及存储状态显示功能。检查结果记录于附录A表A.1中。

7.2 单点定位误差

设置GNSS模拟器场景可见卫星数不少于7颗，通过射频线连接方式输出标准位置信息至卫星信号矢量测速仪，如图1所示。卫星信号矢量测速仪显示有效定位值后，每组位置至少取10次采样的数据作为示值，记录多组定位数据于附录A表A.2中。

图1 GNSS模拟器输出信号示意图

单点定位平面误差 d_{ph} 和高程误差 d_{pv} 由式（1）和式（2）表示：

$$d_{ph} = \sqrt{(x-x_0)^2 + (y-y_0)^2} \tag{1}$$

$$d_{pv} = \sqrt{(z-z_0)^2} \tag{2}$$

式中：

x_0、y_0、z_0——GNSS模拟器的位置标准值；

x、y、z ——卫星信号矢量测速仪的位置示值。

7.3 广域差分测量误差

设置GNSS模拟器场景可见卫星数不少于7颗，打开SBAS选项增加地球静止轨道（GEO）卫星，通过射频线连接方式输出标准位置信息至卫星信号矢量测速仪，如图1所示。卫星信号矢量测速仪显示有效定位值后，每组位置至少取10次采样的数据作为示值，记录多组定位数据于附录A表A.3中，广域差分测量水平误差计算可参考公式（1）、高程误差计算可参考公式（2）。

7.4 实时动态差分测量误差

设置GNSS模拟器场景可见卫星数不少于7颗，打开公共误差选项，通过射频线连接方式分别输出不同标准位置信息至卫星信号矢量测速仪以及其基准站模块，如图2所示。卫星信号矢量测速仪与基准站模块之间通过蓝牙或 WIFI 等无线通信方式进行数据传输，在卫星信号矢量测速仪完成差分计算并显示固定解后，每组位置至少取 10 次采样的数据作为示值，记录多组定位数据于附录 A 表 A.4 中，实时动态差分测量水平误差计算可参考公式（1）、高程误差计算可参考公式（2）。

图 2　GNSS 模拟器分别输出信号示意图

7.5　航向示值误差

设置 GNSS 模拟器场景可见卫星数不少于 7 颗，模式为匀速矩形运动，通过射频线连接方式输出标准航向角度信息至卫星信号矢量测速仪。在模拟器显示 0°、90°、180°、270°航向时，每个航向点至少取 5 次采样的数据作为示值，各航向下的角度误差 $\Delta\theta$ 计算按式（3），完成后记录于附录 A 表 A.5 中。

$$\Delta\theta = \theta - \theta_0 \tag{3}$$

式中：

θ_0——GNSS 模拟器的角度标准值；

θ ——卫星信号矢量测速仪的角度示值。

7.6　速度示值误差

设置 GNSS 模拟器场景可见卫星数不少于 7 颗，模式为匀速直线运动，通过射频线连接方式输出标准速度信息至卫星信号矢量测速仪，如图 1 所示。速度标准值按待校仪器量程均匀取点，也可以根据送校单位的使用要求取点，每个速度点至少取 5 次采样的数据作为示值。各取点的速度误差 Δv 计算按式（4），完成后记录于附录 A 表 A.6 中。

$$\Delta v = v - v_0 \tag{4}$$

式中：

v_0——GNSS 模拟器的速度标准值；

v ——卫星信号矢量测速仪的速度示值。

7.7　加速度示值误差

设置 GNSS 模拟器场景可见卫星数不少于 7 颗，模式为匀加速直线运动，通过射频线连接方式输出标准加速度信息至卫星信号矢量测速仪，如图 1 所示。加速度标准值按待校仪器量程均匀取点，也可以根据送校单位的使用要求取点，每个加速度点至少取 5 次采样的数据作为示值。各取点的加速度误差 Δa 计算按式（5），完成后记录于附录 A 表 A.7 中。

$$\Delta a = a - a_0 \tag{5}$$

式中：

a_0——GNSS 模拟器的加速度标准值；

a ——卫星信号矢量测速仪的加速度示值。

7.8　距离示值误差

设置 GNSS 模拟器场景可见卫星数不少于 7 颗，模式为自定义直线运动：速度为 0 状态持续时间大于冷/热启动时间确保卫星信号矢量测速仪已锁定卫星并正常工作，速度大于 0 的匀速状态持续一定时间，在总位移距离为 s_0 后速度跳变为 0。通过射频线连接方式输出标准位移距离信息至卫星信号矢量测速仪，如图1所示。位移距离标准值按待校仪器量程均匀取点，也可以根据送校单位的使用要求取点，每个位移距离点至少取3次采样的数据作为示值。各取点位移距离示值误差 Δs 计算按式（6），完成后记录于附录A表A.8中。

$$\Delta s = s - s_0 \tag{6}$$

式中：

s_0——GNSS 模拟器的位移距离标准值；

s ——卫星信号矢量测速仪的位移距离示值。

7.9 模拟信号输出幅度

设置 GNSS 模拟器场景可见卫星数不少于7颗，模式为匀速直线运动，通过射频线连接方式输出标准速度信息至卫星信号矢量测速仪，速度标准值按待校仪器量程均匀取点，也可以根据送校单位的使用要求取点。使用直流电压表记录待校仪器的输出幅度，如图3所示。每个速度点至少取5次采样的数据作为示值，记录于附录A表A.9中。

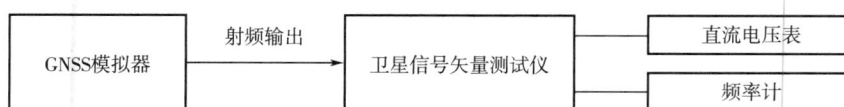

图 3　信号测量示意图

输出幅度误差 ΔU 由式（7）表示：

$$\Delta U = U - C_{\mathrm{U}} v_0 \tag{7}$$

式中：

v_0 ——GNSS 模拟器的速度标准值；

C_{U} ——模拟信号转换比例常数，通常默认为 0.05V/（km/h）；

U ——直流电压表示值。

7.10 数字信号输出频率

设置 GNSS 模拟器场景可见卫星数不少于7颗，模式为匀速直线运动，通过射频线连接方式输出标准速度信息至卫星信号矢量测速仪，速度标准值按待校仪器量程均匀取点，也可以根据送校单位的使用要求取点。使用频率计记录待校仪器的输出频率，如图3所示。每个速度点至少取5次采样的数据作为示值，记录于附录A表A.10中。

输出频率误差 Δf 由式（8）表示：

$$\Delta f = f - C_{\mathrm{f}} v_0 \tag{8}$$

式中：

v_0 ——GNSS 模拟器的速度标准值；

C_{f} ——数字信号转换比例常数，通常默认为 25Hz/（km/h）；

f ——频率计示值。

8　校准结果表达

校准后，出具校准证书。校准证书应至少包含以下信息：

a）标题："校准证书"；

b）实验室名称和地址；

c）进行校准的地点（如果与实验室的地址不同）；

d）证书或报告的唯一性标识（如编号），每页及总页数的标识；

e）客户的名称和地址；

f）被校准对象的描述和明确标识；

g）进行校准的日期，如果与校准结果的有效性和应用有关时，应说明被校对象的接收日期；

h）如果与校准结果的有效性应用有关时，应对被校样品的抽样程序进行说明；

i）校准所依据的技术规范的标识，包括名称及代号；

j）本次校准所用测量标准的溯源性及有效性说明；

k）校准环境的描述；

l）校准结果及其测量不确定度的说明；

m）对校准规范的偏离的说明；

n）校准证书签发人的签名、职务或等效标识；

o）校准结果仅对被校对象有效的说明；

p）未经实验室书面批准，不得部分复制证书的声明。

9 复校时间间隔

建议复校时间间隔不超过1年。由于复校时间间隔的长短是由仪器的使用情况、使用者、仪器本身质量等诸多因素决定的，因此，送校单位可根据实际使用情况自主决定复校时间间隔。

附录 A　原始记录格式

A.1　外观及一般功能性检查

表 A.1　外观及一般功能性检查

项目	检查结果
外观及一般功能性检查	

A.2　单点定位误差

表 A.2　单点定位误差

组数	测量位置示值/m	平面误差/m	高程误差/m	扩展不确定度（$k=2$）
1				
…				
n				
标准值		—		

A.3　广域差分测量误差

表 A.3　广域差分测量误差

组数	测量位置示值/m	平面误差/m	高程误差/m	扩展不确定度（$k=2$）
1				
…				
n				
标准值		—		

A.4　实时动态差分测量误差

表 A.4　实时动态差分测量误差

组数	测量位置示值/m	平面误差/m	高程误差/m	扩展不确定度（$k=2$）
1				
…				
n				
标准值		—		

A.5 航向示值误差

表 A.5　航向示值误差

标准值/（°）	示值/（°）	误差/（°）	扩展不确定度（$k=2$）

A.6 速度示值误差

表 A.6　速度示值误差

标准值/（km/h）	示值/（km/h）	误差/（km/h）	扩展不确定度（$k=2$）

A.7 加速度示值误差

表 A.7　加速度示值误差

标准值/（m/s^2）	示值/（m/s^2）	误差/（m/s^2）	扩展不确定度（$k=2$）

A.8 距离示值误差

表 A.8　距离示值误差

标准值/m	示值/m	误差/m	扩展不确定度（$k=2$）

A.9 模拟信号输出幅度

表 A.9　模拟信号输出幅度

速度/（km/h）	标准值/V	示值/V	误差/V	扩展不确定度（$k=2$）

A.10 数字信号输出频率

表 A.10　数字信号输出频率

速度/（km/h）	标准值/Hz	示值/Hz	误差/Hz	扩展不确定度（$k=2$）

附录 B 校准证书内页格式

B.1 外观及一般功能性检查

表 B.1 外观及一般功能性检查

项目	检查结果
外观及一般功能性检查	

B.2 单点定位误差

表 B.2 单点定位误差

组数	测量位置示值/m	平面误差/m	高程误差/m	扩展不确定度 ($k=2$)
1				
…				
n				
标准值	—			

B.3 广域差分测量误差

表 B.3 广域差分测量误差

组数	测量位置示值/m	平面误差/m	高程误差/m	扩展不确定度 ($k=2$)
1				
…				
n				
标准值	—			

B.4 实时动态差分测量误差

表 B.4 实时动态差分测量误差

组数	测量位置示值/m	平面误差/m	高程误差/m	扩展不确定度 ($k=2$)
1				
…				
n				
标准值	—			

B.5 航向示值误差

表 B.5 航向示值误差

标准值/（°）	示值/（°）	误差/（°）	扩展不确定度 （$k=2$）

B.6 速度示值误差

表 B.6 速度示值误差

标准值/（km/h）	示值/（km/h）	误差/（km/h）	扩展不确定度 （$k=2$）

B.7 加速度示值误差

表 B.7 加速度示值误差

标准值/（m/s^2）	示值/（m/s^2）	误差/（m/s^2）	扩展不确定度 （$k=2$）

B.8 距离示值误差

表 B.8 距离示值误差

标准值/m	示值/m	误差/m	扩展不确定度 （$k=2$）

B.9 模拟信号输出幅度

表 B.9 模拟信号输出幅度

速度/（km/h）	标准值/V	示值/V	误差/V	扩展不确定度（$k=2$）

B.10 数字信号输出频率

表 B.10 数字信号输出频率

速度/（km/h）	标准值/Hz	示值/Hz	误差/Hz	扩展不确定度（$k=2$）

附录 C   测量不确定度评定示例

C.1   单点定位测量结果不确定度评定

C.1.1   测量模型

用模拟器测量卫星信号矢量测速仪单点定位误差的测量模型为：

$$d_{\mathrm{ph}} = \sqrt{(x-x_0)^2 + (y-y_0)^2} \tag{C.1}$$

$$d_{\mathrm{pv}} = \sqrt{(z-z_0)^2} \tag{C.2}$$

其中，x_0、y_0、z_0 为 GNSS 模拟器的位置标准值，x、y、z 为卫星信号矢量测速仪的位置示值。

C.1.2   不确定度来源

不确定度来源主要有：由模拟器伪距精度引入的不确定度分量，待校仪器分辨力、测量重复性引入的不确定度分量。

C.1.3   标准不确定度评定

C.1.3.1   模拟器伪距精度引入的不确定度分量 u_1

模拟器伪距精度为 5mm，则不确定度分量 $u_1 = 5$mm。

C.1.3.2   待校仪器测量分辨力引入的不确定度分量 u_2

待校仪器测量分辨力为 0.1mm，服从均匀分布，取 $k=\sqrt{3}$，则不确定度分量 $u_2 = 0.1/2\sqrt{3}$ mm = 0.029mm。

C.1.3.3   测量重复性引入的标准不确定度分量 u_3

对参考位置（m）X：-2325695.6183；Y：5388334.6703；Z：2489227.9124 进行 10 次测试，定位误差通过重复条件下的 10 组数据平均值表示为测量结果，见表 C.1。

表 C.1   重复性测量数据

测量序号	1	2	3	4	5
测量结果（x）	7.8mm	5.6mm	8.2mm	8.8mm	10.3mm
测量结果（y）	6.5mm	7.3mm	2.1mm	9.3mm	8.9mm
测量结果（z）	12.3mm	18.8mm	10.6mm	13.5mm	9.3mm
测量序号	6	7	8	9	10
测量结果（x）	7.2mm	4.2mm	4.5mm	9.6mm	7.3mm
测量结果（y）	6.5mm	6.3mm	10.2mm	4.7mm	8.9mm
测量结果（z）	3.8mm	8.9mm	10.8mm	3.5mm	10.1mm
平均值（$\bar{x}$）	7.35mm		标准差 s_x		2.053mm
平均值（$\bar{y}$）	7.07mm		标准差 s_y		2.429mm
平均值（$\bar{z}$）	10.16mm		标准差 s_z		4.449mm

则 $u_{3x} = s_x/\sqrt{10} = 0.918$（mm），$u_{3y} = s_y/\sqrt{10} = 1.086$（mm），$u_{3z} = s_z/\sqrt{10} = 1.990$（mm）。

C.1.4 合成标准不确定度

C.1.4.1 主要不确定度汇总表

主要不确定度来源见表 C.2。

表 C.2　主要不确定度来源

不确定度来源 u_i	类型	k_i	u_i/mm
模拟器伪距不确定度，u_1	B	—	5
待校仪器测量分辨力，u_2	B	$\sqrt{3}$	0.029
坐标 x 测量重复性，u_{3x}	A	—	0.918
坐标 y 测量重复性，u_{3y}	A	—	1.086
坐标 z 测量重复性，u_{3z}	A	—	1.990

C.1.4.2 合成不确定度计算

由分辨力引入的标准不确定分量小于由重复性引入的标准不确定度分量，因此忽略由分辨力引入的标准不确定度分量，则合成标准不确定度为：

$$u_{ch} = \sqrt{\left(\frac{x-x_0}{\sqrt{(x-x_0)^2+(y-y_0)^2}}\right)^2 (u_1^2+u_{3x}^2) + \left(\frac{y-y_0}{\sqrt{(x-x_0)^2+(y-y_0)^2}}\right)^2 (u_1^2+u_{3y}^2)} = 5.10 \text{（mm）}$$

$$u_{cv} = \sqrt{u_1^2 + u_{3z}^2} = 5.38 \text{（mm）}$$

C.1.5 扩展不确定度

取包含因子 $k=2$，则扩展不确定度为：

$$U_h = ku_{ch} = 10.2 \text{（mm）}; \quad U_v = ku_{cv} = 10.8 \text{（mm）}$$

C.2 航向测量结果不确定度评定

C.2.1 测量模型

用模拟器测量卫星信号矢量测速仪航向示值误差的测量模型为：

$$\Delta\theta = \theta - \theta_0 \tag{C.3}$$

其中，θ_0 为 GNSS 模拟器的角度标准值，θ 为卫星信号矢量测速仪的角度示值。

C.2.2 不确定度来源

不确定度来源主要有：由模拟器航向信息分辨力引入的不确定度分量，待校仪器分辨力、测量重复性引入的不确定度分量。

C.2.3 标准不确定度评定

C.2.3.1 模拟器航向信息分辨力引入的不确定度分量 u_1

模拟器航向信息分辨力为 0.01°，服从均匀分布，取 $k=\sqrt{3}$，则不确定度分量 $u_2 = 0.01°/2\sqrt{3} = 0.003°$。

C.2.3.2 待校仪器测量分辨力引入的不确定度分量 u_2

待校仪器测量分辨力为 0.01°，服从均匀分布，取 $k=\sqrt{3}$，则不确定度分量 $u_2 = 0.01°/2\sqrt{3} = 0.003°$。

C.2.3.3 测量重复性引入的标准不确定度分量 u_3

对参考航向角度 90° 进行 10 次测试，测试数据见表 C.3。

117

表 C. 3　重复性测量数据

测量序号	1	2	3	4	5
测量结果	90.01°	89.98°	89.98°	89.99°	90.01°
测量序号	6	7	8	9	10
测量结果	90.00°	89.98°	89.99°	90.01°	90.00°
平均值 $\bar{x}$	90.00°		标准差 s	0.013°	

则 $u_3 = s = 0.013°$。

C.2.4　合成标准不确定度

C.2.4.1　主要不确定度汇总表

主要不确定来源见表 C.4。

表 C. 4　主要不确定来源

不确定度来源 u_i	类型	k_i	$u_i/$ （°）
模拟器航向信息分辨力，u_1	B	—	0.003
待校仪器测量分辨力，u_2	B	$\sqrt{3}$	0.003
测量重复性，u_3	A	—	0.013

C.2.4.2　合成不确定度计算

由分辨力引入的标准不确定分量小于由重复性引入的标准不确定度分量，因此忽略由分辨力引入的标准不确定度分量，则合成标准不确定度为：

$$u_c = \sqrt{u_1^2 + u_3^2} = 0.014°$$

C.2.5　扩展不确定度

扩展不确定度：

$$U = ku_c = 0.03°，k = 2$$

C.3　速度测量结果不确定度评定

C.3.1　测量模型

用模拟器测量卫星信号矢量测速仪速度示值误差的测量模型为：

$$\Delta v = v - v_0 \qquad (C.4)$$

其中，v_0 为 GNSS 模拟器的速度标准值，v 为卫星信号矢量测速仪的速度示值。

C.3.2　不确定度来源

不确定度来源主要有：由模拟器伪距率精度引入的不确定度分量，待校仪器分辨力、测量重复性引入的不确定度分量。

C.3.3　标准不确定度评定

C.3.3.1　模拟器伪距率精度引入的不确定度分量 u_1

模拟器伪距率精度为 5mm/s（0.018km/h），则不确定度分量 $u_1 = 0.018$km/h。

C.3.3.2　待校仪器测量分辨力引入的不确定度分量 u_2

待校仪器测量分辨力为 0.01km/h，服从均匀分布，取 $k = \sqrt{3}$，则不确定度分量 $u_2 = 0.01/2\sqrt{3}$km/h =

0.003km/h。

C.3.3.3 测量重复性引入的标准不确定度分量 u_3

对参考速度 100km/h 进行 10 次测试，测试数据见表 C.5。

表 C.5 重复性测量数据

测量序号	1	2	3	4	5
测量结果	100.00km/h	99.98km/h	100.02km/h	100.01km/h	100.01km/h
测量序号	6	7	8	9	10
测量结果	99.98km/h	99.98km/h	100.00km/h	99.99km/h	100.01km/h
平均值 $\bar{x}$	100.00km/h		标准差 s	0.015km/h	

则 $u_3 = s = 0.015$km/h。

C.3.4 合成标准不确定度

C.3.4.1 主要不确定度汇总表

主要不确定度来源见表 C.6。

表 C.6 主要不确定度来源

不确定度来源 u_i	类型	k_i	u_i／（km/h）
模拟器伪距率精度，u_1	B	—	0.018
待校仪器测量分辨力，u_2	B	$\sqrt{3}$	0.003
测量重复性，u_3	A	—	0.015

C.3.4.2 合成不确定度计算

由分辨力引入的标准不确定分量小于由重复性引入的标准不确定度分量，因此忽略由分辨力引入的标准不确定度分量，则合成标准不确定度为：

$$u_c = \sqrt{u_1^2 + u_3^2} = 0.024 \ (km/h)$$

C.3.5 扩展不确定度

扩展不确定度：

$$U = ku_c = 0.05 \ (km/h), \ k = 2$$

C.4 加速度测量结果不确定度评定

C.4.1 测量模型

用模拟器测量卫星信号矢量测速仪加速度示值误差的测量模型为：

$$\Delta a = a - a_0 \tag{C.5}$$

其中，a_0 为 GNSS 模拟器的加速度标准值，a 为卫星信号矢量测速仪的加速度示值。

C.4.2 不确定度来源

不确定度来源主要有：由模拟器加速度信息分辨力引入的不确定度分量，待校仪器分辨力、测量重复性引入的不确定度分量。

C.4.3 标准不确定度评定

C.4.3.1 模拟器加速度信息分辨力引入的不确定度分量 u_1

模拟器航向信息分辨力为 0.01m/s^2，服从均匀分布，取 $k = \sqrt{3}$，则不确定度分量 $u_2 = 0.01/2\sqrt{3}\text{m/s}^2 = 0.003\text{m/s}^2$。

C.4.3.2 待校仪器测量分辨力引入的不确定度分量 u_2

待校仪器测量分辨力为 0.01m/s^2，服从均匀分布，取 $k = \sqrt{3}$，则不确定度分量 $u_2 = 0.01/2\sqrt{3}\text{m/s}^2 = 0.003\text{m/s}^2$。

C.4.3.3 测量重复性引入的标准不确定度分量 u_3

对参考加速度 9.80m/s^2 进行 10 次测试，测试数据见表 C.7。

表 C.7 重复性测量数据

测量序号	1	2	3	4	5
测量结果	9.81m/s^2	9.79m/s^2	9.79m/s^2	9.79m/s^2	9.80m/s^2
测量序号	6	7	8	9	10
测量结果	9.80m/s^2	9.80m/s^2	9.80m/s^2	9.81m/s^2	9.81m/s^2
平均值 $\bar{x}$	9.80m/s^2		标准差 s	0.009m/s^2	

则 $u_3 = s = 0.009\text{m/s}^2$。

C.4.4 合成标准不确定度

C.4.4.1 主要不确定度汇总表

主要不确定度来源见表 C.8。

表 C.8 主要不确定度来源

不确定度来源 u_i	类型	k_i	$u_i/(\text{m/s}^2)$
模拟器加速度信息分辨力，u_1	B	—	0.003
待校仪器测量分辨力，u_2	B	$\sqrt{3}$	0.003
测量重复性，u_3	A	—	0.008

C.4.4.2 合成不确定度计算

由分辨力引入的标准不确定分量小于由重复性引入的标准不确定度分量，因此忽略由分辨力引入的标准不确定度分量，则合成标准不确定度为：

$$u_c = \sqrt{u_1^2 + u_3^2} = 0.009 \ (\text{m/s}^2)$$

C.4.5 扩展不确定度

扩展不确定度：

$$U = ku_c = 0.02 \ (\text{m/s}^2)，k = 2$$

C.5 距离测量结果不确定度评定

C.5.1 测量模型

用模拟器测量卫星信号矢量测速仪距离示值误差的测量模型为：

$$\Delta s = s - s_0 \tag{C.6}$$

其中，s_0 为 GNSS 模拟器的位移距离标准值，s 为卫星信号矢量测速仪的位移距离示值。

C.5.2 不确定度来源

不确定度来源主要有：由模拟器伪距精度引入的不确定度分量，待校仪器分辨力、测量重复性引入的不确定度分量。

C.5.3 标准不确定度评定

C.5.3.1 模拟器伪距精度引入的不确定度分量 u_1

模拟器伪距精度为 5mm（0.005m），则不确定度分量 $u_1=0.005$m。

C.5.3.2 待校仪器测量分辨力引入的不确定度分量 u_2

待校仪器测量分辨力为 0.01m，服从均匀分布，取 $k=\sqrt{3}$，则不确定度分量 $u_2=0.01/2\sqrt{3}$m$=0.003$m。

C.5.3.3 测量重复性引入的标准不确定度分量 u_3

对参考距离 1000m 进行 10 次测试，测试数据见表 C.9。

表 C.9 重复性测量数据

测量序号	1	2	3	4	5
测量结果	999.98m	999.95m	999.92m	999.89m	999.90m
测量序号	6	7	8	9	10
测量结果	999.85m	999.92m	999.93m	999.98m	999.98m
平均值 $\bar{x}$	999.93m		标准差 s	0.043m	

则 $u_3=s=0.043$m。

C.5.4 合成标准不确定度

C.5.4.1 主要不确定度汇总表

主要不确定度来源见表 C.10。

表 C.10 主要不确定度来源

不确定度来源 u_i	类型	k_i	$u_i/$m
模拟器伪距不确定度，u_1	B	—	0.005
待校仪器测量分辨力，u_2	B	$\sqrt{3}$	0.003
测量重复性，u_3	A	—	0.043

C.5.4.2 合成不确定度计算

由分辨力引入的标准不确定分量小于由重复性引入的标准不确定度分量，因此忽略由分辨力引入的标准不确定度分量，则合成标准不确定度为：

$$u_c = \sqrt{u_1^2 + u_3^2} = 0.043 \text{（m）}$$

C.5.5 扩展不确定度

扩展不确定度：

$$U = ku_c = 0.09\text{m}, \quad k = 2$$

C.6 数字信号测量结果不确定度评定

C.6.1 测量模型

用模拟器测量卫星信号矢量测速仪数字信号频率误差的测量模型为：

$$\Delta f = f - C_f v_0 \tag{C.7}$$

其中，v_0 为 GNSS 模拟器的速度标准值，C_f 为数字信号转换比例常数，通常为 25Hz/（km/h），f 为频率计示值。

C.6.2 不确定度来源

不确定度来源主要有：由模拟器伪距率精度引入的不确定度分量，频率计频率测量准确度、分辨力、测量重复性引入的不确定度分量。

C.6.3 标准不确定度评定

C.6.3.1 模拟器伪距率精度引入的不确定度分量 u_1

模拟器伪距率精度为 5mm/s（0.018km/h），取 C_f 默认值 25Hz/（km/h），则不确定度分量 $u_1 = 0.45\text{Hz}$。

C.6.3.2 频率计频率测量准确度引入的不确定度分量 u_2

频率计准确度为 10^{-7}，待校仪器输出最大频率值 50kHz，则不确定度分量 $u_2 = 0.005/\sqrt{3}\text{Hz} = 0.003\text{Hz}$。

C.6.3.3 频率计测量分辨力引入的不确定度分量 u_3

待校仪器测量分辨力为 0.01Hz，服从均匀分布，取 $k = \sqrt{3}$，则不确定度分量 $u_3 = 0.01/2\sqrt{3}\text{Hz} = 0.003\text{Hz}$。

C.6.3.4 测量重复性引入的标准不确定度分量 u_4

对参考速度 40km/h 进行 10 次测试，取 C_f 默认值 25Hz/（km/h），测试数据见表 C.11。

表 C.11 重复性测量数据

测量序号	1	2	3	4	5
测量结果	999.81Hz	999.78Hz	999.83Hz	999.85Hz	999.81Hz
测量序号	6	7	8	9	10
测量结果	999.83Hz	999.91Hz	999.95Hz	999.95Hz	999.92Hz
平均值 $\bar{x}$	999.86Hz		标准差 s	0.063Hz	

则 $u_4 = s = 0.063\text{Hz}$。

C.6.4 合成标准不确定度

C.6.4.1 主要不确定度汇总表

主要不确定度来源见表 C.12。

表 C.12　主要不确定度来源

不确定度来源 u_i	类型	k_i	u_i/Hz
模拟器伪距率精度，u_1	B	—	0.45
频率计测量准确度，u_2	B	$\sqrt{3}$	0.003
频率计测量分辨力，u_3	B	$\sqrt{3}$	0.003
测量重复性，u_4	A	—	0.063

C.6.4.2　合成不确定度计算

由分辨力引入的标准不确定分量小于由重复性引入的标准不确定度分量，因此忽略由分辨力引入的标准不确定度分量，则合成标准不确定度为：

$$u_c = \sqrt{u_1^2 + u_2^2 + u_4^2} = 0.46（\mathrm{Hz}）$$

C.6.5　扩展不确定度

扩展不确定度：

$$U = ku_c = 0.92（\mathrm{Hz}），k = 2$$

中华人民共和国工业和信息化部
电子计量技术规范

JJF（电子）0085—2023

飞机雷电抑制器测试仪校准规范

Calibration Specification of Lightning Suppressor Testers for Aircraft

2023-08-16 发布　　　　　　　　　　2023-09-01 实施

中华人民共和国工业和信息化部　发　布

飞机雷电抑制器测试仪校准规范
**Calibration Specification of Lightning
Suppressor Testers for Aircraft**

JJF（电子）0085—2023

归　口　单　位：中国电子技术标准化研究院
主要起草单位：南京紫金计量有限公司

本规范技术条文委托起草单位负责解释

本规范主要起草人：

吴融会（南京紫金计量有限公司）

宋　扬（南京紫金计量有限公司）

伍　源（南京紫金计量有限公司）

目　录

引 言

本规范依据 JJF 1071—2010《国家计量校准规范编写规则》、JJF 1001—2011《通用计量术语及定义》及 JJF 1059.1—2012《测量不确定度评定与表示》编写。

本规范为首次发布。

飞机雷电抑制器测试仪校准规范

1 范围

本规范适用于直流型飞机雷电抑制器测试仪的校准。

2 引用文件

本规范引用了下列文件：

GJB 7512—2012《机载雷电抑制器通用规范》

JJG（军工）69—2017《直流标准电流源检定规程》

JJF 1638—2017《多功能标准源校准规范》

注：凡是注日期的引用文件，仅注日期的版本适用于本规范；凡是不注日期的引用文件，其最新版本（包括所有的修改单）适用于本规范。

3 概述

飞机雷电抑制器测试仪是用来测量飞机雷电抑制器的电压和电流参数的设备，其测试原理如图1所示。雷电抑制器的核心为氧化锌压敏电阻，飞机雷电抑制器测试仪主要功能是对雷电抑制器的 V-I 特性进行测试。对直流型雷电抑制器的标称电压 U_{1mA} 的测量是通过飞机雷电抑制器测试仪的控制单元控制电源电路输出电压或电流施加于被检雷电抑制器上，根据 GJB 7512—2012《机载雷电抑制器通用规范》的要求，测量电路中电流为 1mA 时输出的电压值，最后由显示单元显示测量结果。

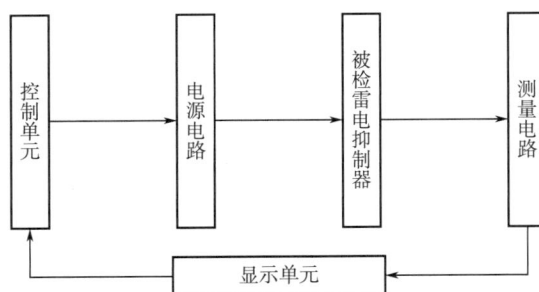

图 1 飞机雷电抑制器测试仪原理图

4 计量特性

4.1 标称电压 U_{1mA}

测量范围：≤1000V

最大允许误差：±1%

4.2 直流电流 I

测量范围：0.5mA～20mA

最大允许误差：±1%

注：以上技术指标不作合格性判别，仅提供参考。

5　校准条件

5.1　环境条件

5.1.1　环境温度：15℃～35℃。

5.1.2　相对湿度：20%～80%。

5.1.3　供电电源：额定电压（1±10%）。

5.1.4　周围无影响仪器正常工作的电磁干扰和机械振动。

5.2　测量标准及其他设备

5.2.1　直流数字电流表

测量范围：0.1mA～20mA

最大允许误差：±0.1%

5.2.2　波形记录仪

测量范围：

直流电压：1V～1000V

最大允许误差：±0.3%

测量通道：≥2通道

5.2.3　高阻箱

阻值范围：100Ω～1MΩ

最小步进电阻：100Ω

额定功率：≥1W

5.2.4　电阻箱

阻值范围：100Ω～1kΩ

最小步进电阻：0.1Ω

功率：≥0.1W

最大允许误差：±0.2%

6　校准项目和校准方法

6.1　校准项目

校准项目见表1。

表1　飞机雷电抑制器测试仪校准项目一览表

序号	项目名称
1	外观及工作正常性检查
2	标称电压 U_{1mA}
3	直流电流 I

注　应根据被校飞机雷电抑制器测试仪的功能选择校准项目。

6.2 校准方法

6.2.1 外观及工作正常性检查

6.2.1.1 外观检查

仪器名称、型号、制造商、出厂编号、输出输入标志信息齐全，接线端子、开关、按键、拨盘功能正常，无松动、损伤、脱落。

6.2.1.2 工作正常性检查

通电后，开关、按键、显示屏和各种状态指示灯（标志）应工作正常。

6.2.1.3 预热

进行校准前，被校仪器及测量标准应按规定先至少预热半小时以上，或按说明书规定时间预热。

6.2.2 标称电压 U_{1mA}

6.2.2.1 按图2进行接线，波形记录仪的测量通道均设置为电压采集并设置合适量程，选取合适的电阻箱的阻值 R 作为取样电阻，建议选取 $1k\Omega$ 电阻。可将通道1作为标称电压 U_{1mA} 通道，通道2作为取样电压通道。

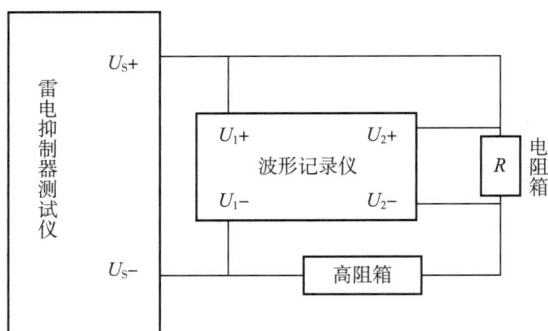

图 2　标称电压 U_{1mA} 校准连接图

6.2.2.2 根据说明书将高阻箱设置为合适电阻值，若无明确要求可将高阻箱设置为 $50k\Omega$，启动雷电抑制器测试仪后，两个信号采集通道会同时采集到相应的信号，直到测试结束。结束后，通过波形记录仪的游标定位至测量系统中电流为 $1mA$ 时取样电压通道采集的电压值 U_0：

$$U_0 = I \cdot R \tag{1}$$

式中：

U_0——取样电阻两端流过 $1mA$ 电流时的电压，V；

I　——流经取样电阻的电流，式中为 $1mA$；

R　——取样电阻的电阻值，Ω。

记录同时间标称电压 U_{1mA} 和采集通道采集到的电压值，记录飞机雷电抑制器测试仪显示的电压值 U_X。

6.2.2.3 标称电压 U_{1mA} 示值误差按式（2）计算：

$$\gamma_U = \frac{U_X - U_{1mA}}{U_{1mA}} \times 100\% \tag{2}$$

式中：

γ_U——被校飞机雷电抑制器测试仪的标称电压 U_{1mA} 示值误差相对值；

U_X——被校飞机雷电抑制器测试仪的标称电压 U_{1mA} 标称值，V；

$U_{1\text{mA}}$——测量标准读取的标称电压 $U_{1\text{mA}}$ 实测值，V。

6.2.3　直流电流

6.2.3.1　采用直接测量法，按图 3 进行接线，直流数字电流表选择合适电流测试挡位。

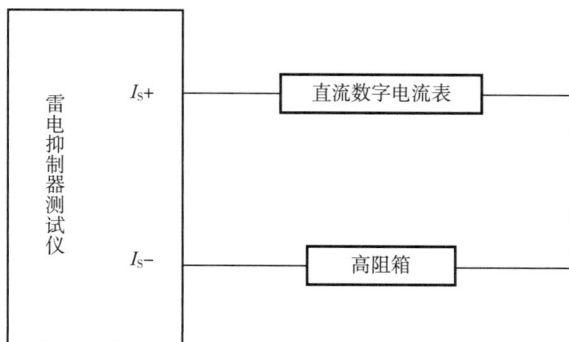

图 3　直流电流校准连接图

6.2.3.2　校准点的选取

对于连续可调的电流量程，在量程的 10%～100% 范围内均匀选取不少于 3 个校准点，其中 1mA 所在的量程 1mA 为必须校准点。

对于非连续可调的电流，则每个可选电流点都需选为校准点。

6.2.3.3　根据电流校准点选择相适应的电阻值，一般 0.5mA～1mA 选择 50kΩ～70kΩ 的电阻，1mA～5mA 选择 10kΩ～15kΩ 的电阻，5mA～20mA 选择 5kΩ～7kΩ 的电阻。

6.2.3.4　连接好测量电路后打开飞机雷电抑制器测试仪电流输出开关，记录飞机雷电抑制器测试仪的电流标称值 I_x，记录直流数字电流表的实测值 I_N。

6.2.3.5　直流电流示值误差按式（3）计算：

$$\gamma_I = \frac{I_X - I_N}{I_N} \tag{3}$$

式中：

γ_I——被校飞机雷电抑制器测试仪的直流电流示值误差相对值；

I_X——被校飞机雷电抑制器测试仪的直流电流标称值，mA；

I_N——直流数字电流表读取的直流电流实测值，mA。

7　校准结果表达

校准结束后应出具校准证书。校准证书至少包含以下信息：

a）标题："校准证书"；

b）实验室名称和地址；

c）进行校准的地点（如果与实验室的地址不同）；

d）证书的唯一性标识（如编号），每页和总页数的标识；

e）客户的名称和地址；

f）被校对象的描述和明确标识；

g）进行校准的日期，如果与校准结果的有效性和应用有关时，应说明被校对象的接收日期；

h）如果与校准结果有效性应用有关时，应对被校样品的抽样程序进行说明；

i）校准所依据的技术规范的标识，包括名称及代号；

j）本次校准所用测量标准的溯源性及有效性说明；

k）校准环境的描述；

l）校准结果及其测量不确定度的说明；

m）对校准规范的偏离的说明；

n）校准证书签发人的签名、职务或等效标识；

o）校准结果仅对被校对象有效的声明；

p）未经实验室书面批准，不得部分复制证书的声明。

8　复校时间间隔

建议复校时间间隔一般不超过 12 个月。送校单位可根据实际使用情况自主决定复校时间间隔。经修理或调整后的飞机雷电抑制器测试仪应校准后再使用。

附录 A　原始记录格式

A.1　外观及工作正常性检查

表 A.1　外观及工作正常性检查

项目	检查结果
外观检查	
工作正常性检查	

A.2　标称电压 U_{1mA}

表 A.2　标称电压 U_{1mA}

标称值/V	实测值/V	不确定度（$k=2$）

A.3　直流电流

表 A.3　直流电流

量程/mA	标称值/mA	实测值/mA	不确定度（$k=2$）

附录 B　校准证书内页格式

B.1　外观及工作正常性检查

表 B.1　外观及工作正常性检查

项目	检查结果
外观检查	
工作正常性检查	

B.2　标称电压 U_{1mA}

表 B.2　标称电压 U_{1mA}

标称值/V	实测值/V	不确定度（k=2）

B.3　直流电流 I

表 B.3　直流电流 I

量程/mA	标称值/mA	实测值/mA	不确定度（k=2）

附录 C　测量不确定度评定示例

C.1　直流电流测量结果不确定度评定

C.1.1　测量模型

用直流数字电流表测量直流电流的测量模型为：

$$I_N = I_x \tag{C.1}$$

式中：

I_N ——直流电流标称值，mA；

I_x ——直流电流实测值，mA。

C.1.2　不确定度来源

不确定度来源见表 C.1。

表 C.1　不确定度来源

分类	不确定度分量来源
A 类	测量结果重复性引入的不确定度 u_1
B 类	直流数字电流表允差引入的不确定度 u_2
B 类	直流数字电流表分辨力引入的不确定度 u_3

C.1.3　标准不确定度评定

C.1.3.1　测量结果重复性引入的标准不确定度 u_1

用数字多用表对被测电流 1mA 测量点连续测量 10 次，测量结果见表 C.2。

表 C.2　重复性测量数据

第 i 次测量	1	2	3	4	5
测量值/mA	1.0013	1.0015	1.0011	1.0014	1.0015
第 i 次测量	6	7	8	9	10
测量值/mA	1.0015	1.0018	1.0016	1.0014	1.0012

根据表中的数据，可由贝塞尔公式计算出直流电流的实验标准偏差：

$$u_1 = s = \sqrt{\sum_{i=1}^{n}(x_i - \bar{x})^2/(n-1)} = 0.00020(\text{mA})$$

C.1.3.2　直流数字电流表允差引入的不确定度 u_2

对于直流电流 1mA 点，数字多用表的最大允许误差为±(0.05%RD+0.005%RG)＝±0.00055mA。按均匀分布，取 $k=\sqrt{3}$，则：

$$u_2 = \frac{0.00055}{\sqrt{3}} = 0.000318 \text{（mA）}$$

C.1.3.3　直流数字电流表分辨力引入的不确定度 u_3

对于直流电流 1mA 点，数字多用表的分辨力为 0.000001mA。按均匀分布，取 $k=\sqrt{3}$，则：

$$u_3 = \frac{0.000001\text{mA}}{2\sqrt{3}} = 0.00000029\text{mA}$$

由分辨力引入不确定度分量与测量结果重复性引入的不确定度分量有重复，根据"不重复、不遗漏"的原则，且 $u_3 < u_1$，故不考虑分辨力引入的不确定度分量 u_3。

C.1.4　合成不确定度

不确定度汇总表见表 C.3。

表 C.3　直流电流不确定度汇总表

不确定度 分量	不确定度来源	评定 方法	分布 类型	k 值	标准不确定度
u_1	测量重复性	A 类	—	1	0.00020mA
u_2	数字多用表最大允许误差	B 类	均匀	$\sqrt{3}$	0.000318mA

各不确定度分量相互独立不相关，则合成标准不确定度为：

$$u_c = \sqrt{u_1^2 + u_2^2} = 0.000375(\text{mA})$$

C.1.5　相对扩展不确定度

取包含因子 $k=2$，则扩展不确定度为：

$$U = k \cdot u_c = 2 \times 0.000375 = 0.00075(\text{mA})$$

则相对扩展不确定度为：

$$U_{rel} = \frac{0.00075\text{mA}}{1\text{mA}} \times 100\% = 0.075\% \approx 0.08\%$$

C.2　标称电压 $U_{1\text{mA}}$ 测量结果不确定度评定

C.2.1　测量模型

用波形记录仪测量电压的测量模型为：

$$U_N = U_x \qquad\qquad (\text{C.2})$$

式中：

U_N ——标称电压 $U_{1\text{mA}}$ 标称值，V；

U_x ——标称电压 $U_{1\text{mA}}$ 实测值，V。

C.2.2　不确定度来源

不确定度来源见表 C.4。

表 C.4　不确定度来源

分类	不确定度分量来源
A 类	测量结果重复性引入的不确定度 u_1
B 类	波形记录仪允差引入的不确定度 u_2
	波形记录仪分辨力引入的不确定度 u_3
	电阻箱允差引入的不确定度 u_4

C.2.3 标准不确定度评定

C.2.3.1 测量结果重复性引入的标准不确定度 u_1

用波形记录仪对被测标称电压 U_{1mA} 连续测量 10 次，测量结果见表 C.5。

表 C.5 重复性测量数据

第 i 次测量	1	2	3	4	5
测量值/V	50.137	50.159	50.144	50.158	50.126
第 i 次测量	6	7	8	9	10
测量值/V	50.132	50.149	50.135	50.140	50.152

根据表中的数据，可由贝塞尔公式计算出标称电压 U_{1mA} 的实验标准偏差：

$$u_1 = s = \sqrt{\sum_{i=1}^{n}(x_i - \bar{x})^2/(n-1)} = 0.0111(\text{V})$$

C.2.3.2 波形记录仪允差引入的不确定度 u_2

对于电压 50 V 点，波形记录仪的最大允许误差为 ±0.25%RD = ±0.125 V。按均匀分布，取 $k = \sqrt{3}$，则：

$$u_2 = \frac{0.125}{\sqrt{3}} = 0.0722(\text{V})$$

C.2.3.3 波形记录仪分辨力引入的不确定度 u_3

对于电压 50V 点，波形记录仪的分辨力为 0.001V。按均匀分布，取 $k = \sqrt{3}$，则：

$$u_3 = \frac{0.001}{2\sqrt{3}} = 0.00029(\text{V})$$

C.2.3.4 电阻箱允差引入的不确定度 u_4

对于电阻 1kΩ 点，电阻箱的最大允许误差为 ±0.01%。按均匀分布，取 $k = \sqrt{3}$，则：

$$u_4 = \frac{0.01\%}{\sqrt{3}} = 0.00577\%$$

由分辨力引入不确定度分量与测量结果重复性引入的不确定度分量有重复，根据"不重复、不遗漏"的原则，且 $u_3 < u_1$，故不考虑分辨力引入的不确定度分量 u_3。

C.2.4 合成不确定度

不确定度汇总表见表 C.6。

表 C.6 标称电压 U_{1mA} 不确定度汇总表

不确定度分量	不确定度来源	评定方法	分布类型	k 值	标准不确定度
u_1	测量重复性	A 类	—	1	0.0111 V
u_2	波形记录仪最大允许误差	B 类	均匀	$\sqrt{3}$	0.0722 V
u_4	电阻箱允差引入的不确定度	B 类	均匀	$\sqrt{3}$	0.00577%

将各分量转化为相对标准不确定度，各不确定度分量相互独立不相关，则合成标准不确定度为：

$$u_c = \sqrt{u_1^2 + u_2^2 + u_4^2} = 0.146\%$$

C.2.5 相对扩展不确定度

取包含因子 $k = 2$，则相对扩展不确定度为：

$$U_{rel} = k \cdot u_c = 2 \times 0.146\% = 0.29\% \approx 0.3\%$$

_____

中华人民共和国工业和信息化部
电子计量技术规范

JJF（电子）0086—2023

数字锁相放大器校准规范

Calibration Specification for Digital Lock-In Amplifiers

2023-08-16 发布   2023-09-01 实施

中华人民共和国工业和信息化部   发 布

数字锁相放大器校准规范
**Calibration Specification for Digital
Lock-In Amplifiers**

JJF（电子）0086—2023

归　口　单　位：中国电子技术标准化研究院
主要起草单位：中国电子科技集团公司第二十研究所
　　　　　　　中电科瑞测（西安）科技服务有限公司
参加起草单位：中国航空工业集团公司西安飞行自动控制研究所

本规范技术条文委托起草单位负责解释

本规范主要起草人：

陆　强（中国电子科技集团公司第二十研究所）

王翼航［中电科瑞测（西安）科技服务有限公司］

刘　凯［中电科瑞测（西安）科技服务有限公司］

参 加 起 草 人：

马　毅（中国航空工业集团公司西安飞行自动控制研究所）

史鸿杰［中电科瑞测（西安）科技服务有限公司］

王　丽（中国电子科技集团公司第二十研究所）

范晓辉（中国电子科技集团公司第二十研究所）

目　录

引　言

　　本规范依据 JJF 1071—2010《国家计量校准规范编写规则》和 JJF 1059.1—2012《测量不确定度评定与表示》编写。

　　本规范为首次发布。

数字锁相放大器校准规范

1 范围

本规范适用于工作频率范围为 600MHz 以下的数字锁相放大器的校准，其他频率范围的数字锁相放大器可参照执行。

2 术语和计量单位

动态储备 Dynamic Reserve

动态储备表征数字锁相放大器在多强的噪声干扰下仍能提取信号。锁相放大器出现过载时，用允许输入最大不相干信号的电平与满刻度输入的相干信号电平（标称量程）的比值的对数形式表示，单位：dB。

3 概述

数字锁相放大器以相干检测技术为基础，利用输入信号频率和参考信号频率相关而与噪声信号频率不相关，可从噪声中得到所测量的有用信号，广泛应用于微弱信号检测、温度检测、光电探测、生物信号探测、地质探测、量子光学、偏振测量等领域。数字锁相放大器包括信号输入通道、参考输入通道、数字相敏检波器、数字低通滤波器、输出微处理器和微控制器等。它和一般的带通放大器不同，输出信号并不是输入信号的放大，而是把交流放大并变成相应的直流信号。数字锁相放大器组成框图如图 1 所示。

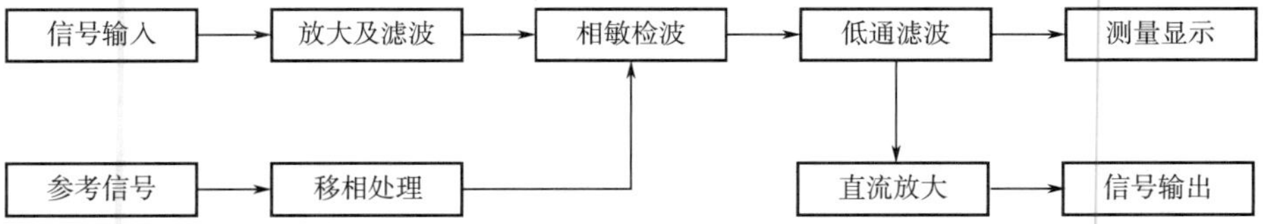

图 1　数字锁相放大器组成框图

4 计量特性

4.1 频率示值

测量范围：1MHz～600MHz，最大允许误差：±0.1%。

4.2 幅度示值

电压测量范围：2nV～1V（1MHz～600MHz），最大允许误差：±1%；
电流测量范围：10nA～1μA（1MHz～600MHz），最大允许误差：±1%。

4.3 相位示值

测量范围：0°～360°（1MHz～600MHz），最大允许误差：±0.01°。

4.4 输入阻抗

电压通道：50Ω、1MΩ、10MΩ+25pF、100MΩ+25pF，最大允许误差：±1%；

电流通道：1kΩ，最大允许误差：±1%。

注：此处列举了部分常见阻抗值，不同仪器阻抗值不同，具体值以仪器说明书为准。

4.5 内部参考源

频率范围：1MHz~600MHz（具体范围以说明书为准），最大允许误差：±0.1%；

幅度输出有效值：4mV~5V（具体范围以说明书为准），最大允许误差：±0.1%。

4.6 时间常数

范围：1μs~30000s，最大允许误差：±0.1%。

4.7 滤波器陡降

6dB/oct、12dB/oct、18dB/oct、24dB/oct。

4.8 共模抑制

≥100dB@10kHz。

4.9 输入噪声

≤10nV/$\sqrt{\text{Hz}}$@1kHz。

4.10 输出直流电压

范围：±（10mV~10V），最大允许误差：±（1mV+0.2%FS）。

4.11 直流电压示值

测量范围：±（10mV~10V），最大允许误差：±（1mV+0.2%FS）。

4.12 动态储备

动态储备：不小于100dB@最小量程。

注：因不同被校设备的性能指标各不相同，具体的计量特性应以被校设备生产厂家的技术手册及该设备的具体选件配置为参考。以上计量特性不用于合格性判别，仅供参考。

5 校准条件

5.1 环境条件

5.1.1 环境温度：23℃±5℃。

5.1.2 相对湿度：20%~80%。

5.1.3 电源电压及频率：220V±11V，50Hz±1Hz。

5.1.4 周围无影响仪器正常工作的电磁干扰和机械振动。

5.2 校准用设备（或测量标准及其他设备）

校准所用标准及设备应经过计量技术机构检定（或校准），校准时由标准器、辅助设备及环境条件引起的扩展不确定度（$k=2$）应不大于被校数字锁相放大器由最大允许误差绝对值引起的扩展不确定度的 1/3。标准器的测量范围应能覆盖被校数字锁相放大器的测量范围。

5.2.1 信号发生器（2 台）

频率范围：1MHz~600MHz，最大允许误差：±0.001%；

幅度范围：10mV~1V，最大允许误差：±0.1%。

5.2.2 频率计

频率测量范围：1MHz~600MHz，最大允许误差：±0.01%。

5.2.3 相位标准器

相位输出：0°~360°，最大允许误差：±0.003°；

频率范围：1kHz。

5.2.4 LCR 测量仪

电阻测量范围：1mΩ~100MΩ，最大允许误差：±0.3%。

5.2.5 示波器

上升时间：优于 300ns。

5.2.6 交流电压表

频率范围：10Hz~1MHz；

测量范围：10mV~10V，最大允许误差：±0.02%。

5.2.7 功率计

频率范围：1MHz~600MHz；

功率测量范围：-35dBm~13dBm，测量不确定度：0.15dB~0.3dB。

5.2.8 直流电压表

测量范围：±（10mV~10V），最大允许误差：±0.02%。

5.2.9 标准电压源

直流电压输出：±（10mV~10V），最大允许误差：10μV+0.1%FS。

5.2.10 50Ω 终端负载

最大允许误差：±0.1%。

5.2.11 可调衰减器

0dB~120dB，频率范围：1MHz~600MHz，最大允许误差：±0.2dB。

5.2.12 串联电阻

电阻值：1MΩ，100MΩ，最大允许误差：±0.1%。

6 校准项目和校准方法

6.1 校准项目

数字锁相放大器校准项目见表 1。

表 1　数字锁相放大器校准项目一览表

编号	项目名称	校准方法的条款号
1	外观及工作正常性检查	6.2.1
2	频率示值误差	6.2.2
3	幅度示值误差	6.2.3
4	相位示值误差	6.2.4
5	输入阻抗	6.2.5
6	内部参考源	6.2.6
7	时间常数	6.2.7
8	滤波器陡降	6.2.8
9	共模抑制（有差模输入模式）	6.2.9
10	输入噪声	6.2.10
11	输出直流电压	6.2.11
12	直流电压示值误差	6.2.12
13	动态储备	6.2.13

6.2　校准方法

6.2.1　外观及工作正常性检查

6.2.1.1　数字锁相放大器应有明晰的型号、生产编号、制造厂商，送校时应附有使用说明书及全部配套附件。

6.2.1.2　数字锁相放大器结构应完整并无影响正常工作及读数的机械损伤，输入、输出插座应牢靠，开关、按键及旋钮应能正常工作并有明确标志。

6.2.2　频率示值误差

6.2.2.1　频率示值误差采用直接测量法，按图 2 连接仪器。

信号发生器	—RF输出—————参考输入端→	数字锁相放大器

图 2　频率示值误差校准连接框图

6.2.2.2　设置信号发生器幅度为 1Vrms，设置数字锁相放大器为外参考模式，正弦波模式，设置显示参考频率示值。

6.2.2.3　覆盖数字锁相放大器频率范围高、中、低，均匀选取不少于 5 个频率点，依次设置信号发生器输出相应频率值 f_n，分别读取数字锁相放大器频率示值 f_x，并将测量结果记录于附录 A 表 A.1 中。

6.2.2.4　频率示值的相对误差按公式（1）计算。

$$\delta_f = \frac{f_x - f_n}{f_n} \times 100\%$$

（1）

式中：

δ_f ——频率示值相对误差；

f_x ——数字锁相放大器参考频率示值，Hz；

149

f_n ——信号发生器输出频率，Hz。

6.2.3 幅度示值误差

6.2.3.1 电压示值误差

6.2.3.1.1 按图 3 连接仪器。

```
┌──────────┐  输出  ┌────────┐  电压输入  ┌────────────┐
│ 信号发生器 │──────│ 衰减器  │──────────│ 数字锁相放大器 │
└──────────┘       └────────┘            └────────────┘
```

图 3 电压示值误差校准连接框图

6.2.3.1.2 设置数字锁相放大器为内参考模式，直流耦合，正弦波模式，电压单端输入模式，量程为 1V，时间常数为适当值（通常设为 1s）。

6.2.3.1.3 设置信号发生器频率为 1kHz，设置适当的幅度 V_o 和衰减器衰减量 A，使放大器输入幅度等于量程或大于 50% 量程的某值（如 1V 和 0dB）。

6.2.3.1.4 打开信号发生器输出，待数字锁相放大器读数稳定后，读取幅度测量值 V_x，并将测量结果记录于附录 A 表 A.2 中。

6.2.3.1.5 覆盖数字锁相放大器频率范围高、中、低，选取不少于 5 个频率点，重复 6.2.3.1.4 步骤，记录不同频率电压示值测量结果。

6.2.3.1.6 依次设置数字锁相放大器不同量程，设置信号发生器幅度和衰减器，重复 6.2.3.1.3～6.2.3.1.4 步骤，记录不同量程电压示值测量结果。

6.2.3.1.7 电压示值的相对误差按公式（2）计算。

$$\delta_V = \frac{V_x - V_n/k}{V_n/k} \times 100\% \tag{2}$$

式中：

δ_V ——电压示值相对误差；

V_x ——数字锁相放大器电压示值，V；

V_n ——信号发生器输出电压值，V；

k ——电压衰减倍数，$k = \sqrt{10^{\frac{A}{10}}}$。

6.2.3.2 电流示值误差（有电流输入模式）

6.2.3.2.1 按图 4 连接仪器。

```
┌──────────┐  输出  ┌────────┐  电流输入  ┌────────────┐
│ 信号发生器 │──────│ 串联电阻 │──────────│ 数字锁相放大器 │
└──────────┘       └────────┘            └────────────┘
```

图 4 电流示值误差校准连接框图

6.2.3.2.2 设置数字锁相放大器为内参考模式，直流耦合，正弦波模式，电流输入模式，量程为 1μA，时间常数为适当值（通常设为 1s）。

6.2.3.2.3 设置信号发生器幅度值 V_n 为 1V，频率为 1kHz，串联电阻选用 1MΩ。

6.2.3.2.4 信号发生器输出信号，待数字锁相放大器读数稳定后，读取电流测量值 I_x，并将测量结果记录于附录 A 表 A.3 中。

6.2.3.2.5 覆盖锁相放大器频率范围高、中、低，选取不少于 5 个频率点，重复 6.2.3.2.4 步骤，记录不同频率电流示值测量结果。

6.2.3.2.6 依次设置数字锁相放大器不同电流量程，设置适当的信号发生器幅度和串联电阻值，重复 6.2.3.2.4 步骤，记录不同量程电流示值测量结果。

6.2.3.2.7 电流示值的相对误差按公式（3）计算。

$$\delta_{\mathrm{I}} = \frac{I_x R - V_n}{V_n} \times 100\% \qquad (3)$$

式中：

δ_{I} ——电流示值相对误差；

I_x ——数字锁相放大器电流示值，A；

V_n ——信号发生器输出电压值，V；

R ——串联电阻标称值，Ω。

6.2.4 相位示值误差

6.2.4.1 按图5连接仪器，使用等长线缆将相位标准器与数字锁相放大器连接。

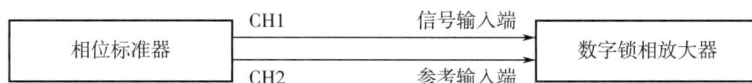

```
┌──────────┐ CH1 ──信号输入端── ┌──────────────┐
│ 相位标准器 │                  │ 数字锁相放大器 │
└──────────┘ CH2 ──参考输入端── └──────────────┘
```

图5 相位示值误差校准连接框图

6.2.4.2 设置数字锁相放大器为外参考模式，直流耦合，正弦波模式，显示相位示值。设置数字锁相放大器量程为适当值（通常为1V），设置滤波器时间常数为适当值（通常设为1s）。

6.2.4.3 设置相位标准器幅度值等于量程或大于50%量程的某值，频率为1kHz。

6.2.4.4 设置相位标准器相位输出值 ϕ_n，依次设置为0°，45°，90°，180°，270°，待数字锁相放大器读数稳定后，读取相位测量值 ϕ_x，并将测量结果记录于附录A表A.4中。

6.2.4.5 相位示值的相对误差按公式（4）计算。

$$\delta_{\phi} = \frac{\phi_x - \phi_n}{\phi_n} \times 100\% \qquad (4)$$

式中：

δ_{ϕ} ——相位示值相对误差；

ϕ_x ——数字锁相放大器相位示值，（°）；

ϕ_n ——相位标准器相位标准值，（°）。

6.2.5 输入阻抗

6.2.5.1 采用直接测量法，对LCR测量仪进行自校准，按图6连接仪器。

```
┌──────────┐ ──输入通道── ┌──────────────┐
│ LCR测量仪 │             │ 数字锁相放大器 │
└──────────┘             └──────────────┘
```

图6 输入阻抗校准连接框图

6.2.5.2 依次设置数字锁相放大器输入阻抗，设置LCR测量仪测试频率为1kHz，读取阻抗测量值，并将测量结果记录于附表A表A.5中。

6.2.5.3 输入阻抗的相对误差按公式（5）计算。

$$\delta_{\mathrm{Z}} = \frac{Z_x - Z_n}{Z_n} \times 100\% \qquad (5)$$

式中：

δ_{Z} ——输入阻抗相对误差；

Z_x ——数字锁相放大器输入阻抗设定值，Ω；

Z_n ——LCR测量仪阻抗测量值，Ω。

6.2.6 内部参考源

6.2.6.1 内部参考源频率

6.2.6.1.1 按图 7 连接仪器。

图 7 内部参考源频率校准连接框图

6.2.6.1.2 复位数字锁相放大器，设置数字锁相放大器内部参考源幅度为 1V，偏置为 0V；覆盖数字锁相放大器频率范围，均匀选取不少于 5 个频率点，设置内部参考源输出频率值 f_x，读取频率计频率测量值 f_n，并将测量结果记录于附录 A 表 A.6 中。

6.2.6.2 内部参考源幅度

6.2.6.2.1 按图 8（a）或图 8（b）连接仪器。

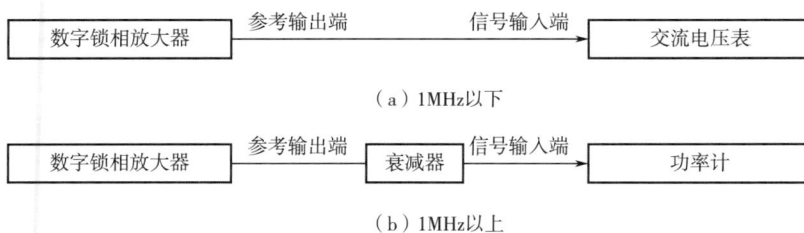

（a）1MHz以下

（b）1MHz以上

图 8 内部参考源幅度校准连接框图

6.2.6.2.2 复位数字锁相放大器，覆盖数字锁相放大器频率范围，均匀选取不少于 5 个频率点，幅度值覆盖放大器参考源幅度量程高、中、低，依次设置内部参考源输出频率和幅度值 V_x。

6.2.6.2.3 频率低于 1MHz 时，读取交流电压表幅度测量值 V_n，并将测量结果记录于附录 A 表 A.6 中。

6.2.6.2.4 频率高于 1MHz 时，读取功率计测量值 P_n，按照公式（6）计算电压测量值 V_n，并将测量结果记录于附录 A 表 A.7 中。

$$V_n = \sqrt{10^{\frac{P_n+A}{10}} \times 0.05} \tag{6}$$

式中：

V_n ——电压测量值，V；

P_n ——功率计功率测量值，dBm；

A ——衰减器衰减值，dB，当不连接衰减器时，$A=0$dB。

6.2.7 时间常数

6.2.7.1 按图 9 连接仪器，使用等长线缆将相位标准器与数字锁相放大器连接；数字锁相放大器输出端与示波器连接。

图 9 时间常数校准连接框图

6.2.7.2 设置数字锁相放大器为外参考模式，直流耦合，正弦波模式，量程为 1V，显示为 X 测量值，滤波器阶数为 1 阶（或陡降为 6dB/oct），覆盖时间常数高、中、低范围，设置时间常数值。

6.2.7.3　设置相位标准器频率为 1kHz，幅度为 1V 或 0.5V～1V 的某值。

6.2.7.4　待数字锁相放大器读数稳定，设置相位标准器输出相位值为−90°，此时数字锁相放大器输出为 0。

6.2.7.5　设置数字锁相放大器相位+90°，设置数字示波器的触发电平，单次触发模式，选择上升时间测量功能。待抓取到波形后，读取上升时间测量值 T_r，根据公式（7）计算时间常数 T_c，并将测量结果记录于附录 A 表 A.8 中。

$$T_c = \frac{T_r}{2.2} \tag{7}$$

式中：

T_c ——时间常数，s；

T_r ——示波器上升时间测量值，s。

6.2.8　滤波器陡降

6.2.8.1　按图 9 连接仪器。

6.2.8.2　设置数字锁相放大器为外参考模式，直流耦合，正弦波模式，量程为 1V，显示为 X 测量值，滤波器阶数为 1 阶（或陡降为 6dB/oct），时间常数为 1s。

6.2.8.3　设置相位标准器频率为 1kHz，幅度为 1V 或 0.5V～1V 的某值。

6.2.8.4　待数字锁相放大器读数稳定，设置相位标准器输出相位值为−90°，此时数字锁相放大器输出为 0。

6.2.8.5　设置锁相放大器相位+90°，设置数字示波器的触发电平，单次触发模式。待抓取到波形后，通过垂直光标，测量波形从 0%变化为 100%的响应时间 T_{LPF}，根据公式（8）计算滤波器陡降，并将测量结果记录于附录 A 表 A.9 中。

$$RO = k \times T_{LPF} \tag{8}$$

式中：

RO ——滤波器陡降，dB/Oct，理论值为 6、12、18、24 等；

k ——计算系数，由数字锁相放大器滤波器设计特性决定，具体参照仪器说明书。一般有 1 阶滤波器 1.3，2 阶滤波器 1.8，3 阶滤波器 2.14，4 阶滤波器 2.4；

T_{LPF} ——滤波器响应时间，示波器显示波形由 0 变化为 100%的时间，s。

6.2.9　共模抑制（有差模输入模式）

6.2.9.1　按图 10 连接仪器。

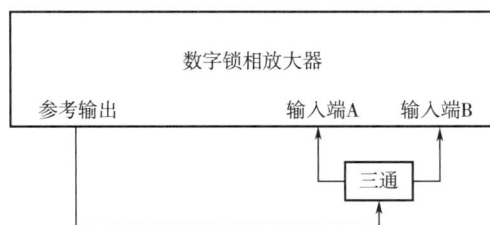

图 10　共模抑制校准连接框图

6.2.9.2　复位数字锁相放大器，设置数字锁相放大器为内参考模式，直流耦合，设置参考频率为 10kHz，正弦波模式，量程为 1V，时间常数为 1s，显示并读取幅度测量值 V_d。

6.2.9.3　设置数字锁相放大器为差模输入模式，设置量程为适当值，等待放大器读数稳定后，读取幅度测量值 V_c。

6.2.9.4 按照公式（9）计算共模抑制，并将测量结果记录于附录 A 表 A.10 中。

$$CMRR = 20\lg \frac{V_\mathrm{d}}{V_\mathrm{c}}\qquad(9)$$

式中：

$CMRR$ ——共模抑制，dB；

V_d ——共模电压测量值，V；

V_c ——差模电压测量值，V。

6.2.10 输入噪声

6.2.10.1 按图 11 连接仪器。

图 11 输入噪声校准连接框图

6.2.10.2 复位数字锁相放大器，设置数字锁相放大器为内参考模式，直流耦合，正弦波模式，频率为 1kHz，显示幅度测量值，设置量程为适当值（通常为最小量程），设置时间常数为适当值。

6.2.10.3 等待数字锁相放大器读数稳定后，读取噪声测量值，并将测量结果记录于附录 A 表 A.11 中。

6.2.11 输出直流电压

6.2.11.1 按图 12 连接仪器。

图 12 输出直流电压校准连接框图

6.2.11.2 设置数字锁相放大器为内参考模式，直流耦合，正弦波模式。设置数字锁相放大器直流输出电压值，选点至少覆盖量程高、中、低且不少于 3 点，读取直流电压表电压测量值。

6.2.11.3 依次连接不同输出通道进行测量，并将测量结果记录于附录 A 表 A.12 中。

6.2.12 直流电压示值误差

6.2.12.1 按图 13 连接仪器。

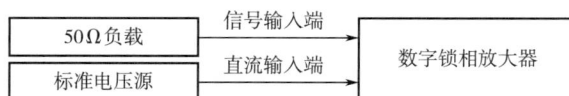

图 13 直流电压示值误差校准连接框图

6.2.12.2 设置数字锁相放大器为内参考模式，直流耦合，正弦波模式，显示直流电压值。设置标准电压源输出直流电压，选点至少覆盖放大器量程高、中、低，且不少于 3 点，读取锁相放大器直流电压示值。

6.2.12.3 依次连接不同直流输入通道进行测量，并将测量结果记录于附录 A 表 A.13 中。

6.2.12.4 直流电压示值的相对误差按公式（10）计算，计算结果记录至附录 A 表 A.13 中。

$$\delta_\mathrm{V} = \frac{V_x - V_n}{V_n} \times 100\%\qquad(10)$$

式中：

δ_V ——直流电压示值相对误差；

V_x——数字锁相放大器直流电压示值，V；

V_n——标准电压源电压标准值，V。

6.2.13 动态储备

6.2.13.1 复位锁相放大器。按图14连接仪器。

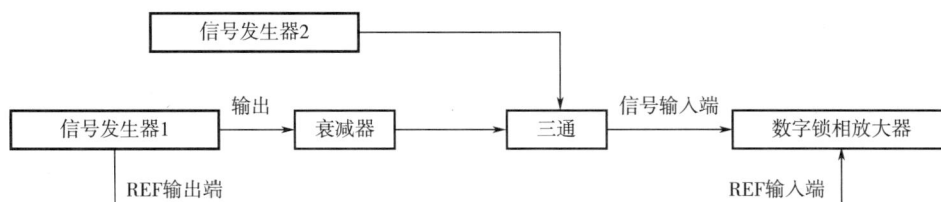

图14 动态储备校准连接框图

6.2.13.2 设置数字锁相放大器为外参考模式，直流耦合，正弦波模式，最小量程，时间常数为1s，显示幅度示值。

6.2.13.3 设置信号发生器1频率为1kHz。设置信号发生器1幅度和衰减器为适当值，使得数字锁相放大器稳定测量且示值 V_s 大于50%量程。

6.2.13.4 设置信号发生器2频率与信号发生器1频率相近但不同，如1.001kHz。设置信号发生器2的幅度为 V_s 的 10^5 倍。打开信号发生器2输出，逐渐调大信号发生器2输出，直至数字锁相放大器提示过载，读取信号发生器2信号幅度 V_n。根据公式（11）计算锁相放大器动态储备，并将测量结果记录于附录A表A.14中。

$$DR = 20\lg\frac{V_n}{DFS} \tag{11}$$

式中：

DR ——数字锁相放大器动态储备，dB；

V_n ——信号发生器2模拟带外噪声信号幅度值，V；

DFS ——数字锁相放大器最小量程标称值，V。

7 校准结果表达

校准完成后的仪表应出具校准证书。校准证书应至少包含以下信息：

a）标题："校准证书"；

b）实验室名称和地址；

c）进行校准地点（如果与实验室的地址不同）；

d）证书的唯一性标识（如编号），每页和总页数的标识；

e）客户的名称和地址；

f）被校对象的描述和明确标识；

g）进行校准的日期，如果与校准结果的有效性和应用有关时，应说明被校对象的接收日期；

h）如果与校准结果有效性应用有关时，应对被校样品的抽样程序进行说明；

i）校准所依据的技术规范的标识，包括名称及代号；

j）本次校准所用测量标准的溯源性及有效性说明；

k）校准环境的描述；

l）校准结果及其测量不确定度的说明；

m）对校准规范的偏离的说明；

n）校准证书或校准报告签发人的签名、职务或等效标识；

o）校准结果仅对被校对象有效的声明；

p）未经实验室书面批准，不得部分复制证书的声明。

8　复校时间间隔

建议复校时间间隔不超过 12 个月。由于复校时间间隔的长短是由仪器的使用情况、使用者、仪器本身质量等诸因素所决定的，故送校单位可根据实际使用情况决定复校时间间隔。

附录 A 原始记录格式

委托单位：			校准证书编号：		
委托单位地址：			校准依据：		
仪器名称：		型号规格：	出厂编号：		
制造单位：			仪器状况：		
校准地点：			环境温度：　　℃	相对湿度：　　%	

外观及工作正常性检查：　□正常　　　□不正常：

A.1　频率示值误差

表 A.1　频率示值误差

频率标准值	频率示值	相对误差	测量不确定度

A.2　电压电流示值误差

A.2.1　电压示值误差

表 A.2　电压示值误差

频率	量程	电流标准值	电压示值	相对误差	测量不确定度

A.2.2　电流示值误差

表 A.3　电流示值误差

频率	量程	电流标准值	串联电阻	电流示值	相对误差	测量不确定度

A.3　相位示值误差

表 A.4　相位示值误差

频率	相位标准值	相位示值	相对误差	测量不确定度
1kHz				

A.4 输入阻抗

表 A.5 输入阻抗

测量频率：1kHz

通道	输入阻抗设定值	输入阻抗测量值	测量不确定度
电压通道			
电流通道			

A.5 内部参考源频率

表 A.6 内部参考源频率

频率标称值	频率测量值	相对误差	测量不确定度

A.6 内部参考源幅度

表 A.7 内部参考源幅度

幅度标称值	幅度测量值	相对误差	测量不确定度

A.7 时间常数

表 A.8 时间常数

时间常数设定值	时间常数测量值	测量不确定度

A.8 滤波器陡降

表 A.9 滤波器陡降

陡降设定值	陡降测量值	测量不确定度

A.9 共模抑制

表 A.10 共模抑制

频率	共模抑制比	测量不确定度
10kHz		

A.10 输入噪声

表 A.11 输入噪声

频率	最小量程噪声值	测量不确定度
1kHz		

A.11 输出直流电压

表 A.12 输出直流电压

通道	电压标称值	电压测量值	测量不确定度

A.12 直流电压示值误差

表 A.13 直流电压示值误差

通道	电压标准值	电压示值	测量不确定度

A.13 动态储备

表 A.14 动态储备

最小量程	动态储备	测量不确定度

校准人员：　　　核验人员：　　　校准日期：　　年　月　日

附录 B 校准证书（内页）格式

外观及工作正常性检查：　　　□正常　　　□不正常：

B.1 频率示值误差

表 B.1 频率示值误差

频率标准值	频率测量值	相对误差	测量不确定度

B.2 电压电流示值误差

B.2.1 电压示值误差

表 B.2 电压示值误差

频率	量程	电压标准值	电压测量值	相对误差	测量不确定度

B.2.2 电流示值误差

表 B.3 电流示值误差

频率	量程	电流标准值	电流测量值	相对误差	测量不确定度

B.3 相位示值误差

表 B.4 相位示值误差

频率	相位标准值	相位测量值	相对误差	测量不确定度
1kHz				

B.4 输入阻抗

表 B.5 输入阻抗

测量频率：1kHz

通道	输入阻抗设定值	输入阻抗测量值	测量不确定度
电压通道			
电流通道			

B.5 内部参考源频率

表 B.6 内部参考源频率

频率标称值	频率测量值	相对误差	测量不确定度

B.6 内部参考源幅度

表 B.7 内部参考源幅度

幅度标称值	幅度测量值	相对误差	测量不确定度

B.7 时间常数

表 B.8 时间常数

时间常数设定值	时间常数测量值	测量不确定度

B.8 滤波器陡降

表 B.9 滤波器陡降

陡降设定值	陡降测量值	测量不确定度

B.9 共模抑制

表 B.10 共模抑制

频率	共模抑制比	测量不确定度
10kHz		

B.10 输入噪声

表 B.11 输入噪声

频率	最小量程噪声值	测量不确定度
1kHz		

B.11 输出直流电压

表 B.12 输出直流电压

通道	电压标称值	电压测量值	测量不确定度

B.12 直流电压示值误差

表 B.13 直流电压示值误差

通道	电压标准值	电压测量值	测量不确定度

B.13 动态储备

表 B.14 动态储备

最小量程	动态储备	测量不确定度

校准人员：　　　　核验人员：　　　　校准日期：　　　年　　月　　日

附录 C 测量不确定度评定示例

C.1 频率示值误差测量不确定度评定

C.1.1 测量方法及测量模型

以锁相放大器测量 10kHz 信号为例，采用标准源法。

测量模型为：

$$\Delta f = f_x - f_n$$

式中：

Δf——被校数字锁相放大器的频率示值误差；

f_x——被校数字锁相放大器的频率示值；

f_n——信号发生器频率输出值。

C.1.2 主要不确定度来源

C.1.2.1 测量重复性引入的标准不确定度分量。

C.1.2.2 被校数字锁相放大器的分辨力引入的标准不确定度分量。

C.1.2.3 信号发生器输出频率不准引入的标准不确定度分量。

C.1.3 标准不确定度分量评定

C.1.3.1 由测量重复性引入的标准不确定度分量 u_A

按测量不确定度的 A 类方法评定。相同条件下，用被校数字锁相放大器对信号发生器输出的 10kHz 信号，独立重复测量 10 次，结果见表 C.1。

表 C.1 重复性测量数据

次数	1	2	3	4	5	6	7	8	9	10
测量值/kHz	10.001	10.001	10.000	10.000	10.000	10.001	10.001	10.001	10.000	10.000

测量结果的平均值：

$$\bar{f} = \frac{\sum\limits_{i=1}^{10} f_i}{10} = 10.0005 \text{（kHz）}$$

单次测量值的实验标准偏差：

$$S(f) = \sqrt{\frac{\sum\limits_{i=1}^{n}(f_i - \bar{f})^2}{n-1}} = 0.0005 \text{（kHz）}$$

C.1.3.2 由被校数字锁相放大器的分辨力引入的标准不确定度分量 u_{B1}

被校数字锁相放大器测量 10kHz 频率时的分辨力 0.001kHz，按均匀分布，取 $k = \sqrt{3}$，由此引入的不确定度分量为：

$$u_{B1} = \frac{\delta_x}{2k} = \frac{0.001}{2\sqrt{3}} = 0.0003 \text{（kHz）}$$

C.1.3.3　由信号发生器输出频率不准引入的标准不确定度分量 u_{B2}

按 B 类方法评定。取区间半宽度 $a = 0.1\,\mathrm{Hz}$，按均匀分布，包含因子 $k = \sqrt{3}$，由此引入的标准不确定度分量为：

$$u_{B2} = \frac{a}{k} = \frac{0.0001}{\sqrt{3}} = 0.0006 \ （\mathrm{kHz}）$$

C.1.3.4　合成标准不确定度

测量不确定度分量汇总见表 C.2。

表 C.2　不确定度分量汇总表

序号	不确定度来源	概率分布	灵敏系数	不确定度分量
1	测量重复性 u_A	正态	1	0.0005kHz
2	放大器的分辨力 u_{B1}	均匀	1	0.0003kHz
3	信号发生器频率不准 u_{B2}	均匀	1	0.0006kHz

根据表 C.3，则合成标准不确定度为：

$$u_c = \sqrt{u_A^2 + u_{B1}^2 + u_{B2}^2} = 0.00083 \ （\mathrm{kHz}）$$

C.1.3.5　扩展不确定度

$U = k \cdot u_c$，取 $k = 2$，由此得到 10kHz 频率点频率示值校准结果的扩展不确定度为：

$$U = 2u_c = 0.0017 \ （\mathrm{kHz}）$$

C.2　幅度示值误差测量不确定度评定

C.2.1　测量方法及测量模型

以锁相放大器测量 100mV，10kHz 信号为例，采用标准源法。

测量模型为：

$$\Delta V = V_x - V_n$$

式中：

ΔV ——被校数字锁相放大器的幅度示值误差；

V_x ——被校数字锁相放大器的幅度示值；

V_n ——信号发生器的输出幅度标准值。

C.2.2　主要不确定度来源

C.2.2.1　测量重复性引入的标准不确定度分量。

C.2.2.2　被校数字锁相放大器的分辨力引入的标准不确定度分量。

C.2.2.3　信号发生器输出幅度不准引入的标准不确定度分量。

C.2.3　标准不确定度分量评定

C.2.3.1　由测量重复性引入的标准不确定度分量 u_A

按测量不确定度的 A 类方法评定。相同条件下，用被校数字锁相放大器对信号发生器输出的 100mV 信号，独立重复测量 10 次，结果见表 C.3。

164

表 C.3　重复性测量数据

次数	1	2	3	4	5	6	7	8	9	10
测量值/mV	100.01	100.01	100.00	100.00	100.00	100.01	100.01	100.01	100.00	100.00

测量结果的平均值：

$$\overline{U} = \frac{\sum_{i=1}^{10} U_i}{10} = 100.005 \text{（mV）}$$

单次测量值的实验标准偏差：

$$S(U) = \sqrt{\frac{\sum_{i=1}^{n}(U_i - \overline{U})^2}{n-1}} = 0.005 \text{（mV）}$$

C.2.3.2　由被校数字锁相放大器的分辨力引入的标准不确定度分量 u_{B1}

被校数字锁相放大器测量 100mV 信号幅度时的分辨力 0.01mV，按均匀分布，取 $k=\sqrt{3}$，由此引入的相对不确定度分量为：

$$u_{B1} = \frac{\delta_x}{2k} = \frac{0.01}{2\sqrt{3}} = 0.003 \text{（mV）}$$

C.2.3.3　由信号发生器输出幅度不准引入的标准不确定度分量 u_{B2}

按 B 类方法评定。取区间半宽度 $a=0.1$mV，按均匀分布，包含因子 $k=\sqrt{3}$，由此引入的标准不确定度分量为：

$$u_{B2} = \frac{a}{k} = \frac{0.1}{\sqrt{3}} = 0.06 \text{（mV）}$$

C.2.3.4　合成标准不确定度

测量不确定度分量汇总见表 C.4。

表 C.4　不确定度分量汇总表

序号	不确定度来源	概率分布	灵敏系数	不确定度分量
1	测量重复性 u_A	正态	1	0.005mV
2	放大器的分辨力 u_{B1}	均匀	1	0.003mV
3	信号发生器幅度不准 u_{B2}	均匀	1	0.06mV

根据表 C.4，则合成标准不确定度为：

$$u_c = \sqrt{u_A^2 + u_{B1}^2 + u_{B2}^2} = 0.07 \text{（mV）}$$

C.2.3.5　扩展不确定度

$U = k \cdot u_c$，取 $k=2$，由此得到 100mV 点幅度示值校准结果的扩展不确定度为：

$$U = 2u_c = 0.14 \text{（mV）}$$

C.3　电流示值误差测量不确定度评定

C.3.1　测量方法及测量模型

以锁相放大器测量 1μA （1kHz）电流信号为例。

测量模型为：

$$\Delta I = I_x - \frac{V_n}{R}$$

式中：

ΔI ——被校数字锁相放大器的电流示值误差；

I_x ——被校数字锁相放大器的电流示值；

V_n ——信号发生器输出电压标准值；

R ——串联电阻电阻值。

C.3.2 主要不确定度来源

C.3.2.1 测量重复性引入的标准不确定度分量。

C.3.2.2 被校数字锁相放大器测量电流不准引入的标准不确定度分量。

C.3.2.3 信号发生器输出电压不准引入的标准不确定度分量。

C.3.2.4 串联电阻不准引入的标准不确定度分量。

C.3.3 标准不确定度分量评定

C.3.3.1 由测量重复性引入的标准不确定度分量 u_A

按测量不确定度的 A 类方法评定。相同条件下，用被校数字锁相放大器测量 1μA（1kHz）电流信号，独立重复测量 10 次，结果见表 C.5。

表 C.5 重复性测量数据

次数	1	2	3	4	5	6	7	8	9	10
测量值/μA	1.000	0.999	0.999	0.999	0.998	1.000	1.000	1.001	1.002	0.998

测量结果的平均值：

$$\bar{I} = \frac{\sum_{i=1}^{10} I_i}{10} = 0.9994 \ (\mu A)$$

单次测量值的实验标准偏差：

$$S(I) = \sqrt{\frac{\sum_{i=1}^{n}(I_i - \bar{I})^2}{n-1}} = 0.0013 \ (\mu A)$$

C.3.3.2 由被校数字锁相放大器的分辨力引入的标准不确定度分量 u_{B1}

被校数字锁相放大器测量 1μA（1kHz）电流信号时的分辨力为 0.001μA，按均匀分布，取 $k = \sqrt{3}$，由此引入的相对不确定度分量为：

$$u_{B1} = \frac{\delta_x}{k} = \frac{0.001}{2\sqrt{3}} = 0.0003 \ (\mu A)$$

C.3.3.3 由信号发生器输出电压不准引入的标准不确定度分量 u_{B2}

按 B 类方法评定。取区间半宽度 $a = 0.001V$，按均匀分布，包含因子 $k = \sqrt{3}$，由此引入的标准不确定度分量为：

$$u_{B2} = \frac{a}{k} = \frac{0.001}{\sqrt{3}} = 0.0006 \ (V)$$

C.3.3.4　由串联电阻不准引入的标准不确定度分量 u_{B3}

按 B 类方法评定。取区间半宽度 $a = 0.001\text{M}\Omega$，按均匀分布，包含因子 $k = \sqrt{3}$，由此引入的标准不确定度分量为：

$$u_{B2} = \frac{a}{k} = \frac{0.001}{\sqrt{3}} = 0.0006 \ (\text{M}\Omega)$$

C.3.3.5　合成标准不确定度

测量不确定度分量汇总见表 C.6。

表 C.6　不确定度分量汇总表

序号	不确定度来源	概率分布	灵敏系数	不确定度分量
1	测量重复性 u_A	正态	1	$0.0013\mu\text{A}$
2	放大器分辨力 u_{B1}	均匀	1	$0.0003\mu\text{A}$
3	信号发生器电压不准 u_{B2}	均匀	$\dfrac{1}{R}$	0.0006V
4	串联电阻不准 u_{B3}	均匀	$\dfrac{U}{R^2}$	$0.0006\text{M}\Omega$

根据表 C.6，则合成标准不确定度为：

$$u_c = \sqrt{u_A^2 + u_{B1}^2 + \frac{1}{R^2}u_{B2}^2 + \frac{U^2}{R^4}u_{B3}^2} = 0.0016 \ (\mu\text{A})$$

C.3.3.6　扩展不确定度

$U = k \cdot u_c$，取 $k = 2$，由此得到 $1\mu\text{A}$ 电流示值校准结果的扩展不确定度为：

$$U = 2u_c = 0.004 \ (\mu\text{A})$$

C.4　相位示值误差测量不确定度评定

C.4.1　测量方法及测量模型

以锁相放大器测量 45°（1V，1kHz）相位信号为例，采用标准源法。

测量模型为：

$$\Delta\phi = \phi_x - \phi_n$$

式中：

$\Delta\phi$ ——被校数字锁相放大器的相位示值误差；

ϕ_x ——被校数字锁相放大器的相位示值；

ϕ_n ——相位标准器的相位标准值。

C.4.2　主要不确定度来源

C.4.2.1 测量重复性引入的标准不确定度分量。

C.4.2.2 被校数字锁相放大器测量相位不准引入的标准不确定度分量。

C.4.2.3 相位标准器输出相位不准引入的标准不确定度分量。

C.4.3　标准不确定度分量评定

C.4.3.1　由测量重复性引入的标准不确定度分量 u_A

按测量不确定度的 A 类方法评定。相同条件下，用被校数字锁相放大器对相位标准器输出的

45°相位信号，独立重复测量 10 次，结果见表 C.7。

表 C.7　重复性测量数据

次数	1	2	3	4、	5	6	7	8	9	10
测量值/（°）	45.00	45.00	45.00	45.00	45.00	45.00	45.00	45.00	45.00	45.00

测量结果的平均值：

$$\bar{\phi} = \frac{\sum_{i=1}^{10}\phi_i}{10} = 45.00°$$

单次测量值的实验标准偏差：

$$S(\phi) = \sqrt{\frac{\sum_{i=1}^{n}(\phi_i - \bar{\phi})^2}{n-1}} = 0.00°$$

C.4.3.2　由被校数字锁相放大器的分辨力引入的标准不确定度分量 u_{B1}

被校数字锁相放大器测量 45°信号相位时的分辨力为 0.01°，按均匀分布，取 $k=\sqrt{3}$，由此引入的相对不确定度分量为：

$$u_{B1} = \frac{\delta_x}{k} = \frac{0.01°}{2\sqrt{3}} = 0.003°$$

C.4.3.3　由相位标准器输出相位不准引入的标准不确定度分量 u_{B2}

按 B 类方法评定。取区间半宽度 $a=0.003°$，按均匀分布，包含因子 $k=\sqrt{3}$，由此引入的标准不确定度分量为：

$$u_{B2} = \frac{a}{k} = \frac{0.003°}{\sqrt{3}} = 0.0018°$$

C.4.3.4　合成标准不确定度

测量不确定度分量汇总见表 C.8。

表 C.8　不确定度分量汇总表

序号	不确定度来源	概率分布	灵敏系数	不确定度分量
1	测量重复性 u_A	正态	1	0.00°
2	放大器分辨力 u_{B1}	均匀	1	0.003°
3	相位标准器相位不准 u_{B2}	均匀	1	0.0018°

根据表 C.8，则合成标准不确定度为：

$$u_c = \sqrt{u_A^2 + u_{B1}^2 + u_{B2}^2} = 0.0035°$$

C.4.3.5　扩展不确定度

$U = k \cdot u_c$，取 $k=2$，由此得到 45°点相位示值校准结果的扩展不确定度为：

$$U = 2u_c = 0.007°$$

C.5　输入阻抗测量不确定度评定

C.5.1　测量方法及测量模型

以电压通道 50Ω 输入阻抗测量为例，采用直接测量法。

168

测量模型为：

$$\Delta R = R_x - R_n$$

式中：

ΔR ——被校数字锁相放大器的输入阻抗误差；

R_x ——被校数字锁相放大器的输入阻抗值；

R_n ——LCR 测量仪电阻测量值。

C.5.2 主要不确定度来源

C.5.2.1 测量重复性引入的标准不确定度分量。

C.5.2.2 LCR 测量仪电阻测量示值不准引入的标准不确定度分量。

C.5.3 标准不确定度分量评定

C.5.3.1 由测量重复性引入的标准不确定度分量 u_A

按测量不确定度的 A 类方法评定。相同条件下，LCR 测量仪测量被校数字锁相放大器 50Ω 输入阻抗，独立重复测量 10 次，结果见表 C.9。

表 C.9　重复性测量数据

次数	1	2	3	4	5	6	7	8	9	10
测量值/Ω	50.04	50.02	50.02	50.04	50.05	50.02	50.04	50.04	50.04	50.04

测量结果的平均值：

$$\overline{R} = \frac{\sum\limits_{i=1}^{10} R_i}{10} = 50.035 \ (\Omega)$$

单次测量值的实验标准偏差：

$$S(R) = \sqrt{\frac{\sum\limits_{i=1}^{n} (R_i - \overline{R})^2}{n-1}} = 0.011 \ (\Omega)$$

C.5.3.2 由 LCR 测量仪电阻示值不准引入的标准不确定度分量 u_{B2}

按 B 类方法评定。取区间半宽度 $a = 0.15\Omega$，按均匀分布，包含因子 $k = \sqrt{3}$，由此引入的标准不确定度分量为：

$$u_{B2} = \frac{a}{k} = \frac{0.15}{\sqrt{3}} = 0.087 \ (\Omega)$$

C.5.3.3 合成标准不确定度

测量不确定度分量汇总见表 C.10。

表 C.10　不确定度分量汇总表

序号	不确定度来源	概率分布	灵敏系数	不确定度分量
1	测量重复性 u_A	正态	1	0.011Ω
2	LCR 测量仪示值不准 u_{B1}	均匀	1	0.087Ω

根据表 C.10，则合成标准不确定度为：

$$u_c = \sqrt{u_A^2 + u_{B1}^2} = 0.088 \ （\Omega）$$

C.5.3.4 扩展不确定度

$U = k \cdot u_c$，取 $k = 2$，由此得到 50Ω 输入阻抗校准结果的扩展不确定度为：

$$U = 2u_c = 0.18 \ （\Omega）$$

C.6 参考源频率测量不确定度评定

C.6.1 测量方法及测量模型

以测量内部参考源频率 1MHz 信号为例，采用直接测量法。

测量模型为：

$$f_x = f_n$$

式中：

f_x ——被校数字锁相放大器的频率输出值；

f_n ——频率计数器频率测量值。

C.6.2 主要不确定度来源

C.6.2.1 测量重复性引入的标准不确定度分量。

C.6.2.2 频率计计数不准引入的标准不确定度分量。

C.6.2.3 频率计分辨力引入的标准不确定度分量。

C.6.3 标准不确定度分量评定

C.6.3.1 由测量重复性引入的标准不确定度分量 u_A

按测量不确定度的 A 类方法评定。相同条件下，频率计测量被校数字锁相放大器 1MHz 频率信号，独立重复测量 10 次，结果见表 C.11。

表 C.11 重复性测量数据

次数	1	2	3	4	5
测量值/MHz	0.999999874	0.999999845	0.999999824	0.999999812	0.999999856
次数	6	7	8	9	10
测量值/MHz	0.999999887	0.999999876	0.999999865	0.999999838	0.9999999870

测量结果的平均值：

$$\bar{f} = \frac{\sum\limits_{i=1}^{10} f_i}{10} = 0.999999866 \ （MHz）$$

单次测量值的实验标准偏差：

$$S(f) = \sqrt{\frac{\sum\limits_{i=1}^{n}(f_i - \bar{f})^2}{n-1}} = 4.9 \times 10^{-2} \ （Hz）$$

C.6.3.2 由频率计计数不准引入的标准不确定度分量 u_{B2}

按 B 类方法评定。取区间半宽度 $a = 1 \times 10^{-9}$，按均匀分布，包含因子 $k = \sqrt{3}$，由此引入的标准不确定度分量为：

$$u_{B2} = \frac{a}{k} = \frac{1 \times 10^{-9} \times 1\text{MHz}}{\sqrt{3}} = 5.8 \times 10^{-4} \text{Hz}$$

C.6.3.3 由频率计分辨力引入的标准不确定度分量 u_{B3}

按 B 类方法评定。频率计为 10 位，按均匀分布，包含因子 $k = \sqrt{3}$，由此引入的标准不确定度分量为：

$$u_{B2} = \frac{a}{k} = \frac{1 \times 10^{-10} \times 1\text{MHz}}{2\sqrt{3}} = 3 \times 10^{-5} \text{Hz}$$

C.6.3.4 合成标准不确定度

测量不确定度分量汇总如表 C.12 所示。

表 C.12 不确定度分量汇总表

序号	不确定度来源	概率分布	灵敏系数	不确定度分量
1	测量重复性 u_A	正态	1	$4.9 \times 10^{-2} \text{Hz}$
2	频率计计数不准 u_{B1}	均匀	1	$5.8 \times 10^{-4} \text{Hz}$
3	频率计分辨力 u_{B2}	均匀	1	$3 \times 10^{-5} \text{Hz}$

根据表 C.12，则合成标准不确定度为：

$$u_c = \sqrt{u_A^2 + u_{B1}^2 + u_{B2}^2} = 0.05 \ (\text{Hz})$$

C.6.3.5 扩展不确定度

$U = k \cdot u_c$，取 $k = 2$，由此得到 1MHz 频率信号校准结果的扩展不确定度为：

$$U = 2u_c = 0.1 \ (\text{Hz})$$

C.7 参考源幅度测量不确定度评定

C.7.1 测量方法及测量模型

以参考源幅度信号 1V，1kHz 测量为例，采用直接测量法。

测量模型为：

$$U_x = U_n$$

式中：

U_x——被校数字锁相放大器的幅度值；

U_n——交流电压表电压测量值。

C.7.2 主要不确定度来源

C.7.2.1 测量重复性引入的标准不确定度分量。

C.7.2.2 交流电压表测量示值不准引入的标准不确定度分量。

C.7.3 标准不确定度分量评定

C.7.3.1 由测量重复性引入的标准不确定度分量 u_A

按测量不确定度的 A 类方法评定。相同条件下，交流电压表测量被校数字锁相放大器 1V（1kHz）信号，独立重复测量 10 次，结果见表 C.13。

表 C.13 重复性测量数据

次数	1	2	3	4	5	6	7	8	9	10
测量值/V	1.000	0.998	1.000	0.997	0.998	1.000	0.998	0.998	0.999	0.998

测量结果的平均值：

$$\overline{U} = \frac{\sum_{i=1}^{10} U_i}{10} = 0.9987 \ （V）$$

单次测量值的实验标准偏差：

$$S(U) = \sqrt{\frac{\sum_{i=1}^{n}(U_i - \overline{U})^2}{n-1}} = 0.0012 \ （V）$$

C.7.3.2 由数字电压表示值不准引入的标准不确定度分量 u_{B2}

按 B 类方法评定。取区间半宽度 $a = 0.0002$V，按均匀分布，包含因子 $k = \sqrt{3}$，由此引入的标准不确定度分量为：

$$u_{B2} = \frac{a}{k} = \frac{0.0002}{\sqrt{3}} = 0.00012 \ （V）$$

C.7.3.3 合成标准不确定度

测量不确定度分量汇总见表 C.14。

表 C.14 不确定度分量汇总表

序号	不确定度来源	概率分布	灵敏系数	不确定度分量
1	测量重复性 u_A	正态	1	0.0012V
2	电压示值不准 u_{B1}	均匀	1	0.00012V

根据表 C.14，则合成标准不确定度为：

$$u_c = \sqrt{u_A^2 + u_{B1}^2} = 0.0013 \ （V）$$

C.7.3.4 扩展不确定度

$U = k \cdot u_c$，取 $k = 2$，由此得到参考源 1V（1kHz）校准结果的扩展不确定度为：

$$U = 2u_c = 0.003 \ （V）$$

C.8 时间常数测量不确定度评定

C.8.1 测量方法及测量模型

以时间常数 1μs 测量为例，采用直接测量法。

测量模型为：

$$T_x = \frac{T_r}{2.2}$$

式中：

T_x——被校数字锁相放大器的时间常数；

T_r——示波器上升时间测量值。

C.8.2 主要不确定度来源

C.8.2.1 测量重复性引入的标准不确定度分量。

C.8.2.2 示波器上升时间测量不准引入的标准不确定度分量。

C.8.3 标准不确定度分量评定

C.8.3.1 由测量重复性引入的标准不确定度分量 u_A

按测量不确定度的 A 类方法评定。相同条件下，示波器测量被校数字锁相放大器时间常数为 $1\mu s$ 时响应波形上升时间，独立重复测量 10 次，结果见表 C.15。

表 C.15　重复性测量数据

次数	1	2	3	4	5	6	7	8	9	10
测量值/μs	2.22	2.21	2.23	2.18	2.20	2.22	2.24	2.18	2.20	2.24

测量结果的平均值：

$$\bar{T} = \frac{\sum_{i=1}^{10} T_i}{10} = 2.212 \ (\mu s)$$

单次测量值的实验标准偏差：

$$S_n(T) = \sqrt{\frac{\sum_{i=1}^{n}(T_i - \bar{T})^2}{n-1}} = 0.022 \ (\mu s)$$

C.8.3.2 由示波器上升时间测量不准引入的标准不确定度分量 u_{B2}

按 B 类方法评定。取区间半宽度 $a = 0.02\mu s$，按均匀分布，包含因子 $k = \sqrt{3}$，由此引入的标准不确定度分量为：

$$u_{B2} = \frac{a}{k} = \frac{0.02}{\sqrt{3}} = 0.012 \ (\mu s)$$

C.8.3.3 合成标准不确定度

测量不确定度分量汇总见表 C.16。

表 C.16　不确定度分量汇总表

序号	不确定度来源	概率分布	灵敏系数	不确定度分量
1	测量重复性 u_A	正态	1	0.022μs
2	上升时间测量不准 u_{B1}	均匀	$\frac{1}{2.2}$	0.012μs

根据表 C.16，则合成标准不确定度为：

$$u_c = \sqrt{u_A^2 + \frac{1}{2.2^2}u_{B1}^2} = 0.023 \ (\mu s)$$

C.8.3.4 扩展不确定度

$U = k \cdot u_c$，取 $k = 2$，由此得到时间常数 $1\mu s$ 校准结果的扩展不确定度为：

173

$$U = 2u_c = 0.046 \ (\mu s)$$

C.9 滤波器陡降测量不确定度评定

C.9.1 测量方法及测量模型

以滤波器陡降6dB/oct（时间常数1s）测量为例，采用直接测量法。

测量模型为：

$$RO = 1.3 \times T_{LPF}$$

式中：

RO ——被校数字锁相放大器滤波器的陡降；

T_{LPF} ——示波器波形响应时间测量值。

C.9.2 主要不确定度来源

C.9.2.1 测量重复性引入的标准不确定度分量。

C.9.2.2 示波器波形响应时间测量不准引入的标准不确定度分量。

C.9.3 标准不确定度分量评定。

C.9.3.1 由测量重复性引入的标准不确定度分量 u_A

按测量不确定度的 A 类方法评定。相同条件下，示波器测量被校数字锁相放大器滤波器陡降6dB/oct（时间常数1s）时波形响应时间，独立重复测量 10 次，结果见表 C.17。

表 C.17 重复性测量数据

次数	1	2	3	4	5	6	7	8	9	10
测量值	4.61	4.62	4.61	4.60	4.61	4.62	4.61	4.60	4.61	4.61
陡降值/s	5.993	6.006	5.993	5.98	5.993	6.006	5.993	5.98	5.993	5.993

测量结果的平均值：

$$\overline{OR} = \frac{\sum_{i=1}^{10} OR_i}{10} = 5.993 \ (dB/oct)$$

单次测量值的实验标准偏差：

$$S(OR) = \sqrt{\frac{\sum_{i=1}^{n}(OR_i - \overline{OR})^2}{n-1}} = 0.0077 \ (dB/oct)$$

C.9.3.2 由示波器波形响应时间测量不准引入的标准不确定度分量 u_{B2}

按 B 类方法评定。取区间半宽度 $a = 0.02s$，按均匀分布，包含因子 $k = \sqrt{3}$，由此引入的标准不确定度分量为：

$$u_{B2} = \frac{a}{k} = \frac{0.02}{\sqrt{3}} = 0.012 \ (s)$$

C.9.3.3 合成标准不确定度

测量不确定度分量汇总见表 C.18。

表 C.18　不确定度分量汇总表

序号	不确定度来源	概率分布	灵敏系数	不确定度分量
1	测量重复性 u_A	正态	1	0.0087dB/oct
2	响应时间测量不准 u_{B1}	均匀	1.3	0.012s

根据表 C.18，则合成标准不确定度为：

$$u_c = \sqrt{u_A^2 + 1.3^2 \times u_{B1}^2} = 0.023 \text{（dB/oct）}$$

C.9.3.4　扩展不确定度

$U = k \cdot u_c$，取 $k = 2$，由此得到滤波器陡降 6dB/oct（时间常数 1s）校准结果的扩展不确定度为：

$$U = 2u_c = 0.046 \text{（dB/oct）}$$

C.10　输出直流电压测量不确定度评定

C.10.1　测量方法及测量模型

以测量锁相放大器输出 10V 直流电压为例，采用直接测量法。

测量模型为：

$$U_x = U_n$$

式中：

U_x ——被校数字锁相放大器的直流电压值；

U_n ——直流电压表电压测量值。

C.10.2　主要不确定度来源

C.10.2.1　测量重复性引入的标准不确定度分量。

C.10.2.2　直流电压表测量不准引入的标准不确定度分量。

C.10.3　标准不确定度分量评定

C.10.3.1　由测量重复性引入的标准不确定度分量 u_A

按测量不确定度的 A 类方法评定。相同条件下，直流电压表测量被校数字锁相放大器 10V 信号，独立重复测量 10 次，结果见表 C.19。

表 C.19　重复性测量数据

次数	1	2	3	4	5	6	7	8	9	10
测量值/V	10.000	9.999	10.000	9.999	9.998	10.000	9.999	9.998	9.999	10.000

测量结果的平均值：

$$\bar{U} = \frac{\sum_{i=1}^{10} U_i}{10} = 9.9992 \text{（V）}$$

单次测量值的实验标准偏差：

$$S(U) = \sqrt{\frac{\sum_{i=1}^{n}(U_i - \bar{U})^2}{n-1}} = 0.0008 \text{（V）}$$

C.10.3.2　由直流电压表测量不准引入的标准不确定度分量 u_{B2}

按 B 类方法评定。取区间半宽度 $a = 0.002V$，按均匀分布，包含因子 $k = \sqrt{3}$，由此引入的标准不确定度分量为：

$$u_{B2} = \frac{a}{k} = \frac{0.002}{\sqrt{3}} = 0.0012 \ （V）$$

C.10.3.3　合成标准不确定度

测量不确定度分量汇总见表 C.20。

表 C.20　不确定度分量汇总表

序号	不确定度来源	概率分布	灵敏系数	不确定度分量
1	测量重复性 u_A	正态	1	0.0008V
2	电压表测量不准 u_{B1}	均匀	1	0.0012V

根据表 C.20，则合成标准不确定度为：

$$u_c = \sqrt{u_A^2 + u_{B1}^2} = 0.0015 \ （V）$$

C.10.3.4　扩展不确定度

$U = k \cdot u_c$，取 $k = 2$，由此得到参考源 10V 校准结果的扩展不确定度为：

$$U = 2u_c = 0.003 \ （V）$$

C.11　直流电压示值误差测量不确定度评定

C.11.1　测量方法及测量模型

以数字锁相放大器测量 1V 直流电压信号为例，采用标准源法。

测量模型为：

$$\Delta V = V_x - V_n$$

式中：

ΔV ——被校数字锁相放大器的电压示值误差；

V_x ——被校数字锁相放大器的电压示值；

V_n ——直流电压源的电压输出值。

C.11.2　主要不确定度来源

C.11.2.1　测量重复性引入的标准不确定度分量。

C.11.2.2　被校数字锁相放大器的分辨力引入的标准不确定度分量。

C.11.2.3　直流电压源输出电压不准引入的标准不确定度分量。

C.11.3　标准不确定度分量评定

C.11.3.1　由测量重复性引入的标准不确定度分量 u_A

按测量不确定度的 A 类方法评定。相同条件下，用被校数字锁相放大器测量 1V 直流电压信号，独立重复测量 10 次，结果见表 C.21。

表 C.21　重复性测量数据

次数	1	2	3	4	5	6	7	8	9	10
测量值/V	1.000	1.001	1.000	1.001	1.000	1.001	1.001	1.001	1.000	1.000

测量结果的平均值：

$$\bar{U} = \frac{\sum_{i=1}^{10} U_i}{10} = 1.0005 \ (V)$$

单次测量值的实验标准偏差：

$$S(U) = \sqrt{\frac{\sum_{i=1}^{n}(U_i - \bar{U})^2}{n-1}} = 0.00053 \ (V)$$

C.11.3.2　由被校数字锁相放大器的分辨力引入的标准不确定度分量 u_{B1}

被校数字锁相放大器测量 1V 直流电压时的分辨力为 1mV，按均匀分布，取 $k = \sqrt{3}$，由此引入的相对不确定度分量为：

$$u_{B1} = \frac{\delta_x}{2k} = \frac{1}{2\sqrt{3}} = 0.3 \ (mV)$$

C.11.3.3　由直流电压源输出幅度不准引入的标准不确定度分量 u_{B2}

按 B 类方法评定。取区间半宽度 $a = 0.1mV$，按均匀分布，包含因子 $k = \sqrt{3}$，由此引入的标准不确定度分量为：

$$u_{B2} = \frac{a}{k} = \frac{0.1}{\sqrt{3}} = 0.06 \ (mV)$$

C.11.3.4　合成标准不确定度

测量不确定度分量汇总见表 C.22。

表 C.22　不确定度分量汇总表

序号	不确定度来源	概率分布	灵敏系数	不确定度分量
1	测量重复性 u_A	正态	1	0.53mV
2	放大器的分辨力 u_{B1}	均匀	1	0.3mV
3	直流电压源电压不准 u_{B2}	均匀	1	0.06mV

根据表 C.22，则合成标准不确定度为：

$$u_c = \sqrt{u_A^2 + u_{B1}^2 + u_{B2}^2} = 0.62 \ (mV)$$

C.11.3.5　扩展不确定度

$U = k \cdot u_c$，取 $k = 2$，由此得到 100mV 点幅度示值校准结果的扩展不确定度为：

$$U = 2u_c = 1.3 \ (mV)$$

JJF

中华人民共和国工业和信息化部
电子计量技术规范

JJF（电子）0087—2023

石英晶片频率分选仪校准规范

Calibration Specification for Quartz Wafer Frequency Sorter

2023-08-16 发布　　　　　　　　　　　　2023-09-01 实施

中华人民共和国工业和信息化部　发　布

石英晶片频率分选仪校准规范
Calibration Specification for Quartz
Wafer Frequency Sorter

JJF（电子）0087—2023

归　口　单　位：中国电子技术标准化研究院
主要起草单位：中国电子科技集团公司第十三研究所

本规范技术条文委托起草单位负责解释

本规范主要起草人：

李彦丽（中国电子科技集团公司第十三研究所）

刘　晨（中国电子科技集团公司第十三研究所）

吴爱华（中国电子科技集团公司第十三研究所）

参　加　起　草　人：

王一帮（中国电子科技集团公司第十三研究所）

栾　鹏（中国电子科技集团公司第十三研究所）

霍　晔（中国电子科技集团公司第十三研究所）

目　录

引　言

　　本规范依据 JJF 1071—2010《国家计量校准规范编写规则》、JJF 1059.1—2012《测量不确定度评定与表示》编写。

　　本规范为首次发布。

石英晶片频率分选仪校准规范

1　范围

本规范适用于频率范围为（1~60）MHz 的石英晶片频率分选仪的校准。

2　概述

石英晶片频率分选仪用于测量（1~60）MHz 频率范围内石英晶体晶片的谐振频率，频率值由石英晶片频率分选仪自带的频率计直接显示，测试方便、准确。适用于石英晶体厂家生产线上测试晶片。

石英晶片频率分选仪主要由激励装置、计数器、显示器和夹具组成。该仪器主要工作原理为：将晶片放置在夹具上，由激励装置对被测晶片施加激励并产生谐振，通过计数器测量晶片的谐振频率，并在显示器上显示，通过谐振频率的测量结果对晶片按频率进行分选。原理框图如图1所示。

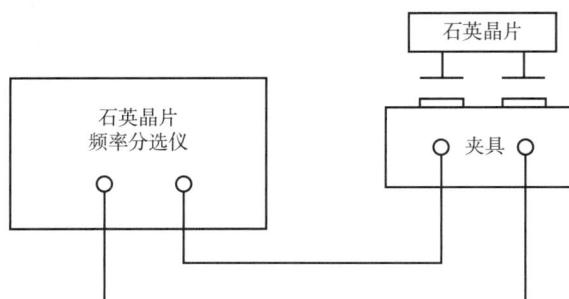

图1　石英晶片频率分选仪原理框图

3　计量特性

3.1　谐振频率准确度

频率测量范围：（1~60）MHz
相对频率偏差最大允许误差：$\pm5\times10^{-6}$

3.2　日频率波动

日频率波动最大允许误差：3×10^{-6}/日

4　校准条件

4.1　环境条件

a）环境温度：在 15℃~30℃ 范围内任选一点，校准过程中环境温度变化不超过±2℃；
b）相对湿度：20%~80%；
c）交流电源电压：（220±11）V，频率：（50±1）Hz；
d）周围无影响正常工作的电磁干扰和机械振动。

4.2 校准用设备

校准用设备应经过计量技术机构检定或校准，满足校准使用要求，并在有效期内。校准用设备指标如下：

4.2.1 频谱分析仪

频率测量范围：（1~60）MHz

频率分辨力：≤1Hz

4.2.2 石英晶体频率标准（或者铷原子频率标准）

相对频率偏差：≤$1×10^{-7}$

4.2.3 石英晶体谐振器

频点：1MHz、2MHz、4MHz、6MHz、8MHz、10MHz、12MHz、16MHz、20MHz、24MHz、30MHz、50MHz、60MHz

谐振频率偏差：≤0.1%

5 校准项目和校准方法

5.1 外观及工作正常性检查

被校石英晶片频率分选仪应完好无损，所有按键及旋钮工作应正常。

5.2 校准方法

5.2.1 谐振频率准确度

a）频谱分析仪和被校石英晶片频率分选仪开机后，预热 30 min 以上；

b）如图 2 所示，频谱分析仪的时基输入端连接至石英晶体频率标准或者铷原子频率标准；

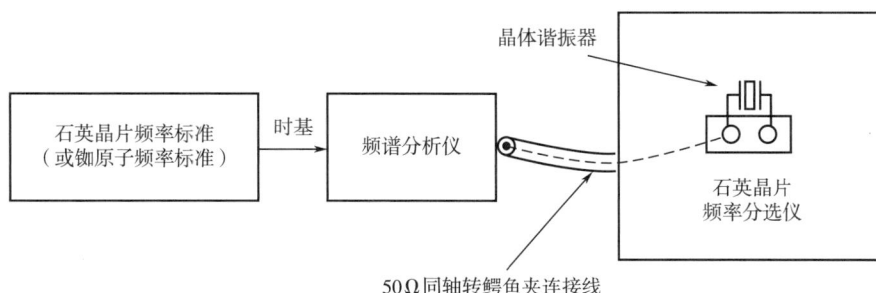

图 2 谐振频率校准示意图

c）依次选用经考核性能稳定可靠的石英晶体谐振器插入石英晶片频率分选仪晶片测量接口，在石英晶片频率分选仪上选择合适的测量量程并调节频率调谐旋钮，直到石英晶片频率分选仪上频率显示示值稳定，所选石英晶体谐振器频率范围应覆盖被校石英晶片频率分选仪频率范围的高、中、低端；

d）取 50Ω 同轴 BNC 转鳄鱼夹连接线一根，将鳄鱼夹端口连接至石英晶体谐振器引脚，同轴BNC 端口连接至频谱分析仪射频输入端口；

e）将频谱分析仪的中心频率调节至石英晶片频率分选仪显示的石英晶体谐振器的谐振频率，适当调节扫频宽度、分辨力带宽、参考电平等参数，使谐振频率显示在屏幕中心位置，利用峰值测量功能读取频率值作为标准值 f_0；从石英晶片频率分选仪上读出频率示值测量结果 f_x，并将标准值和频率示值测量结果记录到附录 A 表 A.2 中；

f）按式（1）计算谐振频率的相对误差 Δf，并将结果记录到附录 A 表 A.2 中。

$$\Delta f = \frac{f_x - f_0}{f_0} \tag{1}$$

5.2.2 日频率波动

a）频谱分析仪和被校石英晶片频率分选仪开机后，预热 30 min 以上；

b）如图 2 所示，频谱分析仪的时基输入端连接至石英晶体频率标准或者铷原子频率标准；

c）选用经考核性能稳定可靠的接近被校准石英晶片频率分选仪频率范围上限的石英晶体谐振器作为辅助件，将其插入石英晶片频率分选仪晶片测量接口，在石英晶片频率分选仪上选择合适的测量量程并调节频率调谐旋钮，直到石英晶片频率分选仪上频率显示示值稳定；

d）取 50Ω 同轴 BNC 转鳄鱼夹连接线一根，将鳄鱼夹端口连接至石英晶体谐振器引脚，同轴 BNC 端口连接至频谱分析仪射频输入端口；

e）将频谱分析仪的中心频率调节至石英晶片频率分选仪显示的石英晶体谐振器的谐振频率，适当调节扫频宽度、分辨力带宽、参考电平等参数，使谐振频率显示在屏幕中心位置，利用峰值测量功能读取谐振频率值作为标准值 $f_{0,i}$，读取石英晶片频率分选仪显示值 $f_{x,i}$，并计算其差值 Δf_i（$i=1$，2，3，…，25），每间隔 1h 测量 1 次，连续测 3 个数，取算术平均值作为一次测量结果，连续测量 24h，共测得 25 组数据（也可根据石英晶片频率分选仪使用说明书或实际使用情况选择连续测量 12h，共测 13 组数据），将结果记录到附录 A 表 A.3 中，并按式（2）计算日频率波动。

$$S = \frac{\Delta f_{max} - \Delta f_{min}}{f} \tag{2}$$

式中：

S ——日频率波动；

Δf_{max} ——Δf_i（$i=1$，2，3，…，25）中的最大值，Hz；

Δf_{min} ——Δf_i（$i=1$，2，3，…，25）中的最小值，Hz；

f ——频谱分析仪读取的谐振频率标准值的算术平均值，Hz。

6 校准结果表达

校准后，出具校准证书。校准证书至少应包含以下信息：

a）标题："校准证书"；

b）实验室名称和地址；

c）进行校准的地点（如果与实验室的地址不同）；

d）证书的唯一性标识（如编号），每页及总页数的标识；

e）客户的名称和地址；

f）被校对象的描述和明确标识；

g）进行校准的日期，如果与校准结果的有效性和应用有关时，应说明被校对象的接收日期；

h）如果与校准结果的有效性应用有关时，应对被校样品的抽样程序进行说明；

i）校准所依据的技术规范的标识，包括名称及代号；

j）本次校准所用测量标准的溯源性及有效性说明；

k）校准环境的描述；

l）校准结果及其测量不确定度的说明；

m）对校准规范的偏离的说明；

n）校准证书签发人的签名、职务或等效标识；

o）校准结果仅对被校对象有效的说明；

p）未经实验室书面批准，不得部分复制证书的声明。

7　复校时间间隔

由于复校时间间隔的长短是由仪器的使用情况、使用者、仪器本身质量等诸因素所决定的。建议复校时间间隔为 1 年，修理或调整后应进行校准。因此，送校单位可根据实际使用情况自主决定复校时间间隔。

附录 A　原始记录格式

A.1　外观及工作正常性检查

表 A.1　外观及工作正常性检查

项目	检查结果
外观及工作正常性检查	

A.2　谐振频率准确度

表 A.2　谐振频率准确度

标准值/MHz	测量值/MHz	相对误差	U_{rel} （$k=2$）

A.3　日频率波动

表 A.3　日频率波动

测量时间/h	标准值/MHz	测量值/MHz	差值/MHz	日频率波动	U （$k=2$）
0					
1					
2					
…					
24					

附录 B　校准证书内页格式

B.1　外观及工作正常性检查

表 B.1　外观及工作正常性检查

项目	检查结果
外观及工作正常性检查	

B.2　谐振频率准确度

表 B.2　谐振频率准确度

标准值/MHz	测量值/MHz	相对误差	U_{rel}（$k=2$）

B.3　日频率波动

表 B.3　日频率波动

日频率波动	U（$k=2$）

附录 C 测量不确定度评定示例

C.1 谐振频率准确度不确定度评定

C.1.1 测量模型

$$\Delta f = \frac{f_x - f_0}{f_0} \tag{C.1}$$

式中：

f_x ——被测谐振频率测量值，Hz；

f_0 ——参考时基频率标准值，Hz；

Δf ——被测与参考时基频率的相对误差，Hz。

C.1.2 不确定度来源

根据测量模型，分析其测量不确定度来源为：

a）标准引入的标准不确定度：

· 铷原子频率标准时基准确度引入的标准不确定度；

· 频谱分析仪测量显示量化引入的标准不确定度。

b）石英晶片频率分选仪测量显示量化引入的标准不确定度。

c）各种随机影响（测量重复性）引入的标准不确定度。

C.1.3 测量不确定度分量的评定

C.1.3.1 铷原子频率标准时基准确度引入的相对标准不确定度 u_{B1}

根据铷原子频率标准使用说明书，铷原子频率标准时基准确度为 1×10^{-10}；漂移率为 2×10^{-12}；稳定度为 1×10^{-11}。三者按均匀分布，$k=\sqrt{3}$，则相对不确定度 $u_{B1}=5.8\times10^{-11}$。

C.1.3.2 频谱分析仪测量显示量化误差引入的相对标准不确定度 u_{B2}

对于频谱分析仪，被测频率值和频谱分析仪设置不同，引入的测频显示量化误差不同。以频谱分析仪测频显示分辨力为 1Hz 为例，置信半区间 0.5Hz，按均匀分布，频率为 1MHz 时，由此引入的相对不确定度分量 $u_{B2}=2.9\times10^{-7}$；频率为 60MHz 时，由此引入的相对不确定度分量 $u_{B2}=4.8\times10^{-9}$。

综上所述，频谱分析仪测量显示量化引入的相对不确定度 u_{B2} 为 $4.8\times10^{-9}\sim2.9\times10^{-7}$。

根据上述分量，标准器引入的相对标准不确定度 u_B 为：

$$u_B = \sqrt{u_{B1}^2 + u_{B2}^2} \approx 4.8\times10^{-9} \sim 2.9\times10^{-7}$$

C.1.3.3 石英晶片频率分选仪测量显示量化引入的相对标准不确定度 u_{B3}

对于石英晶片频率分选仪，被测频率值不同，引入的测频显示量化误差不同。频率为 1MHz 时，石英晶片频率分选仪的显示分辨力为 1Hz，半区间宽度为 0.5Hz，按均匀分布，由此引入的相对不确定度分量 $u_{B3}=2.9\times10^{-7}$；频率为 60MHz 时，石英晶片频率分选仪的显示分辨力为 10Hz，半区间宽度为 5Hz，设其服从均匀分布，由此引入的相对不确定度分量 $u_{B3}=4.8\times10^{-8}$。

综上所述，石英晶片频率分选仪测量显示量化引入的相对不确定度 u_{B3} 为 $4.8\times10^{-8}\sim2.9\times10^{-7}$。

C.1.3.4 各种随机影响（测量重复性）引入的相对标准不确定度 u_A

按 A 类方法进行评定。

测量频率为 1MHz 时，使用频谱分析仪对被测英晶片频率分选仪的谐振频率重复测量 10 次，测量数据见表 C.1，利用贝塞尔公式计算实验标准偏差 s 为 0.52Hz，则 u_A 为 5.2×10^{-7}。

表 C.1　1MHz 测量点谐振频率重复性测量数据

次数	1	2	3	4	5
测量值/MHz	1.000004	1.000005	1.000004	1.000004	1.000004
次数	6	7	8	9	10
测量值/MHz	1.000005	1.000004	1.000005	1.000004	1.000004

测量频率为 60MHz 时，使用频谱分析仪对被测英晶片频率分选仪的谐振频率重复测量 10 次，测量数据见表 C.2，利用贝塞尔公式计算实验标准偏差 s 为 3.2Hz，则 u_A 为 5.3×10^{-8}。

表 C.2　60MHz 测量点谐振频率重复性测量数据

次数	1	2	3	4	5
测量值/MHz	60.00027	60.00028	60.00027	60.00027	60.00027
次数	6	7	8	9	10
测量值/MHz	60.00027	60.00027	60.00027	60.00027	60.00027

C.1.4　相对合成标准不确定度

三个标准不确定度分量互不相关，则相对合成标准不确定度为：

$$u_{crel} = \sqrt{u_B^2 + u_{B3}^2 + u_A^2}$$
$$\approx 7.2 \times 10^{-8} \sim 6.6 \times 10^{-7} \tag{C.2}$$

C.1.5　相对扩展不确定度

取 $k = 2$，则相对扩展不确定度：

$$U_{rel} = 2u_{crel} \approx 1.4 \times 10^{-7} \sim 1.3 \times 10^{-6} \tag{C.3}$$

C.2　日频率波动测量不确定度的评定

C.2.1　测量模型

$$S = \frac{\Delta f_{max}}{f} - \frac{\Delta f_{min}}{f} = \frac{(f_{x,i} - f_{0,i})_{max}}{f} - \frac{(f_{x,i} - f_{0,i})_{min}}{f} \tag{C.4}$$

式中：

S ——日频率波动；

Δf_{max} ——被测谐振频率与参考时基频率的误差最大值，Hz；

Δf_{min} ——被测谐振频率与参考时基频率的误差最小值，Hz；

$f_{x,i}$ ——第 i 次被测谐振频率频率值，Hz；

$f_{0,i}$ ——第 i 次参考时基频率标准值，Hz；

f ——参考时基频率的算术平均值，Hz。

C.2.2　不确定度来源

根据测量模型，分析其测量不确定度来源为：

a）标准引入的标准不确定度：

·铷原子频率标准时基准确度引入的标准不确定度；

·频谱分析仪测量显示量化引入的标准不确定度。

　　b）石英晶片频率分选仪测量显示量化引入的标准不确定度。

　　c）各种随机影响（测量重复性）引入的标准不确定度。

C.2.3　测量不确定度分量的评定

C.2.3.1　铷原子频率标准时基准确度引入的标准不确定度 u_{B1}

根据铷原子频率标准使用说明书，铷原子频率标准时基准确度为 1×10^{-10}；漂移率为 2×10^{-12}；稳定度为 1×10^{-11}。三者按均匀分布，$k = \sqrt{3}$，则相对不确定度 $u_{B1} = 5.8 \times 10^{-11}$。

C.2.3.2　频谱分析仪测量显示量化引入的标准不确定度 u_{B2}

对于频谱分析仪，被测频率值和频谱分析仪设置不同，引入的测频显示量化误差不同。频率为 60MHz 时，以频谱分析仪测频显示分辨力为 1Hz 为例，置信半区间 5Hz，按均匀分布，由此引入的相对不确定度分量 $u_{B2} = 4.8 \times 10^{-9}$。

C.2.3.3　石英晶片频率分选仪测量显示量化引入的标准不确定度 u_{B3}

石英晶片频率分选仪的显示分辨力为 10Hz，半区间宽度为 5Hz，设其服从均匀分布，则置信因子为 $\sqrt{3}$，则其相对标准不确定度分量计算过程如下：

$$u_{B3} = \frac{5\text{Hz}}{\sqrt{3}} / 60\text{MHz} = 4.8 \times 10^{-8} \tag{C.5}$$

由测量模型可知 $\Delta f_{\max} / f$ 和 $\Delta f_{\min} / f$ 不相关，根据上述分量，标准器引入的相对标准不确定度 u_B 为：

$$u_B = \sqrt{u_{B1}^2 + u_{B2}^2 + u_{B3}^2 + u_{B1}^2 + u_{B2}^2 + u_{B3}^2} \approx 6.8 \times 10^{-8} \tag{C.6}$$

C.2.3.4　各种随机影响（测量重复性）引入的标准不确定度

按 A 类方法进行评定。选用接近被校准石英晶片频率分选仪频率范围上限的石英晶体谐振器作为辅助件，使用频谱分析仪对被测石英晶片频率分选仪的谐振频率重复测量 1C 次并计算出日频率波动，数据见表 C.3，利用贝塞尔公式计算实验标准偏差 $s = 1.9 \times 10^{-7}$，则 $u_A = 1.9 \times 10^{-7}$。

表 C.3　日频率波动重复性测量数据

次数	1	2	3	4	5
结果	1.33×10^{-6}	1.17×10^{-6}	1.67×10^{-6}	1.50×10^{-6}	1.33×10^{-6}
次数	6	7	8	9	10
结果	1.50×10^{-6}	1.67×10^{-6}	1.83×10^{-6}	1.33×10^{-6}	1.33×10^{-6}

C.2.4　相对合成标准不确定度

各个标准不确定度分量互不相关，则相对合成标准不确定度为：

$$u_{crel} = \sqrt{u_B^2 + u_A^2} \approx 2.0 \times 10^{-7} \tag{C.7}$$

C.2.5　相对扩展不确定度

取 $k = 2$，则相对扩展不确定度：

$$U_{rel} = 2u_{crel} = 4.0 \times 10^{-7} \tag{C.8}$$

JJF

中华人民共和国工业和信息化部
电子计量技术规范

JJF（电子）0088—2023

共模吸收装置校准规范

Calibration Specification for Common Mode Absorption Devices

2023-08-16 发布　　　　　　　　　　　2023-09-01 实施

中华人民共和国工业和信息化部　发　布

共模吸收装置校准规范
Calibration Specification for Common
Mode Absorption Devices

JJF（电子）0088—2023

归 口 单 位：中国电子技术标准化研究院
主要起草单位：工业和信息化部电子第五研究所
参加起草单位：广州赛宝计量中心检测服务有限公司

本规范技术条文委托起草单位负责解释

本规范主要起草人：

　　陈　彦（工业和信息化部电子第五研究所）

　　张　浩（工业和信息化部电子第五研究所）

　　詹惠贞（工业和信息化部电子第五研究所）

参 加 起 草 人：

　　付贵瑜（广州赛宝计量中心检测服务有限公司）

　　强晓霄（广州赛宝计量中心检测服务有限公司）

　　高翔宇（广州赛宝计量中心检测服务有限公司）

目　录

引　言

本规范依据 JJF 1071—2010《国家计量校准规范编写规则》和 JJF 1059.1—2012《测量不确定度评定与表示》编写。

本规范参考 GB/T 6113.104《无线电骚扰和抗扰度测量设备和测量方法规范　第 1—4 部分：无线电骚扰和抗扰度测量设备　辐射骚扰测量用天线和试验场地》及 CISPR 16-1-4：2019《无线电骚扰和抗扰度测量设备和测量方法规范　第 1—4 部分：无线电骚扰和抗扰度测量设备　辐射骚扰测量用天线和试验场地》中相关条款进行编写。

本规范为首次发布。

共模吸收装置校准规范

1 范围

本规范适用于 30MHz~200MHz 频率范围共模吸收装置（CMAD）的校准，其他覆盖此频段的共模吸收装置（CMAD）可参照执行。

2 引用文件

本规范引用了下列文件：

GB/T 6113.104/CISPR 16-1-4：2019《无线电骚扰和抗扰度测量设备和测量方法规范》第1—4部分：无线电骚扰和抗扰度测量设备 辐射骚扰测量用天线和试验场地（*Specification for radio disturbance and immunity measuring apparatus and methods—Part 1-4：Radio disturbance immunity measuring apparatus—Antennas and test sites for radiated disturbance measurements*）

注：凡是注日期的引用文件，仅注日期的版本适用于本规范；凡是不注日期的引用文件，其最新版本（包括所有的修改单）适用于本规范。

3 术语

3.1 共模吸收装置（CMAD） common mode absorption device

辐射发射测量中，施加在离开试验空间后的电缆上以减小标准符合性不确定度的装置。
［GB/T 6113.104—2021，3.1.7］。

3.2 散射系数（S参数） scattering parameters（S-parameters）

用于描述插入传输线的两端口网络性能的四个参数的集合。
［GB/T 6113.104—2021，3.1.22］。

3.3 直通-反射-传输线校准法（TRL校准法） through-reflect-line(TRL) calibration

使用三个已知阻抗的校准件（直通、反射和传输线）对矢量网络分析仪进行内部校准或者外部校准的校准方法，需要进行四次参考测量。
［GB/T 6113.104—2021，3.1.28］。

4 概述

共模吸收装置（CMAD）采用铁氧体半圆环外套木质绝缘外壳构造而成，铁氧体半圆环分上下两部分镶贴在木质绝缘外壳的内侧，并设置卡扣开关以方便使用。CMAD 外观上与骚扰功率测量的功率吸收钳类似，典型长度为 0.6m。CMAD 通过铁氧体环的吸收作用来抑制共模电流，从而达到抑制线缆向外辐射的共模信号的目的，同时稳定共模阻抗，提高辐射发射测量的准确性。辐射发射测量中，CMAD 使用在离开试验空间的连接线缆上，线缆从 CMAD 的铁氧体环中间穿过。由于不同试验场地上线缆离开试验场地处（例如，转台中心）的共模阻抗和对称性有差异。因此，辐射发射测量中可以通过使用 CMAD 来提高不同试验场地之间测量结果的复现性。

5　计量特性

5.1　校准夹具和共模吸收装置（CMAD）组成的二端口网络的 S 参数 S_{21} 的幅值 30MHz～200MHz，允许范围 <0.25（图1中粗实线）。

5.2　校准夹具和共模吸收装置（CMAD）组成的二端口网络的 S 参数 S_{11} 的幅值 30MHz～200MHz，允许范围参照 5.2.1 和 5.2.2。

5.2.1　30MHz 和 200MHz 时指标上限值分别为 0.75 和 0.55（整个频段内随频率的对数线性减小，图1中细实线）。

5.2.2　30MHz 和 200MHz 时指标下限值分别为 0.6 和 0.4（整个频段内随频率的对数线性减小，图1中虚线）。

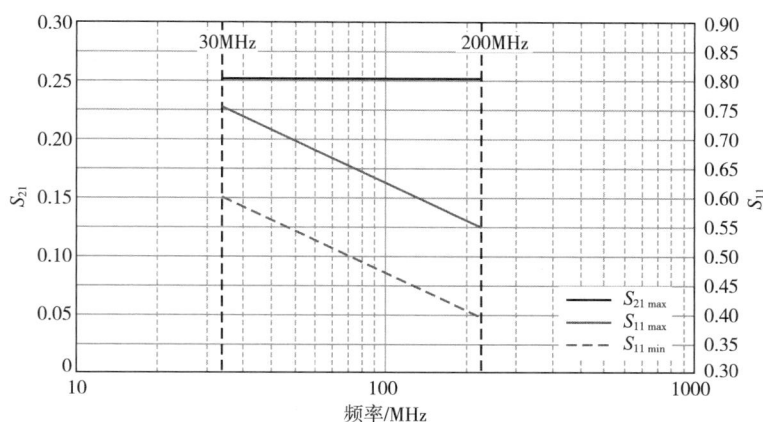

图1　S_{11} 和 S_{21} 幅值的允许范围

共模吸收装置（CMAD）的计量特性由校准夹具和共模吸收装置（CMAD）组成的二端口网络的散射系数（S 参数）来表征。

6　校准条件

6.1　环境条件

6.1.1　环境温度：23℃±5℃。

6.1.2　环境相对湿度：20%～80%。

6.1.3　供电电源：电压（220±11）V，频率（50±1）Hz。

6.1.4　其他：周围无影响仪器正常工作的电磁干扰和机械振动。

6.2　测量标准及其他设备

6.2.1　网络分析仪

频率范围：30MHz～200MHz；
输出电平：-20dBm～5dBm；
动态范围：≥80dB；
具备 TRL 校准法功能选件。

6.2.2 CMAD 校准夹具

频率范围 30MHz～200MHz，传输线、反射件、直通件均为直径 4mm 的圆柱金属杆，垂直法兰的两个金属面大小均为 100mm×100mm，没有电指标要求，机械尺寸详见附录 D。

注：CMAD 校准夹具是依据校准模型定义的一套 TRL 校准件，主要包括参考接地平面上的一根圆柱金属杆（传输线）、两根相同的反射件、一个直通件（或直通连接器）和两个相同的垂直法兰。校准配置图由三个部分组成：一部分为两个垂直参考平面之间（传输线的参考长度）的传输线部分，另外两个部分为垂直参考平面和适配器端口之间的适配器 A 部分和适配器 B 部分。

6.2.3 游标卡尺

测量范围：（0～150）mm；

最大允许误差：±0.1mm。

6.2.4 参考接地平面（RGP）

RGP 为金属接地平板，其各边尺寸应至少比 CMAD 和整套校准系统在平面上的几何投影尺寸大 0.2m，且其表面应与 CMAD 校准夹具底面具有良好的电搭接。

7 校准项目和校准方法

7.1 校准项目

7.1.1 校准夹具和共模吸收装置组成的二端口网络的 S 参数 S_{21}。

7.1.2 校准夹具和共模吸收装置组成的二端口网络的 S 参数 S_{11}。

7.2 校准方法

7.2.1 外观及工作正常性检查

被校准共模吸收装置（CMAD）的外观结构、内部铁氧体环、卡扣开关应完整无损坏，闭合时上下两部分的铁氧体环应对齐无错位、接触面缝隙紧密。检查结果记录于附录 A 表 A.1 中。

7.2.2 校准夹具和共模吸收装置（CMAD）组成的二端口网络的 S 参数

7.2.2.1 共模吸收装置（CMAD）的计量特性由校准夹具和 CMAD 组成的二端口网络的 S 参数来表征。校准时先使用 CMAD 校准夹具（TRL 校准件）对网络分析仪进行 TRL 法校准，然后按照规定高度、距离在校准夹具中加入 CMAD，测量校准夹具和 CMAD 组成的二端口网络的 S 参数。全部校准过程需要在参考接地平面（RGP）上完成，RGP 各边尺寸应至少比 CMAD 和整套校准系统在其平面上的几何投影尺寸大 0.2m，且其表面应与 CMAD 校准件底面具有良好的电搭接。

7.2.2.2 校准配置图及参考平面的定义见图 2，配置图由三部分组成：一部分为两个参考平面之间（传输线的参考长度）的传输线部分，另外两个部分为参考平面和适配器端口之间的适配器 A 部分和适配器 B 部分。

校准配置规范要求：校准应在 CMAD 结构所确定的高度上进行，传输线（圆柱形金属杆，长度近似等于两个参考平面之间长度和 A、B 部分长度的总和）距离参考接地平面的高度 h 等于 CMAD 铁氧体环中心距离参考接地平面的高度，典型值为 30mm、65mm 和 90mm。参考平面和校准夹具的垂直法兰之间（适配器）的距离 $L_A = L_B$ 应大于 $2h$（图 2）。参考平面和 CMAD 末端之间的距离 D_A 和 D_B 应尽可能的短，不大于 h。放置校准夹具的参考接地平面的长度应大于 $(L_{jig}+4h)$，L_{jig} 为校准夹具的总长度，宽度应大于 $4h$，且其各边尺寸应至少比 CMAD 和整套校准系统在平面上的几何投影尺寸大 0.2m，表面应与垂直法兰底面具有良好的电搭接。

7.2.2.3 依据校准夹具的功能及尺寸在网络分析仪功能菜单下自定义 TRL 校准件（具体设置程序

所选择的接近于被校CMAD
机械端的参考平面

校准夹具的
适配器A部分

校准夹具的传输线部分

校准夹具的
适配器B部分

CMAD

适配器端口A
与网络分析仪
的端口A连接

$L_A>2h$ D_A

D_B $L_B>2h$

适配器端口B
与网络分析仪
的端口B连接

h

适用于CMAD结构的参考接地平面上的传输
线高度h（典型值：30mm，65mm，90mm）

参考接地平面

直径d为4mm的圆柱形金属
杆作为传输线

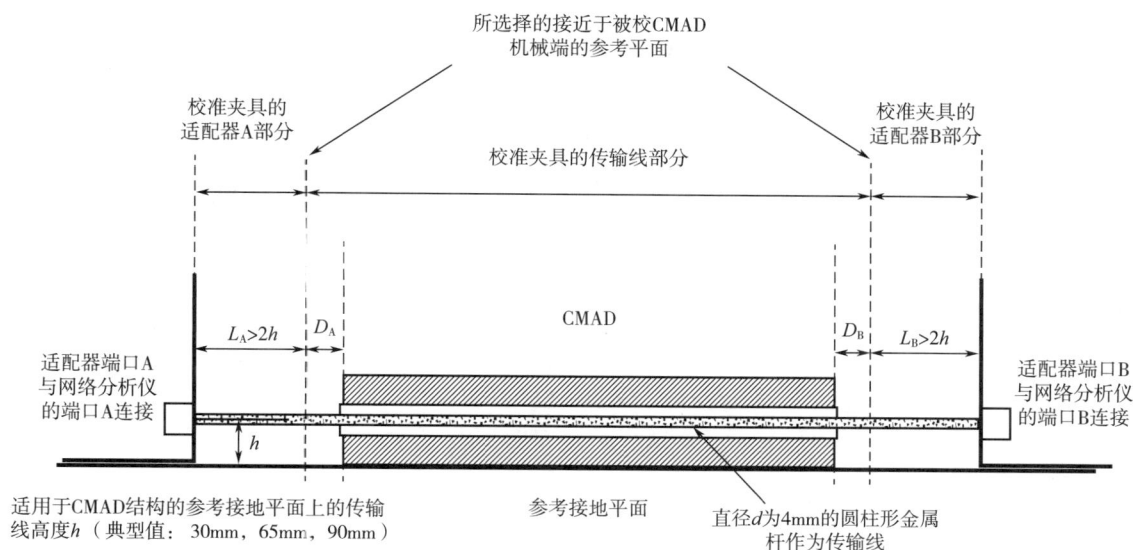

图2　校准配置图和参考平面的定义

可参照网络分析仪的说明书），自定义校准件应包含"反射""直通""传输线"等三个校准步骤，并与实物 TRL 校准件相对应。关于 TRL 校准法的介绍见附录 E。

7.2.2.4　网络分析仪的频率范围设置为 30MHz～200MHz，中频带宽 100Hz，选用 7.2.2.3 中自定义的 TRL 校准件（菜单中定义的校准步骤）对未加载 CMAD 的校准夹具（实物 TRL 校准件）做 TRL 法校准，分别做"反射"（图3、图4）、"直通"（图5）、"传输线"（图6）三个校准步骤，然后把 CMAD 加载到校准夹具的传输线中测量 S 参数。网络分析仪选择线性幅度模式，通过切换测量菜单下的 S_{11} 和 S_{21} 模式，分别读出 S_{11} 和 S_{21} 的值，并分别记录在附录 A 表 A.2 和表 A.3 中。"反射""直通""传输线"三个步骤的校准框图如图3至图6所示：

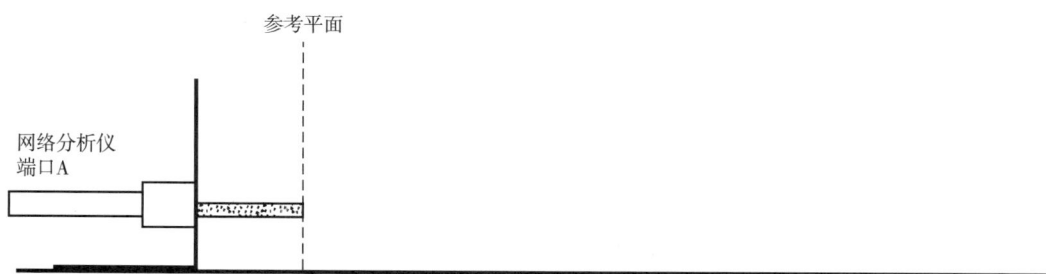

参考平面

网络分析仪
端口A

图3　"反射端口 A"的校准配置

8　校准结果表达

校准后，出具校准证书。校准证书应至少包含以下信息：

a）标题："校准证书"；

b）实验室名称和地址；

c）进行校准的地点（如果与实验室的地址不同）；

d）证书或报告的唯一性标识（如编号），每页及总页数的标识；

e）客户的名称和地址；

f）被校准对象的描述和明确标识；

图 4　"反射端口 B" 的校准配置

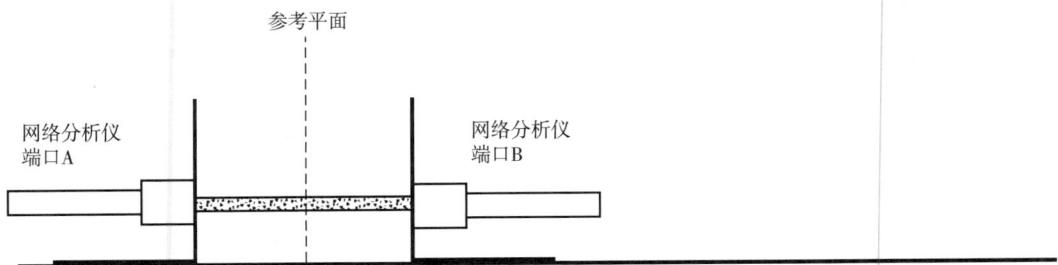

图 5　"直通" 的校准配置

图 6　"传输线" 的校准配置

g）进行校准的日期，如果与校准结果的有效性和应用有关时，应说明被校对象的接收日期；

h）如果与校准结果的有效性应用有关时，应对被校样品的抽样程序进行说明；

i）校准所依据的技术规范的标识，包括名称及代号；

j）本次校准所用测量标准的溯源性及有效性说明；

k）校准环境的描述；

l）校准结果及其测量不确定度的说明；

m）对校准规范的偏离的说明；

n）校准证书或校准报告签发人的签名、职务或等效标识；

o）校准结果仅对被校对象有效的声明；

p）未经实验室书面批准，不得部分复制证书的声明。

9　复校时间间隔

建议复校时间间隔不超过 1 年。由于复校时间间隔的长短是由仪器的使用情况、使用者、本身质量等诸多因素决定的。因此，申请校准单位可根据实际使用情况自主决定复校时间间隔。

附录 A 原始记录格式

A.1 外观及工作正常性检查

表 A.1 外观及工作正常性检查

项目	检查结果
外观检查	
工作正常性检查	

A.2 校准件和共模吸收装置（CMAD）组成的二端口网络的 S 参数 S_{11}

表 A.2 S 参数 S_{11}

频率/MHz	标准值	不确定度（$k=2$）
30		
40		
50		
60		
70		
80		
90		
100		
120		
140		
160		
180		
200		

A.3 校准件和共模吸收装置（CMAD）组成的二端口网络的 S 参数 S_{21}

表 A.3 S 参数 S_{21}

频率/MHz	标准值	不确定度（$k=2$）
30		
40		
50		
60		
70		
80		

表 A.3（续）

频率/MHz	标准值	不确定度（$k=2$）
90		
100		
120		
140		
160		
180		
200		

附录 B 校准证书内页格式

B.1 外观及工作正常性检查

表 B.1 外观及工作正常性检查

项目	检查结果
外观检查	
工作正常性检查	

B.2 校准件和共模吸收装置（CMAD）组成的二端口网络的 S 参数 S_{11}

表 B.2 S 参数 S_{11}

频率/MHz	标准值	允许范围	不确定度（$k=2$）
30		0.60~0.75	
40		0.57~0.72	
50		0.55~0.70	
60		0.53~0.68	
70		0.51~0.66	
80		0.50~0.65	
90		0.48~0.63	
100		0.47~0.62	
120		0.45~0.60	
140		0.44~0.59	
160		0.42~0.57	
180		0.41~0.56	
200		0.40~0.55	

B.3 校准件和共模吸收装置（CMAD）组成的二端口网络的 S 参数 S_{21}

表 B.3 S 参数 S_{21}

频率/MHz	标准值	允许范围	不确定度（$k=2$）
30		<0.25	
40		<0.25	
50		<0.25	
60		<0.25	
70		<0.25	
80		<0.25	

表 B.3（续）

频率/MHz	标准值	允许范围	不确定度（$k=2$）
90		<0.25	
100		<0.25	
120		<0.25	
140		<0.25	
160		<0.25	
180		<0.25	
200		<0.55	

附录 C　测量不确定度评定示例

C.1　散射参数 S_{11} 测量结果不确定度评定

C.1.1　测量模型

散射参数 S_{11} 的测量模型为：

$$y = \text{IM} \tag{C.1}$$

式中：

y ——校准件和共模吸收装置（CMAD）组成的二端口网络的 S_{11} 值；

IM ——网络分析仪 S_{11} 测量值。

C.1.2　不确定度来源

不确定度的主要影响量为校准后的系统剩余误差和随机误差，来源有：

a）网络分析仪 TRL 校准过程不完善引入的标准不确定度分量 u_1；

b）TRL 校准件不理想引入的标准不确定度分量 u_2；

c）网络分析仪反射系数测量不准引入的标准不确定度分量 u_3；

d）校准布置不理想引入的相对标准不确定度分量 u_4；

e）线缆弯曲变化引入的标准不确定度分量 u_5；

f）测量重复性引入的标准不确定度分量 u_6。

C.1.3　标准不确定度评定

C.1.3.1　网络分析仪 TRL 校准过程不完善引入的标准不确定度分量 u_1

按 B 类评定，由实验数据得出网络分析仪 TRL 校准过程不完善对测量结果的误差影响量最大为 0.02，假设为均匀分布，取 $k=\sqrt{3}$，则不确定度分量为：

$$u_1 = 0.02/\sqrt{3} = 0.0115$$

C.1.3.2　TRL 校准件不理想引入的标准不确定度分量 u_2

TRL 校准件的定义与校准模型（理想值）的不一致造成校准件本身非理想。按 B 类评定，TRL 校准件不理想对测量结果的误差影响量最大为 0.02，假设为均匀分布，取 $k=\sqrt{3}$，则不确定度分量为：

$$u_2 = 0.02/\sqrt{3} = 0.0115$$

C.1.3.3　网络分析仪反射系数测量不准引入的标准不确定度分量 u_3

按 B 类评定，查阅网络分析仪 E5071C 的技术说明书，校准后的反射系数最大允许误差为 0.01。假设为均匀分布，取 $k=\sqrt{3}$，则不确定度分量为：

$$u_3 = 0.01/\sqrt{3} = 0.0058$$

C.1.3.4　校准布置不理想引入的相对标准不确定度分量 u_4

按 B 类评定，实验数据得到校准布置不理想（参考接地平面、传输线在 CMAD 中的位置、CMAD 与参考端面的距离等）对测量结果的误差影响量最大为 0.02，假设为均匀分布，取 $k=\sqrt{3}$，则不确定度分量为：

$$u_4 = 0.02/\sqrt{3} = 0.0115$$

C.1.3.5　线缆弯曲变化引入的标准不确定度分量 u_5

按 B 类评定，实验数据得到线缆弯曲变化对测量结果的误差影响量最大为 0.01，假设为均匀分布，取 $k = \sqrt{3}$，则不确定度分量为：

$$u_5 = 0.01/\sqrt{3} = 0.0058$$

C.1.3.6　测量重复性引入的标准不确定度分量 u_6

利用网络分析仪在重复性条件下对 CMAD 的反射系数 S_{11} 进行 10 次测量，100MHz 频率点反射系数 S_{11} 测量结果见表 C.1。

表 C.1　重复性测量数据

测量序号	1	2	3	4	5
测量结果	0.52	0.51	0.52	0.53	0.50
测量序号	6	7	8	9	10
测量结果	0.53	0.54	0.52	0.50	0.51
平均值 $\bar{x}$	0.518		标准差 s	0.013	

测量重复性引入的不确定度分量 $u_6 = 0.013$。

C.1.4　合成标准不确定度

C.1.4.1　主要不确定度汇总表，见表 C.2。

表 C.2　主要不确定度汇总表

不确定度来源 u_i	a_i	k_i	u_i
网络分析仪 TRL 校准过程不完善引入的标准不确定度分量 u_1	0.02	$\sqrt{3}$	0.0115
TRL 校准件不理想引入的标准不确定度分量 u_2	0.02	$\sqrt{3}$	0.0115
网络分析仪反射系数测量不准引入的标准不确定度分量 u_3	0.01	$\sqrt{3}$	0.0058
校准布置不理想引入的相对标准不确定度分量 u_4	0.02	$\sqrt{3}$	0.0115
线缆弯曲变化引入的标准不确定度分量 u_5	0.01	$\sqrt{3}$	0.0058
测量重复性引入的标准不确定度分量 u_6	0.013	—	0.013

C.1.4.2　合成不确定度计算

以上各项不确定度分量相互独立不相关，合成标准不确定度为：

$$u_c = \sqrt{u_1^2 + u_2^2 + u_3^2 + u_4^2 + u_5^2 + u_6^2} = 0.025$$

C.1.5　扩展不确定度

取包含因子 $k = 2$，则扩展不确定度为：

$$U = k u_c = 0.05$$

C.2　散射参数 S_{21} 测量结果不确定度评定

散射参数 S_{21} 校准方法与 S_{11} 相同，不确定度可参照以上方法评定。

附录 D CMAD 校准夹具

CMAD 校准夹具是基于 TRL 校准法和被测对象定义的一套直通、反射、传输线标准，即 TRL 校准件。由于 TRL 校准件的定义基于被测对象（严格说是被测对象的校准夹具），现实中很少有通用的 TRL 校准件，一般要求用户根据所用校准夹具的材料、机械结构、物理尺寸及工作频率来设计制造出相应的 TRL 校准件。用户使用网络分析仪测量仪器或元器件时，根据被测对象来设计不同的 TRL 校准件，这具有一定的难度和挑战性。但事实上，TRL 标准件的制作并没有 SOLT 标准件要求那么高，尺寸精确度更容易实现。TRL 校准的精度只是跟 TRL 标准件的质量、重复性部分相关，而不是完全由校准件决定。因此，某种意义上 TRL 校准件与 SOLT 校准件相比更容易制作，特性也更容易描述。矢量网络分析仪一般都可以支持 TRL 校准件的定义、校准及导入功能。

CMAD 校准夹具的设计要求：

1）直通标准

电气长度为 0 时，无损耗，无反射，传输系数为 1；电气长度不为 0 时，直通标准件的特性阻抗必须和传输线标准件相同，无须知道损耗。如果用作设为参考测量面，需知道电气长度具体值，且群时延设定为 0 的话，参考测量面位于直通标准件的中间。

2）反射标准

反射标准为高反射器件（开路），反射系数的相位必须在正负 90° 以内且近似为 1，两端口的反射标准必须具备好的一致性，不需知道具体的幅度特性，相位特性必须在 1/4 波长内。

3）传输线标准

传输线的特性阻抗作为测量时的参考阻抗，校准系统阻抗的定义和传输线特性阻抗一致。传输线和直通之间的插入相位差值必须在 20°～160°（或 -160°～-20°）。如果相位差值接近 0° 或者 180° 时，由于正切函数的特性，容易造成相位模糊，最优的相位差值一般取 1/4 波长或 90°。当工作频率范围大于 8：1 时，即频率跨度与起始频率比值大于 8 时，必须使用 1 条以上的传输线以覆盖整个频率范围。

GB/T 6113.104—2021 第 8 章节中定义的典型 CMAD 校准夹具见图 D.1：包含两个 4mm 转 N 型连接器的垂直法兰、绝缘材料定位件（用于固定传输线使其尽可能位于 CMAD 两个铁氧体半圆环的中间）、直通件或直通连接器（用于连接两根反射标准形成直通标准）、两根反射件（直径 4mm 的圆柱形金属杆）、传输线（直径 4mm 的圆柱形金属杆，可以有多根不同长度以覆盖更宽的频率范围）。

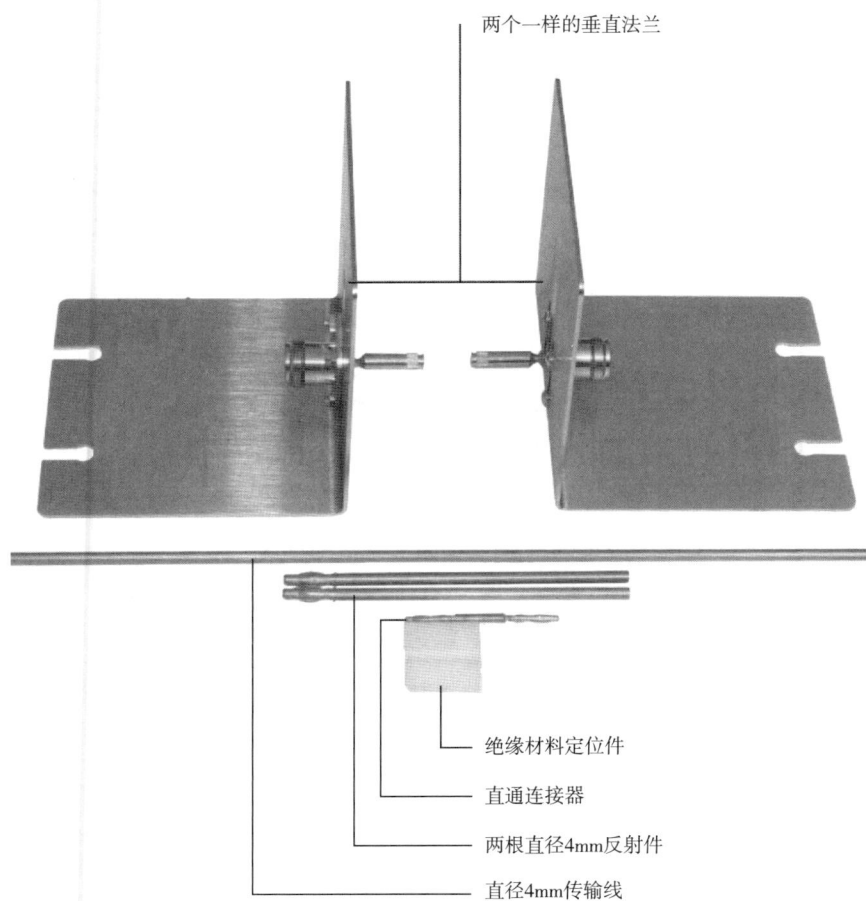

两个一样的垂直法兰

绝缘材料定位件

直通连接器

两根直径4mm反射件

直径4mm传输线

图 D. 1　典型的 CMAD 校准夹具

附录 E TRL 校准法

TRL 校准法是网络分析仪常见的一种校准方法，理论上相对于 SOLT 校准法（短路—开路—负载—直通）具有更高的精度，尤其适合非同轴环境的夹具测量，在精度要求高且校准件与被测对象连接类型不同时也推荐使用 TRL 校准法。传统 SOLT 校准，通过测量 1 个传输标准件和 3 个反射标准件来决定 12 项误差模型；而 TRL 校准是通过测量 2 个传输标准件和 1 个反射标准件来决定 10 项误差模型或者 8 项误差模型，取决于所用网络分析仪的接收机结构。TRL 校准件不需要像 SOLT 校准件进行完整或精确的定义，只需建立模型进行三种简单的连接校准，就可以把误差盒完整的表征出来。对于 TRL 校准，不需要已知校准平面外部的适配器部分和适配器端口的性能；更确切地说，在校准程序中已包含这些性能测量，并通过 TRL 校准进行适当的补偿。

使用 TRL 校准法测量 CMAD 的 S 参数时，传输线部分的特征阻抗和参考长度应准确地获知，网络分析仪的固件或外部修正计算所使用的校准数据将会用到该数据。传输线部分的参考长度确定了 TRL 校准的频率范围。这种频率限制源于 TRL 校准法中使用的数学程序。在此程序中，某些频率点会出现除数为零（或者非常小的值）的情形，应避免这种情况。

当传输线部分的参考长度为 L 时，则适用的校准频率范围处于以下最低频率 f_L 和最高频率 f_H 之间（c 为光速，3×10^8 m/s）：

$$f_L = 0.05\frac{c}{L} \tag{E.1}$$

$$f_H = 0.45\frac{c}{L} \tag{E.2}$$

例如，当传输线部分的参考长度为 0.6m 时，其适用的频率范围为 25MHz～225MHz。

JJF（电子）0089—2023

中华人民共和国工业和信息化部
电子计量技术规范

JJF（电子）0089—2023

发射测量耦合去耦网络校准规范

Calibration Specification for Coupling Decoupling Networks of
Emission Measurement

2023-08-16 发布   2023-09-01 实施

中华人民共和国工业和信息化部   发 布

发射测量耦合去耦网络校准规范

**Calibration Specification for Coupling Decoupling
Networks of Emission Measurement**

JJF（电子）0089—2023

归　口　单　位：中国电子技术标准化研究院

主要起草单位：工业和信息化部电子第五研究所

参加起草单位：广州赛宝计量中心检测服务有限公司

本规范技术条文委托起草单位负责解释

本规范主要起草人：

陈　彦（工业和信息化部电子第五研究所）

阚　飞（工业和信息化部电子第五研究所）

赵　敏（工业和信息化部电子第五研究所）

参 加 起 草 人：

张　成（广州赛宝计量中心检测服务有限公司）

田进点（广州赛宝计量中心检测服务有限公司）

黄仙健（广州赛宝计量中心检测服务有限公司）

目　录

引　言

　　本规范依据 JJF 1071—2010《国家计量校准规范编写规则》和 JJF 1059.1—2012《测量不确定度评定与表示》编写。

　　本规范参考 GB/T 6113.102《无线电骚扰和抗扰度测量设备和测量方法规范　第1—2部分：无线电骚扰和抗扰度测量设备　传导骚扰测量的耦合装置》及 CISPR 16-1-2：2017《无线电骚扰和抗扰度测量设备和测量方法规范　第1—2部分：无线电骚扰和抗扰度测量设备　传导骚扰测量的耦合装置》中相关条款进行编写。

　　本规范为首次发布。

发射测量耦合去耦网络校准规范

1 范围

本规范适用于 30MHz~300MHz 频率范围发射测量耦合去耦网络（CDNE）的校准。

2 引用文件

本规范引用了下列文件：

GB/T 6113.102/CISPR 16-1-2：《2017 无线电骚扰和抗扰度测量设备和测量方法规范　第 1—2 部分：无线电骚扰和抗扰度测量设备　传导骚扰测量的耦合装置》（*Specification for radio disturbance and immunity measuring apparatus and methods-Part 1-2：Radio disturbance immunity measuring apparatus—Coupling devices for conducted disturbance measurements*）。

注：凡是注日期的引用文件，仅注日期的版本适用于本规范；凡是不注日期的引用文件，其最新版本（包括所有的修改单）适用于本规范。

3 术语和计量单位

3.1 发射测量耦合去耦网络（CDNE）　coupling decoupling networks for emission measurement

用于测量30MHz~300MHz 频率范围发射的耦合去耦网络。
［GB/T 6113.102—2018，3.1.10］
注：有关 CDNE 的详细信息参见附录 D。

3.2 参考接地平面（RGP）　reference ground plane

电位用作公共参考地电位且与 EUT 及周边物体之间具有确定寄生电容的平的导电接地平面。
［GB/T 6113.102—2018，3.1.14］
注：传导发射测量需要参考接地平面，其作为非对称和不对称骚扰电压测量的参考地。

3.3 阻抗测量适配器（IMA）　impedance measurement adaptor

搭接到参考接地平面尺寸为0.1m×0.1m 的垂直金属平面，其包括与网络分析仪及 CDNE 相连的端口。
［GB/T 6113.102—2018，3.1.12］

3.4 阻抗变换适配器（ICA）　impedance conversion adaptor

搭接到参考接地平面尺寸为0.1m×0.1m 的垂直金属平面，内置100Ω 阻抗，其包括与网络分析仪及 CDNE 相连的端口。

3.5 受试设备（EUT）　equipment under test

接受电磁兼容（EMC）符合性试验的设备（装置、器具和系统）。
［GB/T 6113.102—2018，3.1.11］

3.6 辅助设备（AE） associated equipment

不属于受试系统但被用来辅助 EUT 运行的设备。

［GB/T 6113.102—2018，3.1.2］

4 概述

发射测量耦合去耦网络（CDNE）是将 EUT 产生的不对称骚扰电压通过线缆传导并耦合到测量接收机，同时对线缆上其他影响量进行去耦并起到稳定阻抗的作用。CDNE 的外层结构是一个金属壳体，底面接地。EUT 端口和 AE 端口为 4mm 母香蕉插头，中心位于 RGP 上方 $30mm_0^{+10mm}$ 处，接收机测量端口一般为 BNC 型，位于壳体的正上方。附录 D 给出了 CDNE 的结构原理、元件参数及共模阻抗校准时 CDNE 与 IMA 的连接布置。GB/T 6113.201—2018 的第 9 章节中明确规定了当辐射发射主要通过连接电缆产生时，在 30MHz~300MHz 频率范围可使用 CDNE 来测量不对称骚扰电压，简称 CDNE 法。

5 计量特性

5.1 共模阻抗

标称值：150Ω（频率范围 30MHz~300MHz），允许范围：（130~160）Ω。

5.2 共模阻抗相角

标称值：0°（频率范围 30MHz~300MHz），最大允许误差：±25°。

5.3 差模阻抗

标称值：100Ω（频率范围 30MHz~300MHz），最大允许误差：±20Ω。

5.4 电压分压系数

标称值：20dB（频率范围 30MHz~300MHz），最大允许误差：±1.5dB。

5.5 去耦衰减

允许范围：>30dB（频率范围 30MHz~300MHz）。

6 校准条件

6.1 环境条件

6.1.1 环境温度：（23±5）℃。

6.1.2 环境相对湿度：20%~80%。

6.1.3 供电电源：电压（220±11）V，频率（50±1）Hz。

6.1.4 其他：周围无影响仪器正常工作的电磁干扰和机械振动。

6.2 测量标准及其他设备

6.2.1 网络分析仪和配套校准件

频率范围：30MHz~300MHz；

输出电平：−20dBm~5dBm；

动态范围：≥80dB；

具备电长度补偿功能。

6.2.2 CDNE 校准套件

CDNE 校准套件包含的主要部件及典型技术指标要求如下（频率范围 30MHz～300MHz）。

a）阻抗测量适配器（IMA），技术指标的典型值：50Ω 同轴端口（N 型母头）转 4mm 香蕉母头，两端连接头之间的直通阻抗为 0Ω。

b）阻抗变换适配器（ICA），技术指标的典型值：50Ω 同轴端口（N 型母头）转 4mm 香蕉母头，两端连接头之间的直通阻抗为 100Ω；一对阻抗变换器（ICA）直通（背对背）连接时的插入损耗标称值为 9.5dB，最大允许误差± 0.5dB。

c）差模阻抗测量巴伦，技术指标的典型值：

①不平衡端口阻抗：标称值 50Ω，最大允许误差± 5%，驻波比<1.25；

②平衡端口阻抗：标称值 100Ω，最大允许误差± 5%，驻波比<1.25；

③插入损耗：一对差模阻抗测量巴伦直通（背对背）连接时的插入损耗标称值为 16.2dB，平坦度的最大允许误差<1.0dB。

注：所有部件包含差模阻抗测量巴伦、阻抗测量适配器、阻抗变换适配器及配套校准连接器等，图片及注释说明详见附录 E。

6.2.3 同轴衰减器

频率范围：30MHz～300MHz；

衰减值：10dB；

最大允许误差：±0.5dB；

电压驻波比：≤1.2。

6.2.4 游标卡尺

测量范围：（0～150）mm；

最大允许误差：±0.1mm。

6.2.5 参考接地平面（RGP）

RGP 为金属接地平板，其各边尺寸应至少比 CDNE 和整套校准系统在平面上的几何投影尺寸大 0.2m，且其表面应与 CDNE 底面具有良好的电搭接。

7 校准项目和校准方法

7.1 校准项目

校准项目见表 1。

表 1 校准项目表

序号	项目名称	
1	共模阻抗	
2	共模阻抗相角	
3	差模阻抗	
4	电压分压系数	
5	去耦衰减	

7.2 校准方法

7.2.1 外观及工作正常性检查

被校准 CDNE 的外观结构和端口完整无损坏，其外壳底面与参考接地平面搭接良好。检查结果记录于附录 A 表 A.1 中。

7.2.2 共模阻抗 Z_{CM} 和共模阻抗相角 θ

7.2.2.1 校准布置如图 1 所示。

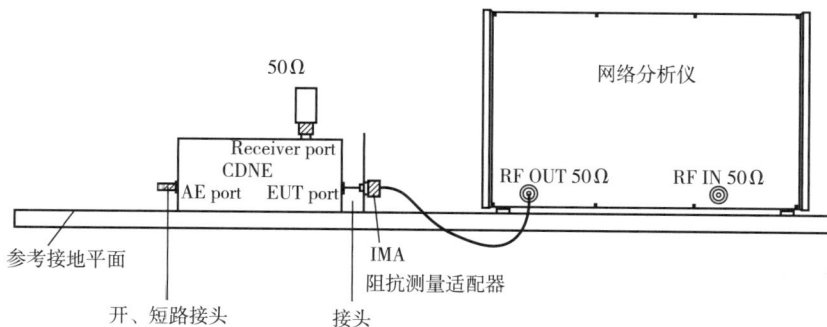

图 1 共模阻抗和相角校准布置图

7.2.2.2 网络分析仪设置为 S_{11}，频率范围 30MHz～300MHz，中频带宽 100Hz，网络分析仪连接同轴线缆，先用网络分析仪配套校准件在同轴线缆末端进行单端口的开路、短路、匹配校准。

7.2.2.3 网络分析仪通过同轴线缆连接到阻抗测量适配器（IMA）的同轴端口（N 型母头），IMA 的另一端口（4mm 香蕉母头）经连接器接 CDNE 的 EUT 端。用游标卡尺测量同轴线缆端面（7.2.2.2 中已校准并连接到 IMA 同轴端口的一端）至 CDNE 的 EUT 端面的长度 l。阻抗测量适配器（IMA）和连接器引入的影响量使用网络分析仪的电长度补偿功能进行补偿，不同类型的网络分析仪分别需要输入补偿长度 l 或电长度延迟时间 t 完成补偿。设置的电长度延迟时间由公式（1）得到：

$$t = \frac{l}{v} \tag{1}$$

式中：

t ——延迟时间，s；

l ——需要修正的电气长度，m；

v ——为电磁波在传输介质中的相速度（对于同轴线缆来讲，主要取决于同轴线缆中心导体和外导体之间的介电常数），由公式（2）得到：

$$v = \frac{c}{\sqrt{\varepsilon}} \tag{2}$$

式中：

ε ——为传输介质的介电常数，对于同轴线缆来说通常近似取 2；

c ——为电磁波在真空中的传输速度，约等于 3×10^8 m/s。

7.2.2.4 重新检查 IMA 和 CDNE 连接是否良好，IMA 和 CDNE 的底面接地面应与参考接地平面（RGP）紧密搭接、充分接触，CDNE 的接收机端口（receiver port）接 50Ω 同轴负载。网络分析仪选择阻抗复数测量模式 $R+jX$，分别在 AE 端开路和短路状态下测量共模阻抗的复数 $Z_{CM}=R+jX$，R 为实部，X 为虚部，共模阻抗模值的计算如公式（3），单位为 Ω：

$$|Z_{CM}| = \sqrt{R^2 + X^2} \tag{3}$$

7.2.2.5 参照附录 A 中的表 A.2，记录相应频率点共模阻抗的复数。

7.2.2.6 网络分析仪切换到相角（phase）测量模式，分别在 AE 端开路和短路状态下读出共模阻抗相角 θ 并记录在表 A.2。共模阻抗相角 θ 也可以由共模阻抗的实部 R 和虚部 X 参照反正弦原理换算得到，计算如公式（4）：

$$\theta = \arcsin\left(\frac{X}{\sqrt{R^2 + X^2}}\right) \div 2\pi \times 360° \tag{4}$$

7.2.3 差模阻抗 Z_{DM}

7.2.3.1 校准布置如图 2 所示：

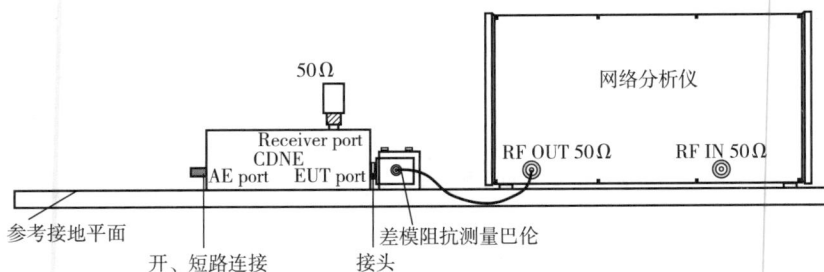

图 2　差模阻抗校准布置图

7.2.3.2 网络分析仪设置为 S_{11}，频率范围 30MHz~300MHz，中频带宽 100Hz，端口虚拟阻抗设置成 100Ω。

7.2.3.3 网络分析仪连接差模阻抗测量巴伦，分别用 CDNE 校准套件中差模阻抗测量巴伦配套的开路、短路、匹配校准件（CDNE 校准套件中的 1mm 校准件）对差模阻抗测量巴伦进行单端口校准。

7.2.3.4 差模阻抗测量巴伦经校准套件中的配套连接器连接到 CDNE 的 EUT 端，CDNE 放置在参考接地平面上并搭接良好，接收机端口（receiver port）接 50Ω 同轴负载，分别在 AE 端开路和短路状态下测量差模阻抗的复数，差模阻抗模值 $|Z_{DM}|$ 参照 7.2.2.4 中公式（3）算出。

7.2.3.5 参照附录 A 中的表 A.3，记录相应频率点差模阻抗的复数。

7.2.4 电压分压系数

7.2.4.1 校准布置如图 3 所示：

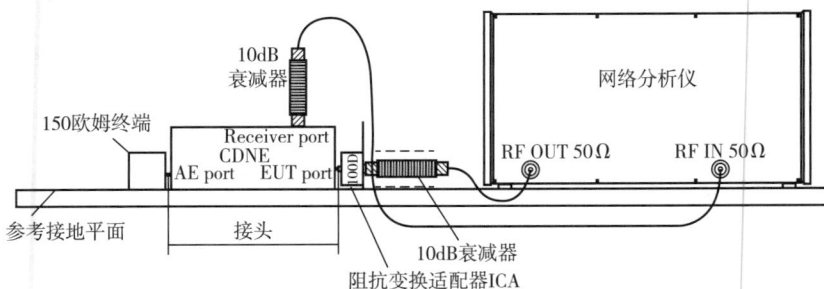

图 3　电压分压系数校准布置图

7.2.4.2 网络分析仪设置为 S_{21}，频率范围 30MHz~300MHz，中频带宽 100Hz。

7.2.4.3 网络分析仪两端口分别连接同轴线缆和 10dB 衰减器，先直通连接进行归一化校准，消除衰减器和同轴线缆插入损耗引入的影响。

7.2.4.4 断开直通连接，网络分析仪输出端通过同轴线缆和衰减器与阻抗变换适配器（ICA）连接，并接到 CDNE 的 EUT 端；网络分析仪的接收端通过同轴线缆和衰减器与 CDNE 的接收机端口（receiver port）连接；CDNE 的 AE 端连接 150Ω 终端。从网络分析仪直接读出 S_{21} 的指示值即为电压分压系数值，单位为 dB。

7.2.4.5 参照附录 A 中的表 A.4，记录相应频率点的电压分压系数值。

7.2.5 去耦衰减

7.2.5.1 校准布置如图 4 所示：

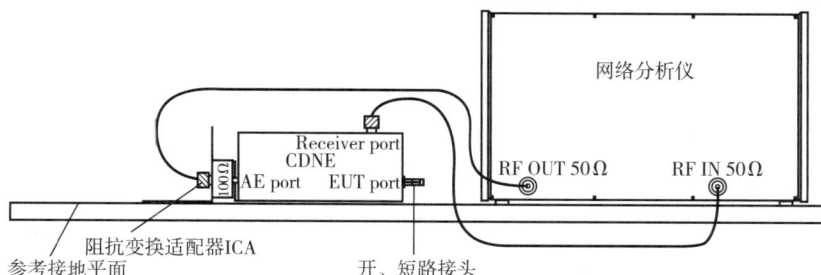

图 4 去耦衰减校准布置图

7.2.5.2 网络分析仪设置为 S_{21}，频率范围 30MHz～300MHz，中频带宽 100Hz。

7.2.5.3 网络分析仪两端口分别连接同轴线缆，先直通连接进行归一化校准，消除同轴线缆插入损耗引入的影响。

7.2.5.4 断开直通连接，网络分析仪输出端通过同轴线缆与阻抗变换适配器（ICA）连接，并接到 CDNE 的 AE 端；网络分析仪的接收端通过同轴线缆与 CDNE 的接收机端口（receiver port）连接；分别在 EUT 端口开路和短路状态下测量 AE 端口与接收机端口（receiver port）之间的插入损耗值，去耦衰减由插入损耗减去 7.2.4 中的电压分压系数得到。

7.2.5.5 参照附录 A 中的表 A.5，记录相应频率点的插入损耗值，并计算得出去耦衰减。

8 校准结果表达

校准后，出具校准证书。校准证书应至少包含以下信息：

a）标题："校准证书"；
b）实验室名称和地址；
c）进行校准的地点（如果与实验室的地址不同）；
d）证书或报告的唯一性标识（如编号），每页及总页数的标识；
e）客户的名称和地址；
f）被校准对象的描述和明确标识；
g）进行校准的日期，如果与校准结果的有效性和应用有关时，应说明被校对象的接收日期；
h）如果与校准结果的有效性应用有关时，应对被校样品的抽样程序进行说明；
i）校准所依据的技术规范的标识，包括名称及代号；
j）本次校准所用测量标准的溯源性及有效性说明；
k）校准环境的描述；
l）校准结果及其测量不确定度的说明；
m）对校准规范的偏离的说明；
n）校准证书或校准报告签发人的签名、职务或等效标识；
o）校准结果仅对被校对象有效的声明；

p）未经实验室书面批准，不得部分复制证书的声明。

9　复校时间间隔

　　建议复校时间间隔不超过1年。由于复校时间间隔的长短是由仪器的使用情况、使用者、本身质量等诸多因素决定的。因此，申请校准单位可根据实际使用情况自主决定复校时间间隔。

附录 A 原始记录格式

A.1 外观及工作正常性检查

表 A.1 外观及工作正常性检查

项目	检查结果
外观检查	
工作正常性检查	

A.2 共模阻抗 Z_{CM} 和共模阻抗相角 θ

表 A.2 共模阻抗 Z_{CM} 和共模阻抗相角 θ（AE 端开路和短路分别记录）

频率	标称值		共模阻抗 Z_{CM}（复数）		共模阻抗相角 θ	不确定度（$k=2$）	
MHz	Ω	(°)	R（Ω）	X（Ω）	(°)	Ω	(°)
30	150	0					
50	150	0					
80	150	0					
100	150	0					
130	150	0					
150	150	0					
180	150	0					
200	150	0					
230	150	0					
250	150	0					
280	150	0					
300	150	0					

A.3 差模阻抗 Z_{DM}

表 A.3 差模阻抗（AE 端开路和短路分别记录）

频率	标称值	差模阻抗（复数）		差模阻抗（模值）	不确定度（$k=2$）
MHz	Ω	R（Ω）	X（Ω）	Ω	Ω
30	100				
50	100				
80	100				
100	100				
130	100				

表 A.3（续）

频率	标称值	差模阻抗（复数）		差模阻抗（模值）	不确定度（k=2）
MHz	Ω	R（Ω）	X（Ω）	Ω	Ω
150	100				
180	100				
200	100				
230	100				
250	100				
280	100				
300	100				

A.4 电压分压系数

表 A.4 电压分压系数

频率	标称值	电压分压系数	不确定度（k=2）
MHz	dB	dB	dB
30	20		
50	20		
80	20		
100	20		
130	20		
150	20		
180	20		
200	20		
230	20		
250	20		
280	20		
300	20		

A.5 去耦衰减

表 A.5 去耦衰减（EUT 端开路和短路分别记录）

频率	插入损耗	去耦衰减	不确定度（$k=2$）
MHz	dB	dB	dB
30			
50			
80			
100			
130			
150			
180			
200			
230			
250			
280			
300			

附录 B 校准证书内页格式

B.1 外观及工作正常性检查

表 B.1 外观及工作正常性检查

项目	检查结果
外观检查	
工作正常性检查	

B.2 共模阻抗 Z_{CM} 和共模阻抗相角 θ

表 B.2 共模阻抗 Z_{CM} 和共模阻抗相角 θ（AE 端开路和短路分别给出）

频率	标称值		标准值		误差		不确定度（$k=2$）	
			$\mid Z_{CM}\mid$	θ				
MHz	Ω	(°)	Ω	(°)	Ω	(°)	Ω	(°)
30	150	0						
50	150	0						
80	150	0						
100	150	0						
130	150	0						
150	150	0						
180	150	0						
200	150	0						
230	150	0						
250	150	0						
280	150	0						
300	150	0						

B.3 差模阻抗 Z_{DM}

表 B.3 差模阻抗（AE 端开路和短路分别给出）

频率	标称值	标准值 $\mid Z_{DM}\mid$（模值）	误差	不确定度（$k=2$）
MHz	Ω	Ω	Ω	Ω
30	100			
50	100			
80	100			

表 B.3（续）

频率	标称值	标准值 $\lvert Z_{DM} \rvert$（模值）	误差	不确定度（$k=2$）
MHz	Ω	Ω	Ω	Ω
100	100			
130	100			
150	100			
180	100			
200	100			
230	100			
250	100			
280	100			
300	100			

B.4 电压分压系数

表 B.4 电压分压系数

频率	标称值	标准值	误差	不确定度（$k=2$）
MHz	dB	dB	dB	dB
30	20			
50	20			
80	20			
100	20			
130	20			
150	20			
180	20			
200	20			
230	20			
250	20			
280	20			
300	20			

B.5 去耦衰减

表 B.5 去耦衰减 （EUT 端开路和短路分别给出）

频率	去耦衰减	误差	不确定度（$k=2$）
MHz	dB	dB	dB
30			
50			
80			
100			
130			
150			
180			
200			
230			
250			
280			
300			

附录 C 测量不确定度评定示例

C.1 共模阻抗和共模阻抗相角测量结果不确定度评定

C.1.1 测量模型

共模阻抗的测量模型为：

$$y = \text{IM} \tag{C.1}$$

式中：

y ——被测共模阻抗模值，Ω；

IM——网络分析仪阻抗测量值，Ω。

C.1.2 不确定度来源

不确定度来源有：

a）网络分析仪阻抗测量最大允许误差引入的相对标准不确定度 u_1；

b）阻抗测量适配器引入的相对标准不确定度 u_2；

c）50Ω 同轴负载引入的相对标准不确定度 u_3；

d）测量布置不理想引入的相对标准不确定度 u_4；

e）电长度延迟时间补偿不完善引入的相对标准不确定度 u_5；

f）测量重复性引入的相对标准不确定度 u_6。

C.1.3 标准不确定度评定

C.1.3.1 网络分析仪阻抗测量最大允许误差引入的相对标准不确定度 u_1

按 B 类评定，网络分析仪阻抗测量的最大允许误差为±5%，假设为均匀分布，取 $k = \sqrt{3}$，则不确定度分量为：

$$u_1 = 5\% / \sqrt{3} = 2.9\%$$

C.1.3.2 阻抗测量适配器引入的相对标准不确定度 u_2

按 B 类评定，阻抗测量适配器实现了同轴和非同轴的转换，由于寄生参数的影响会对阻抗测量结果产生影响。实验数据得出影响量为±1.5%，假设为均匀分布，取 $k = \sqrt{3}$，则不确定度分量为：

$$u_2 = 1.5\% / \sqrt{3} = 0.87\%$$

C.1.3.3 50Ω 同轴负载引入的相对标准不确定度 u_3

按 B 类评定，共模阻抗测量时需要在 CDNE 的接收机端口（receiver port）接 50Ω 同轴负载。实验数据得到失配误差为±0.5%，假设为反正弦分布，$k = \sqrt{2}$，则不确定度分量为：

$$u_3 = 0.5\% / \sqrt{2} = 0.35\%$$

C.1.3.4 测量布置不理想引入的相对标准不确定度 u_4

按 B 类评定，实验数据得到测量布置不理想（端口连接和地搭接接触不良等）引入的影响量为±1.5%，假设为均匀分布，取 $k = \sqrt{3}$，则不确定度分量为：

$$u_4 = 1.5\% / \sqrt{3} = 0.87\%$$

C.1.3.5 电长度延迟时间补偿不完善引入的相对标准不确定度 u_5

按 B 类评定，实验数据得到电长度延迟时间补偿不完善（长度 l 测量误差和传输介质介电常数差误等）引入的影响量为±1.5%，假设为均匀分布，取 $k=\sqrt{3}$，则不确定度分量为：

$$u_5 = 1.5\%/\sqrt{3} = 0.87\%$$

C.1.3.6　测量重复性引入的相对标准不确定度 u_6

利用网络分析仪在重复性条件下对 CDNE 共模阻抗进行十次测量，300MHz 频率点共模阻抗的模值测量结果见表 C.1。

表 C.1

测量序号	1	2	3	4	5
测量结果/Ω	136.8	137.5	137.6	136.8	137.6
测量序号	6	7	8	9	10
测量结果/Ω	137.7	136.8	137.8	138.3	137.5
平均值 $\bar{x}$/Ω	137.44				
标准差 s/Ω	0.497				

测量重复性引入的不确定度分量：

$$u_6 = 0.497\Omega/137.44\Omega = 0.4\%$$

C.1.4　合成标准不确定度

C.1.4.1　主要不确定度汇总表

见表 C.2。

表 C.2

不确定度来源（u_i）	a_i/%	k_i	u_i/%
网络分析仪阻抗测量最大允许误差引入的相对标准不确定度 u_1	5	$\sqrt{3}$	2.9
阻抗测量适配器引入的相对标准不确定度 u_2	1.5	$\sqrt{3}$	0.87
50Ω 同轴负载引入的相对标准不确定度 u_3	0.5	$\sqrt{2}$	0.35
测量布置不理想引入的相对标准不确定度 u_4	1.5	$\sqrt{3}$	0.87
电长度延迟时间补偿不完善引入的相对标准不确定度 u_5	1.5	$\sqrt{3}$	0.87
测量重复性引入的相对标准不确定度 u_6	0.4	—	0.40

C.1.4.2　合成不确定度计算

以上各项不确定度分量相互独立不相关，合成标准不确定度为：

$$u_c = \sqrt{u_1^2 + u_2^2 + u_3^2 + u_4^2 + u_5^2 + u_6^2} = 3.3\%$$

C.1.5　扩展不确定度

取包含因子 $k=2$，则扩展不确定度为：

$$U_{rel} = ku_c = 6.6\%$$

C.1.6　共模阻抗相角的由共模阻抗公式换算得出，不确定度可参照以上方法评定。

C.2　差模阻抗测量结果不确定度评定

C.2.1　测量模型

差模阻抗的测量模型为：

$$y = IM \qquad\qquad (C.2)$$

式中：

y ——被测差模阻抗模值，Ω；

IM——网络分析仪阻抗测量值，Ω。

C.2.2 不确定度来源

不确定度来源有：

a）网络分析仪阻抗测量最大允许误差引入的相对标准不确定度 u_1；

b）差模阻抗测量巴伦自校准不完善引入的相对标准不确定度 u_2；

c）50Ω同轴负载引入的相对标准不确定度 u_3；

d）测量布置不理想引入的相对标准不确定度 u_4；

e）测量重复性引入的相对标准不确定度 u_5。

C.2.3 标准不确定度评定

C.2.3.1 网络分析仪阻抗测量最大允许误差引入的相对标准不确定度 u_1

按 B 类评定，网络分析仪阻抗测量的最大允许误差为±5%，假设为均匀分布，取 $k=\sqrt{3}$，则不确定度分量为：

$$u_1 = 5\%/\sqrt{3} = 2.9\%$$

C.2.3.2 差模阻抗测量巴伦自校准不完善引入的相对标准不确定度 u_2

按 B 类评定，差模阻抗测量巴伦在进行自校准时，由于 CDNE 校准套件中配套校准件的不理想会引入自校准误差。实验数据得出影响量为±1.5%，假设为均匀分布，取 $k=\sqrt{3}$，则不确定度分量为：

$$u_2 = 1.5\%/\sqrt{3} = 0.87\%$$

C.2.3.3 50Ω同轴负载引入的相对标准不确定度 u_3

按 B 类评定，共模阻抗测量时需要在 CDNE 的接收机端口（recevier port）接 50Ω同轴负载。实验数据得到失配误差为±0.5%，假设为反正弦分布，$k=\sqrt{2}$，则不确定度分量为：

$$u_3 = 0.5\%/\sqrt{2} = 0.35\%$$

C.2.3.4 测量布置不理想引入的相对标准不确定度 u_4

按 B 类评定，实验数据得到测量布置不理想（端口连接和地搭接接触不良等）引入的影响量为±1%，假设为均匀分布，取 $k=\sqrt{3}$，则不确定度分量为：

$$u_4 = 1\%/\sqrt{3} = 0.58\%$$

C.2.3.5 测量重复性引入的相对标准不确定度 u_6

利用网络分析仪在重复性条件下对 CDNE 差模阻抗进行 10 次测量，300MHz 频率点差模阻抗的模值测量结果见表 C.3。

表 C.3

测量序号	1	2	3	4	5
测量结果/Ω	98.6	97.6	97.7	98.2	98.5
测量序号	6	7	8	9	10
测量结果/Ω	97.7	97.6	98.6	97.3	97.2
平均值 $\bar{x}$/Ω	97.9				
标准差 s/Ω	0.53				

测量重复性引入的不确定度分量：

$$u_5 = 0.53\Omega/97.9\Omega = 0.54\%$$

C.2.4 合成标准不确定度

C.2.4.1 主要不确定度汇总表

见表 C.4。

表 C.4

不确定度来源（u_i）	$a_i/\%$	k_i	$u_i/\%$
网络分析仪阻抗测量最大允许误差引入的相对标准不确定度 u_1	5	$\sqrt{3}$	2.9
差模阻抗测量巴伦自校准不完善引入的相对标准不确定度 u_2	1.5	$\sqrt{3}$	0.87
50Ω 同轴负载引入的相对标准不确定度 u_3	0.5	$\sqrt{2}$	0.35
测量布置不理想引入的相对标准不确定度 u_4	1.0	$\sqrt{3}$	0.58
测量重复性引入的相对标准不确定度 u_5	0.54	—	0.54

C.2.4.2 合成不确定度计算

以上各项不确定度分量相互独立不相关，合成标准不确定度为：

$$u_c = \sqrt{u_1^2 + u_2^2 + u_3^2 + u_4^2 + u_5^2} = 3.2\%$$

C.2.5 扩展不确定度

取包含因子 $k=2$，则扩展不确定度为：

$$U_{rel} = ku_c = 6.4\%$$

C.3 电压分压系数测量结果不确定度评定

C.3.1 测量模型

电压分压系数的测量模型为：

$$y = TM \qquad\qquad (C.3)$$

式中：

y ——被测电压分压系数值，dB；

TM——网络分析仪传输幅度测量值，取正值，dB。

C.3.2 不确定度来源

不确定度来源有：

a）网络分析仪传输幅度测量最大允许误差引入的标准不确定度 u_1；

b）阻抗变换适配器（ICA）引入的标准不确定度 u_2；

c）端口失配误差引入的标准不确定度 u_3；

d）测量布置不理想引入的标准不确定度 u_4；

e）测量重复性引入的标准不确定度 u_5。

C.3.3 标准不确定度评定

C.3.3.1 网络分析仪传输幅度测量最大允许误差引入的标准不确定度 u_1

按 B 类评定，网络分析仪传输幅度测量最大允许误差为 ±0.1dB，假设为均匀分布，取 $k=\sqrt{3}$，则不确定度分量为：

$$u_1 = 0.1\text{dB}/\sqrt{3} = 0.06\text{dB}$$

C.3.3.2 阻抗变换适配器（ICA）引入的标准不确定度 u_2

按 B 类评定，阻抗变换适配器实现了同轴和非同轴的转换，由于寄生参数和自身插入损耗准确度的影响会对电压分压系数测量结果产生影响。实验数据得出影响量为 ±0.3dB，假设为均匀分布，取 $k=\sqrt{3}$，则不确定度分量为：

$$u_2 = 0.3\text{dB}/\sqrt{3} = 0.18\text{dB}$$

C.3.3.3 端口失配误差引入的标准不确定度 u_3

按 B 类评定，电压分压系数测量时各个端口之间的连接会引入失配误差。实验数据得到失配误差为 ±0.2dB，假设为反正弦分布，$k=\sqrt{2}$，则不确定度分量为：

$$u_3 = 0.2\text{dB}/\sqrt{2} = 0.14\text{dB}$$

C.3.3.4 测量布置不理想引入的相对标准不确定度 u_4

按 B 类评定，实验数据得到测量布置不理想（端口连接和地搭接接触不良等）引入的影响量为 ±0.2dB，假设为均匀分布，取 $k=\sqrt{3}$，则不确定度分量为：

$$u_4 = 0.2\text{dB}/\sqrt{3} = 0.12\text{dB}$$

C.3.3.5 测量重复性引入的相对标准不确定度 u_5

利用网络分析仪在重复性条件下对 CDNE 电压分压系数进行 10 次测量，300MHz 频率点电压分压系数测量结果见表 C.5。

表 C.5

测量序号	1	2	3	4	5
测量结果/dB	19.6	19.7	19.8	19.5	19.4
测量序号	6	7	8	9	10
测量结果/dB	19.4	19.6	19.5	19.8	19.4
平均值 $\bar{x}$/dB	19.57				
标准差 s/dB	0.16				

测量重复性引入的不确定度分量 $u_5 = 0.16$ dB。

C.3.4 合成标准不确定度

C.3.4.1 主要不确定度汇总表，见表 C.6。

表 C.6

不确定度来源（u_i）	a_i/dB	k_i	u_i/dB
网络分析仪传输幅度测量最大允许误差引入的标准不确定度 u_1	0.1	$\sqrt{3}$	0.06
阻抗变换适配器（ICA）引入的标准不确定度 u_2	0.3	$\sqrt{3}$	0.18
端口失配误差引入的标准不确定度 u_3	0.2	$\sqrt{2}$	0.14
测量布置不理想引入的标准不确定度 u_4	0.2	$\sqrt{3}$	0.12
测量重复性引入的标准不确定度 u_5	0.16	—	0.16

C.3.4.2　合成不确定度计算

以上各项不确定度分量相互独立不相关，合成标准不确定度为：

$$u_c = \sqrt{u_1^2 + u_2^2 + u_3^2 + u_4^2 + u_5^2} = 0.31\,\text{dB}$$

C.3.5　扩展不确定度

取包含因子 $k=2$，则扩展不确定度为：

$$U = k u_c = 0.62\,\text{dB}$$

C.4　去耦衰减测量结果不确定度评定

C.4.1　测量模型

去耦衰减的测量模型为：

$$y = \text{TM} - a \qquad\qquad (\text{C.4})$$

式中：

y ——被测去耦衰减值，dB；

TM——网络分析仪传输幅度测量值，取正值，dB；

a ——电压分压系数的测量结果，dB。

C.4.2　不确定度来源

不确定度来源有：

a）网络分析仪传输幅度测量最大允许误差引入的标准不确定度 u_1；

b）阻抗变换适配器（ICA）引入的标准不确定度 u_2；

c）端口失配误差引入的标准不确定度 u_3；

d）测量布置不理想引入的标准不确定度 u_4；

e）电压分压系数测量不准引入的标准不确定度 u_5；

f）测量重复性引入的标准不确定度 u_6。

C.4.3　标准不确定度评定

C.4.3.1　网络分析仪传输幅度测量最大允许误差引入的标准不确定度 u_1

按 B 类评定，网络分析仪传输幅度测量最大允许误差为 ±0.1dB，假设为均匀分布，取 $k=\sqrt{3}$，则不确定度分量为：

$$u_1 = 0.1\,\text{dB}/\sqrt{3} = 0.06\,\text{dB}$$

C.4.3.2　阻抗变换适配器（ICA）引入的标准不确定度 u_2

按 B 类评定，阻抗变换适配器实现了同轴和非同轴的转换，由于寄生参数和自身插入损耗准确度的影响会对去耦衰减测量结果产生影响。实验数据得出影响量为 ±0.3dB，假设为均匀分布，取 $k=\sqrt{3}$，则不确定度分量为：

$$u_2 = 0.3\,\text{dB}/\sqrt{3} = 0.18\,\text{dB}$$

C.4.3.3　端口失配误差引入的标准不确定度 u_3

按 B 类评定，电压分压系数测量时各个端口之间的连接会引入失配误差。实验数据得到失配误差为 ±0.2dB，假设为反正弦分布，$k=\sqrt{2}$，则不确定度分量为：

$$u_3 = 0.2\,\text{dB}/\sqrt{2} = 0.14\,\text{dB}$$

C.4.3.4　测量布置不理想引入的相对标准不确定度 u_4

按 B 类评定，实验数据得到测量布置不理想（端口连接和地搭接接触不良等）引入的影响量为

±0.2dB，假设为均匀分布，取 $k=\sqrt{3}$，则不确定度分量为：

$$u_4 = 0.2\text{dB}/\sqrt{3} = 0.12\text{dB}$$

C.4.3.5 电压分压系数测量不准引入的标准不确定度 u_5

按 B 类评定，由 C.3 得到电压分压系数测量的不确定度为±0.62dB，假设为均匀分布，取 $k=\sqrt{3}$，则不确定度分量为：

$$u_4 = 0.62\text{dB}/\sqrt{3} = 0.36\text{dB}$$

C.4.3.6 测量重复性引入的相对标准不确定度 u_5

利用网络分析仪在重复性条件下对 CDNE 去耦衰减进行十次测量，300MHz 频率点去耦衰减测量结果见表 C.7。

表 C.7

测量序号	1	2	3	4	5
测量结果/dB	50.6	50.8	50.2	51.1	50.7
测量序号	6	7	8	9	10
测量结果/dB	50.2	51.2	50.5	50.6	50.3
平均值 $\bar{x}$/dB	50.62				
标准差 s/dB	0.35				

测量重复性引入的不确定度分量 $u_6 = 0.35$dB。

C.4.4 合成标准不确定度

C.4.4.1 主要不确定度汇总表

见表 C.8。

表 C.8

不确定度来源（u_i）	a_i/dB	k_i	u_i/dB
网络分析仪传输幅度测量最大允许误差引入的标准不确定度 u_1	0.1	$\sqrt{3}$	0.06
阻抗变换适配器（ICA）引入的标准不确定度 u_2	0.3	$\sqrt{3}$	0.18
端口失配误差引入的标准不确定度 u_3	0.2	$\sqrt{2}$	0.14
测量布置不理想引入的标准不确定度 u_4	0.2	$\sqrt{3}$	0.12
电压分压系数测量不准引入的标准不确定度 u_5	0.62	$\sqrt{3}$	0.36
测量重复性引入的标准不确定度 u_6	0.35	—	0.35

C.4.4.2 合成不确定度计算

以上各项不确定度分量相互独立不相关，合成标准不确定度为：

$$u_c = \sqrt{u_1^2 + u_2^2 + u_3^2 + u_4^2 + u_5^2 + u_6^2} = 0.57\text{dB}$$

C.4.5 扩展不确定度

取包含因子 $k=2$，则扩展不确定度为：

$$U = ku_c = 1.2\text{dB}$$

C.5 CDNE 测量结果扩展不确定度汇总

见表 C.9。

表 C.9

校准项目	扩展不确定度	包含因子
共模阻抗	$U_{rel} = 6.6\%$	$k = 2$
差模阻抗	$U_{rel} = 6.4\%$	$k = 2$
电压分压系数	$U = 0.62\text{dB}$	$k = 2$
去耦衰减	$U = 1.2\text{dB}$	$k = 2$

附录 D　CDNE 的相关信息

D.1　CDNE 的外观结构及校准布置

CDNE 的使用和校准都应放置在 RGP 上，其外壳和 RGP 要有良好的电搭接，不对称电压骚扰电压的测量以 RGP 作为基准。外观结构和校准共模阻抗时 CDNE 与 IMA 的连接布置分别如图 D.1、图 D.2 所示。

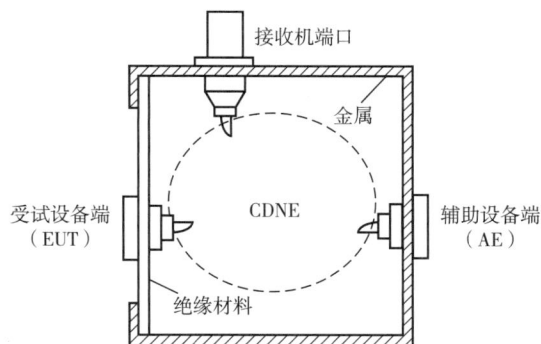

图 D.1　外观结构

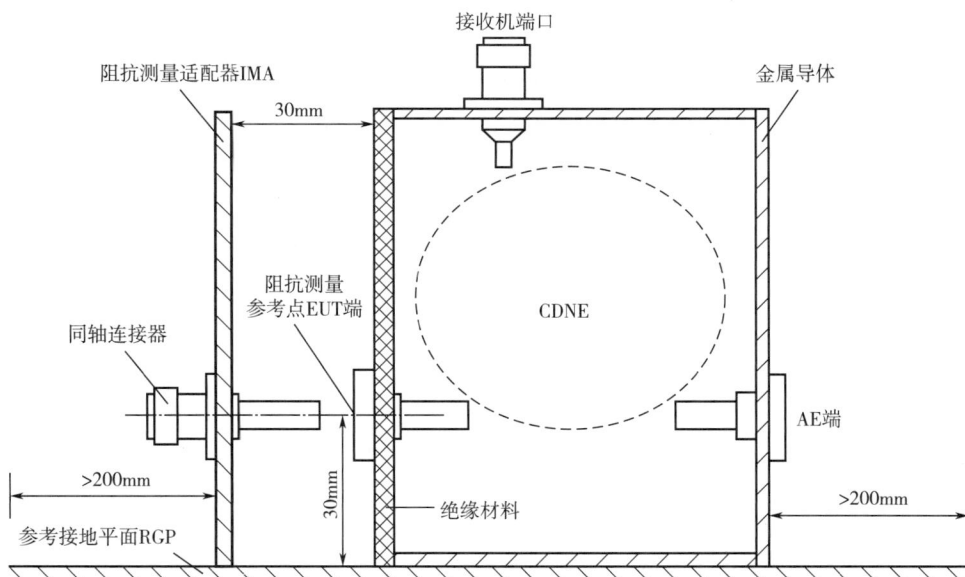

图 D.2　CDNE 与 IMA 的校准连接

D.2　常见 CDNE 的内部构造及元件参数

适用于电源线的 CDNE 如图 D.3、图 D.4 所示。CDNE-MZ 的原理是通过电容 C_1、C_2、R_1、R_2、R_3 构成的电路将被测设备（EUT）产生的不对称传导骚扰信号耦合至 CDNE 的测量端口，利用接收机进行不对称骚扰电压测量，同时由于共模扼流圈 L_1 和 L_2 的作用，可以阻止传导骚扰信号流入辅助电源端口（AE 端）。线圈 L_3、L_4 和电容 C_3、C_4 构成一个低通滤波器，阻止 AE 端产生的谐波信号流入 CDNE 的测量端口导致骚扰电压的测量不准。适用于屏蔽线缆的 CDNE 如图 D.5 所示。

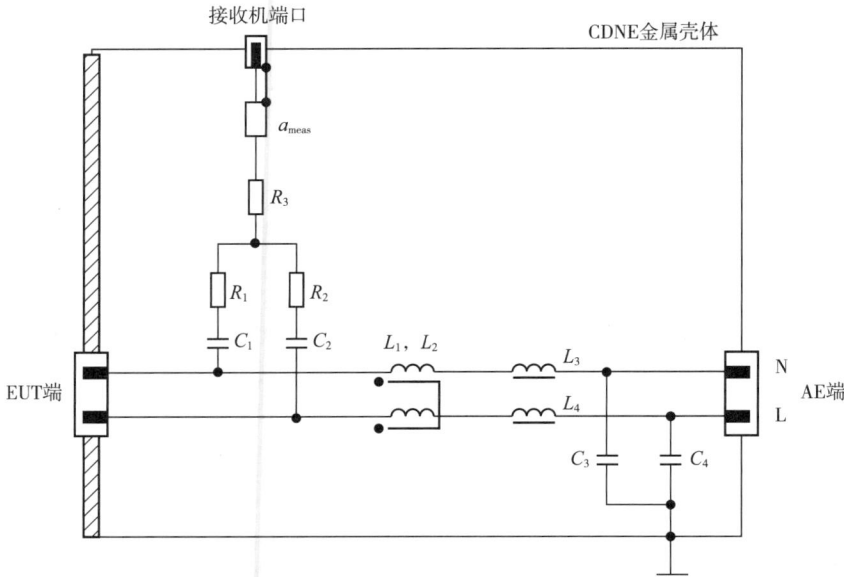

图 D.3 内部衰减 a_{meas} 最小为 6dB 的 CDNE-M2

说明：

C_1、C_2、C_3、$C_4 = 1nF$；

L_1、$L_2 > 10\mu H$；

L_3、$L_4 > 5\mu H$；

R_1、$R_2 = 50\Omega$；

$R_3 = 75\Omega$；

$a_{meas} \geqslant 6dB$；

N—中线；

L—相线。

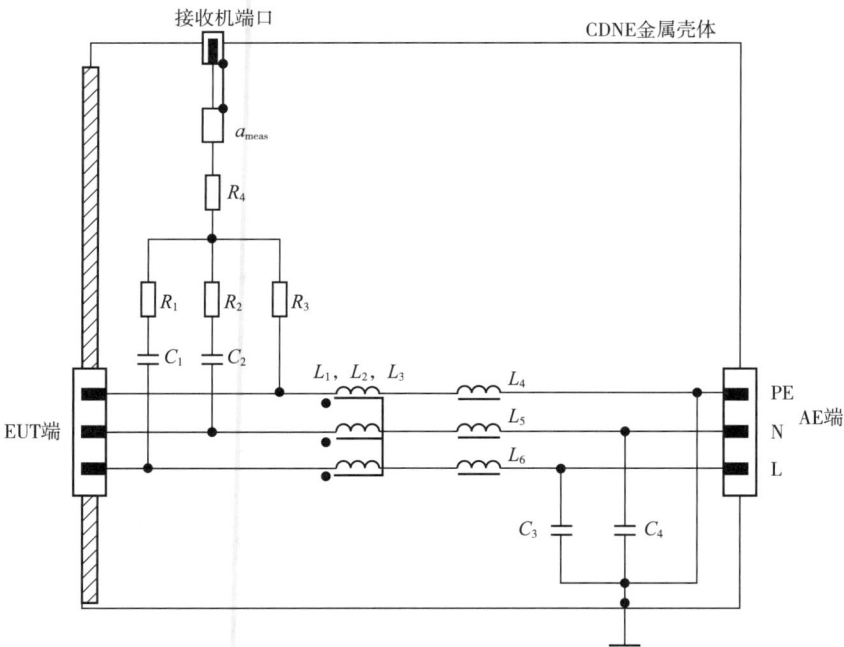

图 D.4 内部衰减 a_{meas} 最小为 6dB 的 CDNE-M3

说明：

C_1、C_2、C_3、$C_4 = 1nF$；

L_1、L_2、$L_3 > 10\mu H$；

L_4、L_5、$L_6 > 5\mu H$；

R_1、R_2、$R_3 = 50\Omega$；

$R_4 = 33.3\Omega$；

$a_{meas} \geqslant 6dB$；

PE—保护地；

N—中线；

L—相线。

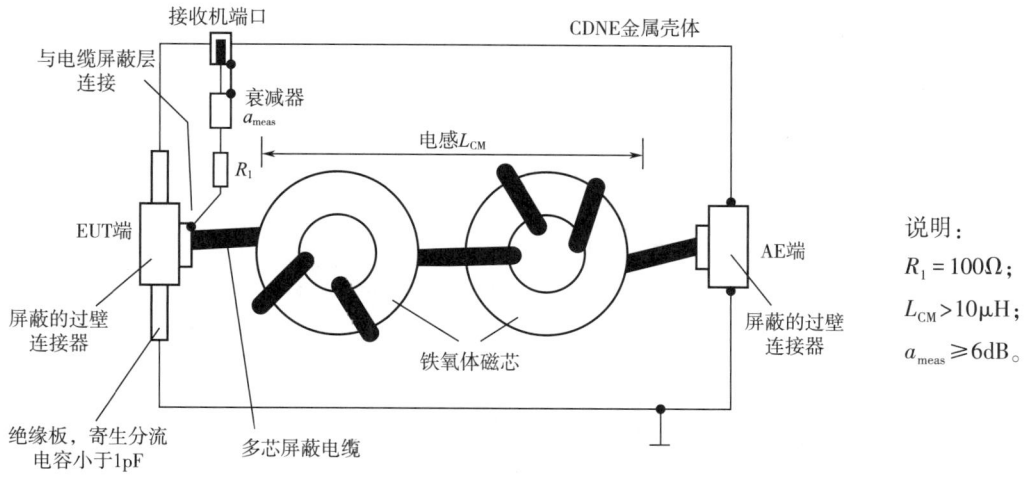

图 D.5　内部衰减 a_{meas} 最小为 6dB 的 CDNE-S$_x$

附录 E CDNE 校准套件的相关信息

典型的 CDNE 校准套件如图 E.1 所示，各部件的使用方法详见 7.2 校准方法。

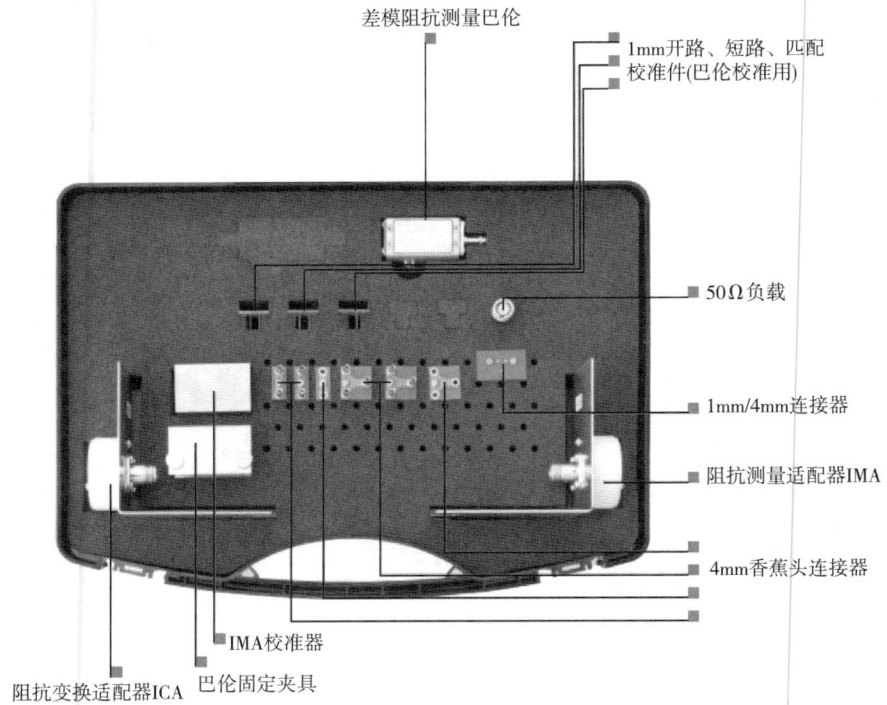

图 E.1 CDNE 校准套件

JJF

中华人民共和国工业和信息化部
电子计量技术规范

JJF（电子）0090—2023

响应时间测量仪校准规范

Calibration Specification for Response Time Meters

2023-08-16 发布　　　　　　　　　　　　2023-09-01 实施

中华人民共和国工业和信息化部　发　布

响应时间测量仪校准规范
Calibration Specification for Response Time Meters

JJF（电子）0090—2023

归 口 单 位：中国电子技术标准化研究院
主要起草单位：中国电子技术标准化研究院
参加起草单位：苏州市计量测试院
　　　　　　　中国计量科学研究院

本规范技术条文委托起草单位负责解释

本规范主要起草人：

　　褚　楚（中国电子技术标准化研究院）

　　刘玉龙（苏州市计量测试院）

　　张　婷（中国电子技术标准化研究院）

　　江　铖（苏州市计量测试院）

参 加 起 草 人：

　　徐迎春（中国电子技术标准化研究院）

　　王　峥（中国计量科学研究院）

目　录

引　言

　　本规范依据 JJF 1071—2010《国家计量校准规范编写规则》和 JJF 1059.1—2012《测量不确定度评定与表示》编写。

　　本规范为首次发布。

响应时间测量仪校准规范

1 范围

本规范适用于响应时间 0.1ms～100ms、闪烁率 0.1%～200%或−60dB～0dB、闪烁频率 0.1Hz～1kHz 的具有响应时间、闪烁测量功能或单一功能响应时间测量仪的校准，其他具有响应时间、闪烁率、闪烁频率测量能力的仪器可参照此规范。

2 引用文件

本规范引用了下列文件：

CIE TN 006：2016《时间调制照明系统的视觉方面—定义及测量模型》（*Visual Aspects of Time−Modulated Lighting Systems−Definitions and Measurement Models*）

IDMS−SID《信息显示器测量标准》（*Information Display Measurements Standard*）

注：凡是注日期的引用文件，仅注日期的版本适用于本规范；凡是不注日期的引用文件，其最新版本（包括所有的修改单）适用于本规范。

3 概述

响应时间测量仪是用于显示器件响应时间、闪烁测量的设备，主要应用于液晶显示器（件）、LED 显示器（件）以及光源响应时间和闪烁的测量。

响应时间测量仪主要由高速光电传感器和信号采集分析系统两大部分组成，如图 1 所示，信号采集分析系统主要包括数据采集卡、数据转换处理和输出等部分，常见的信号采集分析设备有示波器、数据采集卡和计算机等。响应时间测量仪工作时通过高速光电传感器获取某个时间段内被测显示屏的光度信息，其信号采集分析系统对采集到的光度时间曲线进行分析，最后通过计算得到响应时间、闪烁率、闪烁频率。

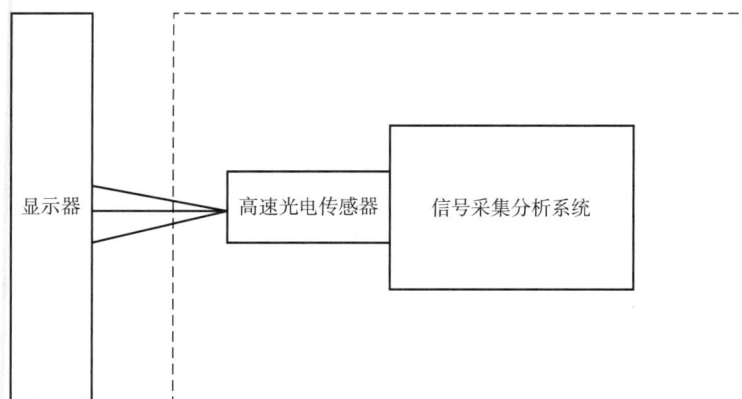

图 1 响应时间测量仪工作原理示意图

4 术语和计量单位

4.1 响应时间 response time

响应时间是指显示器画面由暗画面转亮画面以及由亮画面转暗画面的时间，具体到各像素点的反应，反应时间包含上升时间和下降时间，响应时间为两者之和，单位 ms。

4.2 闪烁 flicker

对于静态环境中的静态观察者，亮度或光谱分布随时间波动的光刺激引起的视觉不稳定性感知。本规范仅考虑亮度随时间波动的情况。

［CIE TN 006：2016，通用术语 2.4］

4.3 闪烁率 flicker index

闪烁的程度，依据数据处理方式分为时域法和频域法。

时域法：

$$Flicker = \frac{V_{max} - V_{min}}{(V_{max} + V_{min})/2} \times 100\% \tag{1}$$

其中，V_{max}、V_{min} 是光闪烁信号波形的最大值、最小值。当 $V_{max}-V_{min}=0$，Flicker 有最小值 0，当 $V_{min}=0$ 时，Flicker 有最大值 200%。

频域法：

频域法会考虑人眼的闪烁灵敏度（Flicker Sensitivity），闪烁灵敏度与频率的关系见表 1。

表 1 闪烁灵敏度与频率关系
（其他频率的闪烁灵敏度使用线性插值）

频率/Hz	闪烁灵敏度
≤20	1.00
30	0.708
40	0.501
50	0.251
≥60	0.010

［IDMS-SID，闪烁测试 12.6］

将测得的光度时域信号进行傅里叶变换（FFT），得到光度—频域分布（可使用 FFT 分析仪、具有频域分析功能的示波器直接测量，也可用数据处理软件计算得到），并与人眼闪烁灵敏度进行乘积，得到加权后的光度—频域分布，并找到最大值，即为 U_{max}。依据公式（2）计算闪烁率：

$$Flicker = 10\lg\frac{U_{max}}{U_0}(dB) \tag{2}$$

其中，U_0 是频率为 0 时的幅值。

4.4 闪烁频率 flicker frequency

当闪烁具有周期性时，其周期的倒数定义为闪烁频率，单位 Hz。

5 计量特性

5.1 响应时间

0.1ms～100ms，相对示值误差：±5.0%。

5.2 闪烁率

闪烁率，即闪烁的程度，时域法计算方法时以百分比表示，频域法计算方法时以 dB 表示：
时域法范围：0.1%～200%，示值误差：±10.0%；
频域法范围：−60dB～0，示值误差：±6dB。

5.3 闪烁频率

0.1Hz～1kHz；相对示值误差：±5.0%。
注：以上技术指标仅供参考，不作为合格判断依据。

6 校准条件

6.1 环境条件

6.1.1 环境温度：20℃±5℃。

6.1.2 相对湿度：≤75%。

6.1.3 电源要求：（220±22）V，（50±1）Hz。

6.1.4 周围无影响仪器正常工作的电磁干扰和机械振动。

6.1.5 校准房间应为暗室，并采取措施屏蔽杂散光干扰，暗室照度<1lx。

6.2 测量标准及其他设备

6.2.1 信号采集分析设备（示波器、数据采集卡、FFT 分析仪等）

带宽：>100MHz；
电压测量范围：−50V～50V；
电压测量最大允许误差：±1.5%。

6.2.2 高速光电传感器

动态范围：>10000；
响应时间：<2μs；
非线性：<0.5%；
波长响应：覆盖 380nm～780nm 可见光范围。

6.2.3 闪烁源

能够发出振幅、周期、响应时间可控的正弦波信号和梯形信号，信号范围包含：
最大亮度：≥150 cd/m²；
响应时间：0.1ms～100ms；
闪烁率时域法：0.1%～200%；
闪烁率频域法：−60dB～0；
闪烁频率：0.1Hz～1kHz。

7 校准项目和校准方法

7.1 外观及工作正常性检查

7.1.1 被校响应时间测量仪应结构完好，面板标识字符应正确、清晰，各功能开关、旋钮和按键等应灵活可靠，不应有任何影响仪器计量特性及使用功能的缺陷，并记录于附录 A 表 A.1 中。

7.1.2 被校响应时间测量仪产品名称、制造厂家、仪器型号和编号等均应有明确标记，并记录于附录 A 表 A.1 中。

7.2 响应时间

响应时间测量仪校准装置由参考闪烁源、高速光电传感器、信号采集分析设备和辅助安装调整平台和支架组成，如图 2 所示。

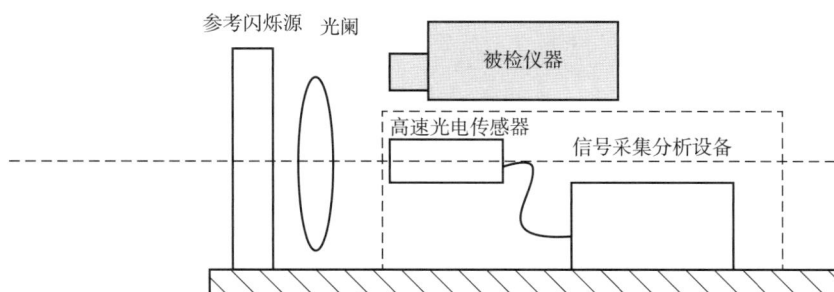

图 2　响应时间测量仪校准装置组成示意图

7.2.1 仪器连接如图 2 所示。调整闪烁源发光面和光电传感器接收部分的受光平面，使其垂直于光轴，且中心位于测量光轴上。

7.2.2 点亮闪烁源，预热 30min。调整闪烁源与接收部分间各光阑位置，使其恰好不遮挡闪烁源投向接收面的光。

7.2.3 放置高速光电传感器后，用信号采集分析设备进行信号采集，如信号采集分析设备为示波器，采集时需设置触发模式，根据采集信号的最大值来设置合适的触发电平，触发电平可设置为最大信号的 80%，分别测量上升时间和下降时间，测量三次取平均值为该处的响应时间标准值。

7.2.4 将被检响应时间测量仪置于高速光电传感器相同距离处进行校准，使其受光面与高速光电传感器受光面位置相同。测量三次取平均值作为该处响应时间的被检示值。

7.2.5 保持参考闪烁源的其他设置不变，将响应时间分别设置为 0.1ms、1ms、10ms、20ms、50ms、100ms，或其他仪器常用的测量点，重复上述步骤，测量其响应时间示值误差，并记录在附录 A 表 A.2 中。

响应时间示值误差计算：

$$\Delta t = \bar{t}_d - \bar{t}_t \tag{3}$$

式中：

Δt ——响应时间示值误差，ms；

$\bar{t}_d$ ——被检仪器响应时间指示值，ms；

$\bar{t}_t$ ——高速光电传感器响应时间标准值，ms。

7.3 闪烁率

7.3.1 仪器连接如图 2 所示。调整闪烁源发光面和光电传感器接收部分的受光平面，使其垂直于光轴，且中心位于测量光轴上，测试距离为高速光电传感器工作距离。

7.3.2 打开参考闪烁源，在常亮状态下预热 10min，如无法长时间处于常亮状态，可在闪烁状态下预热 10min。

7.3.3 将参考闪烁源的波形设置为正弦波，平均亮度设置为（100~150）cd/m^2 中的一个固定值，频率设置为 25Hz，振幅设置为平均亮度的 1%，打开参考闪烁源。

7.3.4 使用高速光电传感器和信号采集分析设备直接采集参考闪烁源的波形数据，获取被测信号的波形信息，时域法时获取待测信号的最大值、最小值，依据公式（1）计算闪烁率；频域法时将测得的光度时域信号进行傅里叶变换（FFT），得到光度—频域分布，并与人眼闪烁灵敏度进行乘积，得到加权后的光度-频域分布，并找到最大值，即为 U_{max}，依据公式（2）计算闪烁率；选取任一种方法均需测量三次取平均值作为该处闪烁率的标准值。

7.3.5 将被检响应时间测量仪安装在校准装置上，使被检显示屏响应时间测量仪的测量方向垂直对准参考闪烁源发光面中心位置，保持参考闪烁源的设置不变，测量其闪烁率三次取平均值作为该处闪烁率的被检示值。

闪烁率的示值误差计算：

$$\Delta \nu = \bar{\nu}_d - \bar{\nu}_t \tag{4}$$

式中：

$\Delta \nu$ ——闪烁率示值误差，%/dB；

$\bar{\nu}_d$ ——被检仪器闪烁率指示值，%/dB；

$\bar{\nu}_t$ ——高速光电传感器闪烁率标准值，%/dB。

保持参考闪烁源的其他设置不变，将振幅分别设置为 5%、10%、50%、100%，重复上述步骤，测量其闪烁率示值误差，并记录在附录 A 表 A.3 中。

7.4 闪烁频率

7.4.1 仪器连接如图 2 所示。调整闪烁源发光面和光电传感器接收部分的受光平面，使其垂直于光轴，且中心位于测量光轴上，测试距离为高速光电传感器工作距离。

7.4.2 打开参考闪烁源，在常亮状态下预热 10min，如无法长时间处于常亮状态，可在闪烁状态下预热 10min。

7.4.3 将参考闪烁源的波形设置为正弦波，平均亮度设置为（100~150）cd/m^2 中的一个固定值，振幅设置为平均亮度的 50%，频率设置为 30Hz，打开参考闪烁源使光源工作在上述闪烁状态。

7.4.4 使用高速光电传感器和信号采集分析设备采集参考闪烁源的波形数据，取其最大闪烁频率作为闪烁频率值，测量三次取平均值作为该处闪烁频率的标准值。

7.4.5 将被检响应时间测量仪安装在校准装置上，使被检响应时间测量仪的测量方向垂直对准参考闪烁源发光面中心位置，保持参考闪烁源的设置不变，测量其闪烁频率三次取平均值作为该处闪烁率的被检示值。

闪烁频率示值误差计算：

$$\Delta r = \bar{r}_d - \bar{r}_t \tag{5}$$

式中：

Δr ——闪烁频率示值误差，Hz；

$\bar{r}_d$ ——被检仪器闪烁频率指示值，Hz；

$\bar{r}_t$ ——高速光电传感器闪烁频率标准值，Hz。

保持参考闪烁源的其他设置不变，将频率分别设置为 0.1Hz、60Hz、120Hz、500Hz、1000Hz，重复上述步骤，测量其闪烁频率相对示值误差，记录在附录 A 表 A.4 中。

8 校准结果表达

校准后，出具校准证书。校准证书至少应包含以下信息：

a）标题："校准证书"；

b）实验室名称和地址；

c）进行校准的地点（如果与实验室的地址不同）；

d）证书的唯一性标识（如编号），每页及总页数的标识；

e）客户的名称和地址；

f）被校对象的描述和明确标识；

g）进行校准的日期，如果与校准结果的有效性和应用有关时，应说明被校对象的接收日期；

h）如果与校准结果的有效性应用有关时，应对被校样品的抽样程序进行说明；

i）校准所依据的技术规范的标识，包括名称及代号；

j）本次校准所用测量标准的溯源性及有效性说明；

k）校准环境的描述；

l）校准结果及其测量不确定度的说明；

m）对校准规范的偏离的说明；

n）校准证书签发人的签名、职务或等效标识；

o）校准结果仅对被校对象有效的说明；

p）未经实验室书面批准，不得部分复制证书的声明。

9 复校时间间隔

复校时间间隔由用户根据使用情况自行确定，一般推荐为 1 年。

附录 A   原始记录格式

A.1   外观及工作正常性检查

表 A.1   外观及工作正常性检查记录表

| 外观检查：正常 □   不正常 □：＿＿＿＿＿＿＿＿＿＿＿＿＿＿＿＿ |
| 工作正常性检查：正常 □   不正常 □：＿＿＿＿＿＿＿＿＿＿＿＿ |

A.2   示值误差

表 A.2   响应时间记录表

参考闪烁源设置：波形： 频率： 平均亮度：									
标准值				指示值				误差	测量不确定度 U（$k=2$）
第1次	第2次	第3次	平均值	第1次	第2次	第3次	平均值		

表 A.3   闪烁率记录表

参考闪烁源设置：波形： 频率： 平均亮度：									
标准值				指示值				误差	测量不确定度 U（$k=2$）
第1次	第2次	第3次	平均值	第1次	第2次	第3次	平均值		

表 A.4   闪烁频率记录表

参考闪烁源设置：波形： 频率： 平均亮度：									
标准值				指示值				误差	测量不确定度 U（$k=2$）
第1次	第2次	第3次	平均值	第1次	第2次	第3次	平均值		

附录 B 校准证书内页格式

B.1 外观及工作正常性检查

表 B.1 外观及工作正常性检查

项目	检查结果
外观检查	
工作正常性检查	

B.2 响应时间

表 B.2 响应时间记录表

参考闪烁源设置：波形：　　频率：　　平均亮度：

标准值	指示值	误差	测量不确定度 U（$k=2$）

B.3 闪烁率

表 B.3 闪烁率记录表

参考闪烁源设置：波形：　　频率：　　平均亮度：

标准值	指示值	误差	测量不确定度 U（$k=2$）

B.4 闪烁频率

表 B.4 闪烁频率记录表

参考闪烁源设置：波形： 频率： 平均亮度：			
标准值	指示值	误差	测量不确定度 U（$k=2$）

附录 C　测量不确定度评定示例

C.1　响应时间

C.1.1　概述

采用比对法对响应时间测量仪进行校准。标准器为高速光电传感器、信号采集分析设备。设定参考闪烁源的响应时间，使用高速光电传感器和信号采集分析设备测量 3 次取平均值作为标准值，使用被检响应时间测量仪测量 3 次取平均值作为被检示值，依据公式（C.1）计算响应时间示值误差。

C.1.2　测量模型

响应时间示值误差按式（C.1）计算：

$$\Delta t = \bar{t}_\mathrm{d} - \bar{t}_\mathrm{t} \qquad\qquad (C.1)$$

式中：

Δt ——响应时间示值误差，ms；

$\bar{t}_\mathrm{d}$ ——被检仪器响应时间指示值，ms；

$\bar{t}_\mathrm{t}$ ——高速光电传感器响应时间标准值，ms。

C.1.3　不确定度来源

a）标准器上级溯源引入的不确定度 u_1；

b）参考闪烁源不稳定度引入的不确定度 u_2；

c）测量系统信噪比引入的不确定度 u_3；

d）被校示值重复性引入的标准不确定度 u_4。

C.1.4　标准不确定度评定

C.1.4.1　标准器上级溯源引入的不确定度 u_1

由于高速光度探测器的探头响应很高，因此高速光度探测器的上级溯源不确定度可忽略；根据信号采集分析设备的上级溯源证书：

$$U_\mathrm{rel} = 0.2\% \ (k=2)$$

则上级溯源引入的不确定度分量：

$$u_1 = \frac{0.2\%}{2} = 0.1\%$$

C.1.4.2　参考闪烁源不稳定度引入的不确定度 u_2

使用高速光电传感器和信号采集分析设备测量标准值后，再使用被检显示屏闪烁率测定值测量时，大约需要经过 10min 的时间，因此需要考虑参考闪烁源不稳定度的影响，待参考闪烁源预热完成后，测量其响应时间值，并在 10min 后再次测量其响应时间值，测量结果见表 C.1（为了减少测量重复性的影响，表中数据为连续 10 次测量的平均值）。

表 C.1　测量结果

测量时间	预热完成时	预热完成 10min 后	不稳定度
响应时间/ms	20.16	20.26	0.1

因此参考闪烁源不稳定度引入的不确定度分量为：

$$u_2 = 0.5\%$$

C.1.4.3 测量系统信噪比引入的不确定度 u_3

由于测量系统存在噪声，导致 10% 和 90% 的点无法准确确定，根据测试数据，噪声的波动约 0.8%，由此测量系统信噪比引入的不确定度为：

$$u_2 = 0.8\%$$

C.1.4.4 被校示值重复性引入的标准不确定度 u_4

按 A 类方法评定。选定某一响应时间测量仪，在相同温湿度下、短时间内，同一校准人员条件下，进行独立重复测量 10 组，每组测量 3 次，每次的算数平均值作为本次测量值，重复性测试数据见表 C.2。

表 C.2 测试数据

测量次数	1	2	3	4	5	6	7	8	9	10
测量值/ms	20.7	19.9	20.5	20.4	20.8	20.1	20.7	19.9	20.6	20.4
$\bar{x}$/ms	20.4									
$s(x)$/ms	0.33									

用贝塞尔公式计算得到单次测量值的实验标准偏差为 0.33ms。校准值由 m（$m=3$）次读数的算数平均值得到，故由重复性引起的测量不确定度分量为：

$$u_4 = \frac{s(x)/\sqrt{m}}{\bar{x}} \times 100\% = 0.9\%$$

C.1.5 不确定度分量

见表 C.3。

表 C.3 主要标准不确定度汇总表

不确定度分量	不确定度来源	u_i
u_1	标准器上级溯源	0.1%
u_2	参考闪烁源不稳定度	0.5%
u_3	测量系统信噪比	0.8%
u_4	测量重复性	0.9%

C.1.6 合成标准不确定度

以上各项标准不确定度分量互不相关，所以合成标准不确定度：

$$u_c = \sqrt{u_1^2+u_2^2+u_3^2+u_4^2} = 1.3\%$$

按置信水平 $p=95\%$，取包含因子 $k=2$，扩展不确定度为：

$$U_{rel} = 2.6\%$$

C.2 闪烁率不确定度评定

C.2.1 概述

采用比对法对响应时间测量仪进行校准。标准器为高速光电传感器、信号采集分析设备。改变参考闪烁源的参数，获取不同闪烁率值，使用高速光电传感器和信号采集分析设备测量三次取平均值作为标准值，使用被检响应时间测量仪测量三次取平均值作为被检示值，依据公式（C.2）计算响应时间示值误差。

C.2.2 闪烁率测量模型

闪烁率示值误差计算：

$$\Delta\nu = \bar{\nu}_d - \bar{\nu}_t \tag{C.2}$$

式中：

$\Delta\nu$ ——闪烁率示值误差，%/dB；

$\bar{\nu}_d$ ——被检仪器闪烁率指示值，%/dB；

$\bar{\nu}_t$ ——高速光电传感器闪烁率标准值，%/dB。

C.2.3 不确定度来源

a）高速光电传感器上级溯源引入的不确定度分量 u_1；

b）参考闪烁源不稳定度引入的不确定度 u_2；

c）测量系统信噪比引入的不确定度 u_3；

d）参考闪烁源均匀性引入的不确定度 u_4；

e）被校示值重复性引入的标准不确定度 u_5。

C.2.4 闪烁率测量结果的不确定度评定

C.2.4.1 高速光电传感器上级溯源引入的不确定度分量 u_1

高速光电传感器的上级溯源对闪烁率测量结果的影响主要来源于其非线性，由于信号采集分析设备电压测量非线性较小，忽略信号采集分析设备的上级溯源的影响。参考闪烁源亮度范围变化为（90～110）cd/m²，查上级溯源证书可知，在（50～200）cd/m² 范围内其非线性为 0.6%，可知其非线性对闪烁率的影响为 0.09%，则：

$$u_1 = 0.09\%$$

C.2.4.2 参考闪烁源不稳定度引入的不确定度 u_2

使用高速光电传感器和信号采集分析设备测量标准值后，再使用被检显示屏闪烁率测定值测量时，大约需要经过 10min 的时间，因此需要考虑参考闪烁源不稳定度的影响，待参考闪烁源预热完成后，测量其闪烁率标准值，并在 10min 后再次测量其闪烁率标准值，测量结果见表 C.4（为了减少测量重复性的影响，表中数据为连续 10 次测量的平均值）。

表 C.4 测量结果

测量时间	预热完成时	预热完成 10min 后	不稳定度
闪烁率/%	20.05	20.12	0.07

因此参考闪烁源不稳定度引入的不确定度分量为：

$$u_2 = 0.35\%$$

C.2.4.3 测量系统信噪比引入的不确定度 u_3

由于测量系统存在噪声，导致最大值和最小值的点无法准确选择，根据测试数据，噪声的波动约 1.1%，由此测量系统信噪比引入的不确定度为：

$$u_3 = 1.1\%$$

C.2.4.4 参考闪烁源均匀性引入的不确定度 u_4

测量参考闪烁源的 9 点均匀性，布点方式为均匀布点，测量结果见表 C.5（为了减少测量重复性的影响，表中数据为连续 10 次测量的平均值）。

表 C.5 测量结果

测量点	闪烁率/%	测量点	闪烁率/%	测量点	闪烁率/%
1	20.05	4	20.03	7	20.09
2	20.08	5	20.07	8	20.02
3	20.03	6	20.01	9	20.07

参考闪烁源的不均匀性为 0.08%，因此：

$$u_4 = 0.08\%$$

C.2.4.5 被校示值重复性引入的标准不确定度 u_5

按 A 类方法评定。选定某一响应时间测量仪，在相同温湿度下、短时间内，同一校准人员条件下，进行独立重复测量 10 组，每组测量 3 次，每次的算数平均值作为本次测量值，重复性测试数据见表 C.6。

表 C.6 测试数据

测量次数	1	2	3	4	5	6	7	8	9	10
测量值/%	20.7	19.9	20.5	19.5	20.9	20.4	19.4	19.5	20.9	20.8
$\bar{x}$/%					20.25					
$s(x)$ /%					0.62					

用贝塞尔公式计算得到单次测量值的实验标准偏差为 0.62%。校准值由 m（$m=3$）次读数的算数平均值得到，故由重复性引起的测量不确定度分量为：

$$u_5 = s(x) / \sqrt{m} = 0.36\%$$

C.2.5 不确定度分量

见表 C.7。

表 C.7 主要标准不确定度汇总表

不确定度分量	不确定度来源	u_i/%
u_1	高速光电传感器上级溯源	0.09
u_2	参考闪烁源不稳定性	0.35
u_3	测量系统信噪比	1.1
u_4	参考闪烁源不均匀性	0.08
u_5	测量重复性	0.36

C.2.6 合成标准不确定度

以上各项标准不确定度分量互不相关，所以合成标准不确定度：

$$u_c = \sqrt{u_1^2 + u_2^2 + u_3^2 + u_4^2 + u_5^2} = 1.22\%$$

按置信水平 $p=95\%$，取包含因子 $k=2$，扩展不确定度为：

$$U_{rel} = 2.5\%$$

C.3 闪烁频率不确定度评定

C.3.1 概述

采用比对法对响应时间测量仪进行校准。标准器为高速光电传感器、信号采集分析设备。改变参考闪烁源的参数，获取不同闪烁频率值，使用高速光电传感器和信号采集分析设备测量三次取平均值作为标准值，使用被检响应时间测量仪测量三次取平均值作为被检示值，依据公式（C.3）计算闪烁频率示值误差。

C.3.2 闪烁频率测量模型

闪烁频率示值误差计算：

$$\Delta r = \bar{r}_d - \bar{r}_t \tag{C.3}$$

式中：

Δr——闪烁频率示值误差，Hz；

$\bar{r}_d$——被检仪器闪烁频率指示值，Hz；

$\bar{r}_t$——高速光电传感器闪烁频率标准值，Hz。

C.3.3 不确定度来源

a）参考闪烁源不稳定度引入的不确定度 u_1；

b）高速光电传感器响应时间引入的不确定度 u_2；

c）被校示值重复性引入的标准不确定度 u_3。

C.3.4 闪烁频率测量结果的不确定度评定

C.3.4.1 参考闪烁源不稳定度引入的不确定度 u_1

使用高速光电传感器和信号采集分析设备测量标准值后，再使用被检显示屏闪烁频率测定值测量时，大约需要经过10min的时间，因此需要考虑参考闪烁源不稳定度的影响，待参考闪烁源预热完成后，测量其闪烁频率标准值，并在10min后再次测量其闪烁频率标准值，测量结果见表C.8（为了减少测量重复性的影响，表中数据为连续10次测量的平均值）。

表 C.8 测量结果

测量时间	预热完成时	预热完成10min后	不稳定度
闪烁频率/Hz	60.07	60.12	0.05

因此参考闪烁源不稳定度引入的不确定度分量为：

$$u_1 = 0.08\%$$

C.3.4.2 高速光电传感器响应时间引入的不确定度 u_2

高速光电传感器的最大响应时间为10μs，在60Hz处，其周期为167ms，因此高速光电传感器的响应时间引入的不确定度：

$$u_2 = 0.01\%$$

C.3.4.3 被校示值重复性引入的标准不确定度 u_3

按A类方法评定。选定某一响应时间测量仪，在相同温湿度下、短时间内，同一校准人员条件下，进行独立重复测量10组，每组测量3次，每次的算数平均值作为本次测量值，重复性测试数据见表C.9。

表 C.9 测试数据

测量次数	1	2	3	4	5	6	7	8	9	10
测量值/Hz	60.05	60.12	60.25	60.04	60.24	60.19	60.23	60.23	60.12	60.03
$\bar{x}$/Hz	60.15									
$s(x)$/Hz	0.09									

用贝塞尔公式计算得到单次测量值的实验标准偏差为 0.09Hz。校准值由 m（$m=3$）次读数的算数平均值得到，故由重复性引起的测量不确定度分量为：

$$u_3 = \frac{s(x)/\sqrt{m}}{\bar{x}} \times 100\% = 0.09\%$$

C.3.5 不确定度分量（表 C.10）

表 C.10 主要标准不确定度汇总表

不确定度分量	不确定度来源	$u_i/\%$
u_1	参考闪烁源不稳定度	0.08
u_2	高速光电传感器响应时间	0.01
u_3	测量重复性	0.09

C.3.6 合成标准不确定度

以上各项标准不确定度分量互不相关，所以合成标准不确定度：

$$u_c = \sqrt{u_1^2 + u_2^2 + u_3^2} = 0.12\%$$

按置信水平 $p=95\%$，取包含因子 $k=2$，扩展不确定度为：

$$U_{rel} = 0.3\%$$

JJF

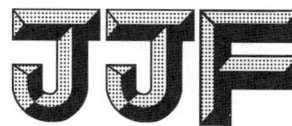

中华人民共和国工业和信息化部
电子计量技术规范

JJF（电子）0091—2023

剩余电压测试仪校准规范

Calibration Specification for Standard Residual Voltage Testers

2023-08-16 发布　　　　　　　　　　2023-09-01 实施

中华人民共和国工业和信息化部　发　布

剩余电压测试仪校准规范
Calibration Specification for
Standard Residual Voltage Testers

归 口 单 位：中国电子技术标准化研究院
主要起草单位：工业和信息化部电子第五研究所
参加起草单位：广州赛宝计量检测中心服务有限公司

本规范技术条文委托起草单位负责解释

本规范主要起草人：

　　邓志勇（工业和信息化部电子第五研究所）

　　王洪喜（工业和信息化部电子第五研究所）

　　李乐超（工业和信息化部电子第五研究所）

参 加 起 草 人：

　　许泳彬（广州赛宝计量检测中心服务有限公司）

　　吴凤绸（广州赛宝计量检测中心服务有限公司）

　　彭建武（广州赛宝计量检测中心服务有限公司）

目　录

引　言

　　本规范依据 JJF 1071—2010《国家计量校准规范编写规则》、JJF 1001—2011《通用计量名词术语》和 JJF 1059.1—2012《测量不确定度评定与表示》编写。

　　本规范为首次在国内发布。

剩余电压测试仪校准规范

1 范围

本规范适用于剩（残）余电压测试仪的校准，具有单一功能的峰值断电装置也可参照本规范对应的校准项目执行。

2 引用文件

本规范引用了下列文件：

GB 9706.1—2007《医用电气设备 第一部分：安全通用要求》

GB 4706.1—2005《家用和类似用途电器的安全 第一部分：通用要求》

注：凡是注日期的引用文件，仅注日期的版本适用于本规范；凡是不注日期的引用文件，其最新版本（包括所有的修改单）适用于本规范。

3 术语

3.1 剩余电压 residual voltage

电气设备在拔断电源插头断电时，插头上各插脚之间以及每一插脚与设备外壳之间的残余电压，剩余电压产生是由于电气设备回路中储能器件放电的结果。

注：剩（残）余电压，它是一个衰减的过程电压，测试时测量的既不是峰值电压也不是有效值电压，而是瞬时电压。

3.2 峰值断电 peak cut-off

为保证测试结果的一致性，剩余电压测试仪试样电源交流输出电压每次在电压峰值处断电。

3.3 断电时刻误差 cut-off time error

剩余电压测试仪试样电源交流输出电压的实际断电时刻相对于最近的相邻峰值时刻的误差。

3.4 测试时间 testing time

剩余电压测试仪试样电源交流输出电压的峰值断电时刻与剩余电压测量时刻之间的时间间隔。

4 概述

剩余电压测试仪是专门用于测量家用电器、医疗器械等电气设备断电后产生的残余电压的仪器，其主要由可调压试样电源、峰值断电电路、控制电路、测量电路组成，如图1所示。剩余电压测试仪的工作原理：可调压试样电源给被测电器设备供电，到达设定供电时间后，控制电路发出断电信号，峰值断电电路使试样电源在电压峰值处断电，断电后测量电路在规定的时间进行插脚间剩余电压的测量，当剩余电压测量值超出预置报警电压，仪器发出声光警报，同时根据需要仪器可设定反复循环多次测量。

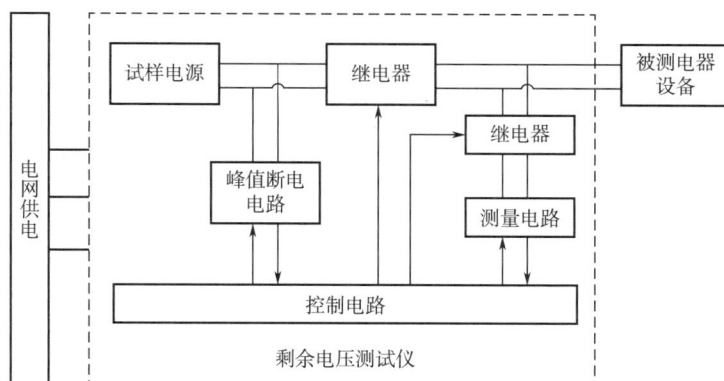

图1 剩余电压测试仪结构框图

5 计量特性

5.1 剩余电压

测量范围：直流电压：10V～200V，最大允许误差：±（1%～10%）。

5.2 交流输出电压

测量范围：10V～250V，频率：45Hz～65Hz，最大允许误差：±（1%～10%）。

5.3 交流输出电压持续（保持）时间

测量范围：10s～99.9s，最大允许误差：±1s。

5.4 断电时刻误差

范围：−5ms～5ms，最大允许误差：±1ms。

5.5 测试时间

范围：1s～10s，最大允许误差：±（1%～5%）。

5.6 输入阻抗

范围：≥100MΩ，测试电压：50V～200V。

注：因不同被校设备的性能指标各不相同，具体的计量特性应以被校设备生产厂家的技术手册及该设备的具体选件配置为参考。以上计量特性不用于合格性判别，仅供参考。

6 校准条件

6.1 环境条件

6.1.1 环境温度：23℃±5℃。

6.1.2 相对湿度：≤80%。

6.1.3 供电电源：（220±11）V，（50±1）Hz。

6.1.4 周围无影响仪器正常工作的电磁干扰和机械振动。

6.2 测量标准及其他设备

6.2.1 直流标准电压源

直流电压：10V～200V；

最大允许误差：±（0.1%～3%）。

6.2.2 交流数字电压表

交流电压：10V～250V；频率：45Hz～65Hz；

最大允许误差：±（0.1%～3%）。

6.2.3 数字示波器

时间：10μs～99.9s；带宽≥100MHz；

最大允许误差：±0.1%。

6.2.4 电压探头

电压：10V～1kV；带宽≥50MHz。

6.2.5 标准计时器

时间：10s～99.9s；

最大允许误差：±0.2%。

6.2.6 高阻计

电阻：10MΩ～10GΩ；测试电压：50V～200V；

最大允许误差：±（2%～10%）。

7 校准项目和校准方法

7.1 校准项目

校准项目见表1。

表1 校准项目一览表

序号	校准项目	校准方法条款
1	外观及工作正常性检查	7.2.1
2	剩余电压	7.2.2
3	交流输出电压	7.2.3
4	交流输出电压持续（保持）时间	7.2.4
5	断电时刻误差	7.2.5
6	测试时间	7.2.6
7	输入阻抗	7.2.7

7.2 校准方法

7.2.1 外观及工作正常性检查

a）被校剩余电压测试仪（以下简称被校测试仪）的外形结构应完好，不应有影响计量特性和操作安全的外观缺陷；

b）被校测试仪的产品名称、制造厂家、仪器型号和编号等均应有明确标识；

c）供电电压和频率等应有保证正确使用的必要标识；

d）被校测试仪交流输出电压定时切断功能、预置电压报警功能、计数功能应可正常工作；

e）应按照被校测试仪的使用说明书的要求和规定进行预热。

检查结果记录于附录 A 表 A.1 中。

7.2.2 剩余电压

7.2.2.1 采用标准源法直接测量，按图 2 连接，将直流标准电压源输出端与被校测试仪剩余电压测量端连接。

7.2.2.2 校准点的选取，应在 10V 到满量程范围内均匀选取不少于 5 个测量点，其中 34V、60V 为必选校准点。

7.2.2.3 被校测试仪设定为剩余电压测量功能，关闭报警功能，根据校准点设定直流标准电压源输出值，启动输出待示值稳定后，读取被校测试仪剩余电压示值，并记录于附录 A 表 A.2 中。

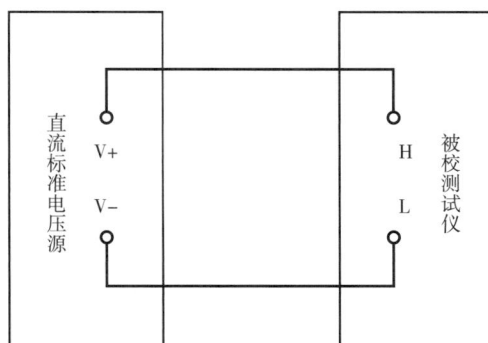

图 2　剩余电压校准示意图

剩余电压示值误差按式（1）计算，并记录于附录 A 表 A.2 中。

$$\Delta = V_x - V_s \tag{1}$$

式中：

Δ ——被校测试仪剩余电压示值的绝对误差，V；

V_x ——被校测试仪的剩余电压示值，V；

V_s ——直流标准电压源的输出标准值，V。

7.2.3 交流输出电压

7.2.3.1 采用标准表法直接测量，按图 3 连接，将被校测试仪试样电源的交流电压输出端与交流数字电压表测量端连接。

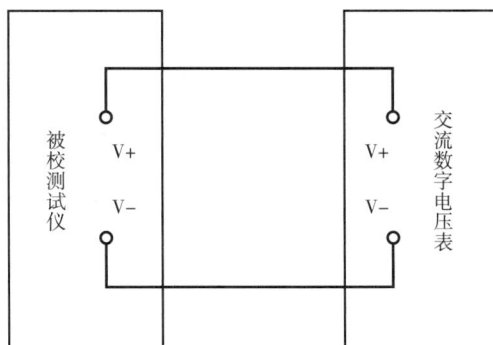

图 3　交流输出电压校准示意图

7.2.3.2 校准点的选取，应在 10%～100% 量程范围内均匀选取不少于 5 个测量点，其中 110V，220V 为必选校准点。

7.2.3.3 被校测试仪设定为交流输出电压功能，根据校准点调节被校测试仪的交流输出电压，分别读取被校测试仪的交流输出电压示值 V_x 和交流数字电压表示值 V_s，并记录于附录 A 表 A.3 中。

交流输出电压示值误差按式（2）计算，并记录于附录 A 表 A.3 中。

$$\Delta = V_x - V_s \tag{2}$$

式中：

Δ ——被校测试仪的交流输出电压示值的绝对误差，V；

V_x ——被校测试仪的交流输出电压示值，V；

V_s ——交流数字电压表的示值，V。

7.2.4 交流输出电压持续（保持）时间

校准点的选取，应在大于 20s 时选择至少 1 个校准点，其中 60s 为必选点；小于或等于 20s 时，选择至少一个校准点。

方法一：采用标准计时器直接测量。

调节交流输出电压为 110V 或 220V，根据校准点，设定被校测试仪试样电源的交流输出电压持续（保持）时间，按下输出"启动"键的同时手动启动标准计时器开始计时，当发出供电切断信号时，手动终止计时，重复测量两次，取两次测量结果的平均值作为交流输出电压持续（保持）时间的实际值，并记录于附录 A 表 A.4 中。

交流输出电压持续（保持）时间设定值的绝对误差按式（3）计算，并记录于附录 A 表 A.4 中。

$$\Delta = T_x - T_s \tag{3}$$

式中：

Δ ——被校测试仪交流输出电压持续（保持）时间设定值的绝对误差，s；

T_x ——被校测试仪交流输出电压持续（保持）时间设定值，s；

T_s ——标准计时器的时间示值，s。

方法二：采用数字示波器直接测量。

按图 4（a）连接，被校测试仪试样电源的交流电压输出端与电压探头输入端连接，电压探头输出端接数字示波器进行采样。被校测试仪设定为波峰或者波谷断电，调节交流输出电压为 110V 或者 220V，根据校准点，设定被校测试仪试样电源的交流输出电压持续（保持）时间，数字示波器记录交流输出电压的波形。图 4（b）为交流输出电压的波形，数字示波器读取交流输出电压断开时刻 T_2 与开始时刻 T_1 的时间间隔 T_s，按式（4）计算，并记录于附录 A 表 A.4 中。

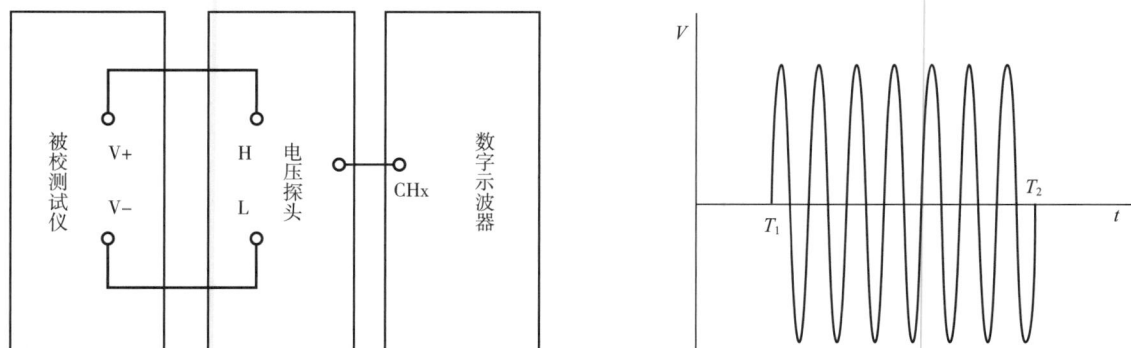

（a）电压波形获取连接示意图　　　　　（b）交流输出电压波形图

图 4

交流输出电压持续（保持）时间设定值的绝对误差按式（5）计算，并记录于附录 A 表 A.4 中。

$$T_s = T_2 - T_1 \tag{4}$$
$$\Delta = T_x - T_s \tag{5}$$

式中：

Δ ——被校测试仪交流输出电压持续（保持）时间设定值的绝对误差，s；

T_1 ——被校测试仪交流输出电压的开始时刻，s；

T_2 ——被校测试仪交流输出电压的断开时刻，s；

T_x ——被校测试仪交流输出电压持续（保持）时间设定值，s；

T_s ——示波器读取的交流输出电压断开时刻 T_2 与开始时刻 T_1 的时间间隔，s。

7.2.5 断电时刻误差

按图 4（a）连接，被校测试仪试样电源的交流电压输出端与电压探头输入端连接，电压探头输出端接数字示波器进行采样。被校测试仪设定为波峰或者波谷断电，调节交流输出电压为 110V 或者 220V，按下"启动"键，数字示波器记录被校测试仪试样电源的交流输出电压断电过程的波形。

断电时刻误差的获取，以最近相邻的峰值时刻为参考，以波谷断电为例，图 5 为波谷断电电压波形图，如图所示，当实际断电时刻 T_4 滞后于最近波谷时刻 T_3 时，数字示波器读取断电时刻 T_4 与波谷时刻 T_3 的时间间隔 T_{4-3}，即为断电时刻误差，此时断电时刻误差按式（6）计算，并记录于附录 A 表 A.5 中。

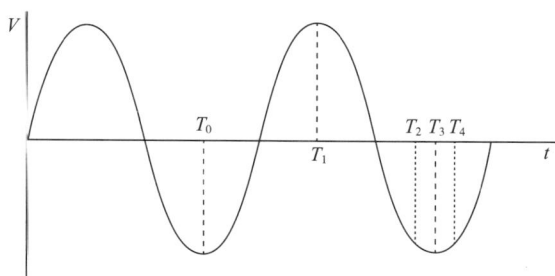

图 5　波谷断电电压波形图

当实际断电时刻 T_2 超前于最近波谷时刻 T_3 时，由于数字示波器无法直接获取波谷时刻 T_3，而波谷时刻 T_3 相对前面最近波峰时刻 T_1 延迟 1/2 个周期，任意相邻波峰波谷的时间间隔为 1/2 个周期，如图 5 所示，数字示波器读取波峰时刻 T_1 与相邻波谷时刻 T_0 的时间间隔 T_{1-0} 即为 1/2 个周期，按式（7）计算，则波谷时刻 T_3 可按式（8）计算。

数字示波器读取实际断电时刻 T_2 与相邻峰值时刻 T_1 的时间间隔 T_{2-1}，此时断电时刻误差按式（9）计算，并记录于附录 A 表 A.5 中。

$$\Delta = T_{4-3} = T_4 - T_3 \tag{6}$$
$$T_{1-0} = T_1 - T_0 \tag{7}$$
$$T_3 = T_1 + T_{1-0} \tag{8}$$
$$\Delta = T_2 - T_3 = T_2 - (T_1 + T_{1-0}) = T_{2-1} - T_{1-0} \tag{9}$$

式中：

Δ——被校测试仪的断电时刻误差，s；

T_0 ——被校测试仪交流输出电压的波谷时刻，s；

T_1 ——被校测试仪交流输出电压的波峰时刻，s；

T_3 ——被校测试仪交流输出电压的波谷时刻，s；

T_2 ——被校测试仪交流输出电压超前于波谷的断电时刻，s；

T_4——被校测试仪交流输出电压滞后于波谷的断电时刻，s；

T_{1-0}——被校测试仪交流输出电压波峰时刻 T_1 与相邻波谷时刻 T_0 的时间间隔，即 1/2 个周期，s；

T_{2-1}——被校测试仪的交流输出电压超前于波谷的断电时刻 T_2 与波峰时刻 T_1 的时间间隔，s；

T_{4-3}——被校测试仪的交流输出电压滞后于波谷的断电时刻 T_4 与波谷时刻 T_3 的时间间隔，s。

7.2.6 测试时间

7.2.6.1 按图 4（a）连接，被校测试仪交流电压输出端与电压探头输入端连接，电压探头输出端接数字示波器进行采样。

7.2.6.2 校准点的选取，建议选取 1s、2s、5s、10s 校准点。

7.2.6.3 将被校测试仪设定为波峰或者波谷断电，调节被校测试仪的交流输出电压为 110V 或者 220V；根据校准点，设定被校测试仪的测试时间，数字示波器记录被校测试仪供电、断电以及测试的整个过程的波形，如图 6 所示，根据获取的波形，读取被校测试仪的交流输出电压断电时刻 T_1 与剩余电压测量时刻 T_2 之间的时间间隔 T_s，按式（10）计算，并记录于附录 A 表 A.6 中。

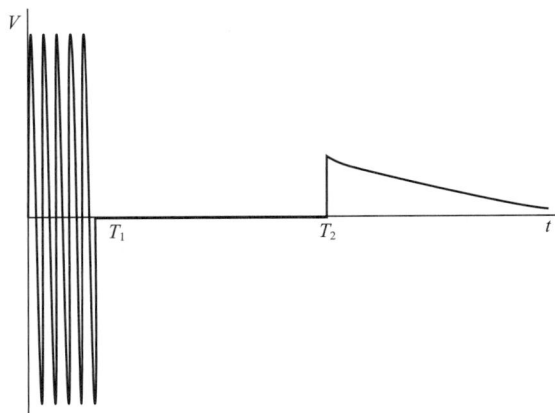

图 6 剩余电压测试仪供电、断电以及测试过程波形图

测试时间的误差按式（11）计算，并记录于附录 A 表 A.6 中。

$$T_s = T_2 - T_1 \tag{10}$$

$$\Delta = T_x - T_s \tag{11}$$

式中：

Δ——被校测试仪的测试时间设定值的绝对误差，s；

T_x——被校测试仪的测试时间设定值，s；

T_1——被校测试仪的交流输出电压的断电时刻，s；

T_2——被校测试仪的剩余电压测试时刻，s；

T_s——示波器读取的被校测试仪剩余电压测试时刻 T_2 与交流输出电压断电时刻 T_1 的时间间隔，s。

7.2.7 输入阻抗

按图 7 连接，将被校测试仪的剩余电压测量端与高阻计的测量端连接，被校测试仪处于开机状态，设定为剩余电压测量功能，高阻计的测试电压应尽可能大，但前提是不能超出剩余电压的最大测量范围，读取高阻计的电阻示值 R_s，即为被校测试仪的输入阻抗，并记录于附录 A 表 A.7 中。

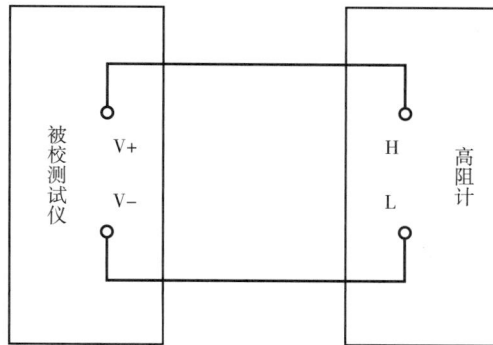

图7　输入阻抗校准示意图

8　校准结果表达

校准完成后的仪表应出具校准证书。校准证书应至少包含以下信息：

a）标题："校准证书"；

b）实验室名称和地址；

c）进行校准地点（如果与实验室的地址不同）；

d）证书的唯一性标识（如编号），每页和总页数的标识；

e）客户的名称和地址；

f）被校对象的描述和明确标识；

g）进行校准的日期，如果与校准结果的有效性和应用有关时，应说明被校对象的接收日期；

h）如果与校准结果的有效性应用有关时，应对被校样品的抽样程序进行说明；

i）校准所依据的技术规范的标识，包括名称及代号；

j）本次校准所用测量标准的溯源性及有效性说明；

k）校准环境的描述；

l）校准结果及其测量不确定度的说明；

m）对校准规范的偏离的说明；

n）校准证书签发人的签名、职务或等效标识；

o）校准结果仅对被校对象有效的声明；

p）未经实验室书面批准，不得部分复制证书的声明。

9　复校时间间隔

建议复校时间间隔不超过1年。由于复校时间间隔的长短是由仪器的使用情况、使用者、仪器本身质量等诸多因素所决定的，送校的单位可根据实际使用情况自主决定复校时间间隔。

附录 A 原始记录格式

A.1 外观及工作正常性检查

表 A.1 外观及工作正常性检查

外观检查：	合格□	不合格□	
工作正常性检查：	合格□	不合格□	

A.2 剩余电压

表 A.2 剩余电压

标准值	示值	示值误差	测量不确定度

A.3 交流输出电压

表 A.3 交流输出电压

示值	标准值	示值误差	测量不确定度

A.4 交流输出电压持续（保持）时间

表 A.4 交流输出电压持续（保持）时间

设定值	测量值	标准值	示值误差	测量不确定度

A.5 断电时刻误差

表 A.5 断电时刻误差

断电时刻误差：	测量不确定度：	

A.6 测试时间

表 A.6 测试时间

设定值	标准值	示值误差	测量不确定度

A.7 输入阻抗

表 A.7 输入阻抗

输入阻抗：	测量不确定度：

附录 B　校准证书内页格式

B.1　外观及工作正常性检查

表 B.1　外观及工作正常性检查

外观检查：	合格□	不合格□
工作正常性检查：	合格□	不合格□

B.2　剩余电压

表 B.2　剩余电压

标准值	示值	示值误差	测量不确定度

B.3　交流输出电压

表 B.3　交流输出电压

示值	标准值	示值误差	测量不确定度

B.4　交流输出电压持续（保持）时间

表 B.4　交流输出电压持续（保持）时间

设定值	标准值	示值误差	测量不确定度

B.5　断电时刻误差

表 B.5　断电时刻误差

断电时刻误差：	测量不确定度：

278

B.6 测试时间

表 B.6 测试时间

设定值	标准值	示值误差	测量不确定度

B.7 输入阻抗

表 B.7 输入阻抗

输入阻抗：	测量不确定度：

附录 C　测量不确定度评定示例

C.1　剩余电压测量不确定度评定

C.1.1　测量方法

按规范中 7.2.2 校准，采用标准源法直接测量。

C.1.2　测量模型

在标准条件下，忽略温度、湿度、磁场等环境因素的影响，有：

$$\Delta = V_x - V_s$$

式中：

Δ ——被校剩余电压测试仪剩余电压示值的绝对误差，V；

V_x ——被校剩余电压测试仪的剩余电压示值，V；

V_s ——直流标准电压源的输出标准值，V。

C.1.3　不确定度传播律

由于各输入量互不相关，对上式求偏导，则不确定度传播律为：

$$u_c(\Delta) = \sqrt{c_1{}^2 u^2(V_x) + c_2{}^2 u^2(V_s)}$$

式中灵敏系数：$c_1 = \dfrac{\partial \Delta}{\partial V_x} = 1$，$c_2 = \dfrac{\partial \Delta}{\partial V_s} = -1$，则 $u_c(\Delta) = \sqrt{u^2(V_x) + u^2(V_s)}$。

C.1.4　主要不确定度来源

a）直流标准电压源不准确引入的标准不确定度分量 $u(V_s)$；

b）被校剩余电压测试仪分辨力不足引入的标准不确定度分量 $u_1(V_x)$；

c）测量重复性引入的标准不确定分量 $u_2(V_x)$。

C.1.5　标准不确定度评定

C.1.5.1　直流标准电压源不准确引入的标准不确定度分量 u（V_s）

直流标准电压源经上级计量机构量值传递合格，根据说明书技术指标，直流电压 60V 的最大允许误差为 ±0.06V，则区间半宽度为 0.06V，认为服从均匀分布，置信因子 $k = \sqrt{3}$，则：

$$u(V_s) = \frac{0.06\text{V}}{\sqrt{3}} = 0.035\text{V}$$

C.1.5.2　被校剩余电压测试仪分辨力不足引入的标准不确定度分量 u_1（V_x）

被校剩余电压测试仪的分辨力为 0.1V，则区间半宽度为 0.05V，认为服从均匀分布，置信因子 $k = \sqrt{3}$，则：

$$u_1(V_x) = \frac{0.05\text{V}}{\sqrt{3}} = 0.029\text{V}$$

C.1.5.3　测量重复性引入的标准不确定分量 u_2（V_x）

在重复性条件下，用直流标准电压源对被校剩余电压测试仪进行重复测量 10 次，测得数据见表 C.1。

表 C.1　测得数据记录表

次数（x_i）	1	2	3	4	5
测得值/V	60.5	60.7	60.5	60.8	60.6
次数（x_i）	6	7	8	9	10
测得值/V	60.4	60.7	60.5	60.7	60.4

测量结果的平均值：

$$\bar{x} = \frac{1}{10}\sum_{x=1}^{10} x_i = 60.6\text{V}$$

单次测量值的实验标准偏差：

$$s(x_i) = \sqrt{\frac{1}{n-1}\sum_{i=1}^{n}(x-\bar{x})^2} = 0.14\text{V}$$

则：$u_2(V_x) = s(x_i) = 0.14\text{V}$。

C.1.6　标准不确定度一览表（表 C.2）

表 C.2　标准不确定度一览表

输入量	不确定度来源	概率分布	评定方法	灵敏系数	标准不确定度
$u(V_s)$	直流标准电压源不准确引入	均匀	B	-1	0.035V
$u_1(V_x)$	被校剩余电压测试仪分辨力不足	均匀	B	1	0.029V
$u_2(V_x)$	测量重复性	正态	A	1	0.14V

C.1.7　合成标准不确定度

考虑到被校剩余电压测试仪的重复性和分辨力为同种影响量且相互影响，存在重复，在合成标准不确定度时将两者中的较小者舍去，则：

$$u_c = \sqrt{u^2(V_s) + u_2^2(V_x)} = \sqrt{(0.035\text{V})^2 + (0.14\text{V})^2} \approx 0.15\text{V}$$

C.1.8　扩展不确定度

取 $k=2$，则剩余电压 60V 测量点校准结果的扩展不确定度为：

$$U = k \times u_c = 2 \times 0.15\text{V} = 0.3\text{V}$$

换算至相对扩展不确定度为：

$$U_{\text{rel}} = 0.5\%$$

C.2　交流输出电压测量不确定度评定

C.2.1　测量方法

按规范中 7.2.3 校准，采用标准表法直接测量。

C.2.2　测量模型

在标准条件下，忽略温度、湿度、磁场等环境因素的影响，有：

$$\Delta = V_x - V_s$$

式中：

Δ　——被校剩余电压测试仪的交流输出电压示值的绝对误差，V；

V_x　——被校剩余电压测试仪的交流输出电压示值，V；

V_s ——数字多用表的交流电压示值，V。

C.2.3 不确定度传播律

由于各输入量互不相关，对上式求偏导，则不确定度传播律为：

$$u_c(\Delta) = \sqrt{c_1^2 u^2(V_x) + c_2^2 u^2(V_s)}$$

式中灵敏系数：$c_1 = \dfrac{\partial \Delta}{\partial V_x} = 1$，$c_2 = \dfrac{\partial \Delta}{\partial V_s} = -1$，则 $u_c(\Delta) = \sqrt{u^2(V_x) + u^2(V_s)}$。

C.2.4 主要不确定度来源

a) 数字多用表测量不准确引入的标准不确定度分量 $u_1(V_s)$；

b) 数字多用表分辨力不足引入的标准不确定度分量 $u_2(V_s)$；

c) 测量重复性引入的标准不确定分量 $u(V_x)$。

C.2.5 标准不确定度评定

C.2.5.1 数字多用表测量不准确引入的标准不确定度分量 u_1（V_s）

数字多用表经上级计量机构量值传递合格，根据说明书技术指标，测量交流电压 220V/50Hz 的最大允许误差为±0.36V，则区间半宽度为 0.36V，认为服从均匀分布，置信因子 $k=\sqrt{3}$，则：

$$u_1(V_s) = \frac{0.36V}{\sqrt{3}} = 0.21V$$

C.2.5.2 数字多用表分辨力不足引入的标准不确定度分量 u_2（V_s）

数字多用表的分辨力为 0.01V，则区间半宽度为 0.005V，认为服从均匀分布，置信因子 $k=\sqrt{3}$，则：

$$u_2(V_s) = \frac{0.005V}{\sqrt{3}} = 0.0029V$$

C.2.5.3 测量重复性引入的标准不确定分量 u（V_x）

在重复性条件下，用数字多用表对被校剩余电压测试仪进行重复测量 10 次，测得数据见表 C.3。

表 C.3 测得数据记录表

次数（x_i）	1	2	3	4	5
测得值/V	220.55	220.38	220.66	220.33	220.17
次数（x_i）	6	7	8	9	10
测得值/V	220.25	220.19	220.35	220.67	220.21

测量结果的平均值：

$$\bar{x} = \frac{1}{10} \sum_{x=1}^{10} x_i = 220.38V$$

单次测量值的实验标准偏差：

$$s(x_i) = \sqrt{\frac{1}{n-1} \sum_{i=1}^{n} (x - \bar{x})^2} = 0.19V$$

则：$u(V_x) = s(x_i) = 0.19V$。

C.2.6 标准不确定度一览表（表 C.4）

表 C.4 标准不确定度一览表

输入量	不确定度来源	概率分布	评定方法	灵敏系数	标准不确定度
$u_1(V_s)$	数字多用表测量不准确引入	均匀	B	-1	0.21V
$u_2(V_s)$	数字多用表分辨力不足	均匀	B	1	0.0029V
$u(V_x)$	测量重复性	正态	A	1	0.19V

C.2.7 合成标准不确定度

考虑到测量重复性和分辨力为同种影响量且相互影响，存在重复，在合成标准不确定度时将两者中的较小者舍去，则：

$$u_c = \sqrt{u_1{}^2(V_s) + u^2(V_x)} = \sqrt{(0.21V)^2 + (0.19V)^2} = 0.29V$$

C.2.8 扩展不确定度

取 $k=2$，则交流输出电压 220V/50Hz 校准结果的扩展不确定度为：

$$U = k \times u_c = 2 \times 0.29V = 0.58V$$

换算至相对扩展不确定度为：$U_{rel} = 0.3\%$。

C.3 交流输出电压持续（保持）时间测量不确定度评定

C.3.1 测量方法

按规范中 7.2.4 校准，采用直接测量法。

C.3.2 测量模型

在标准条件下，忽略温度、湿度、磁场等环境因素的影响，有：

$$\Delta = T_x - T_s$$

式中：

Δ ——被校剩余电压测试仪交流输出电压持续（保持）时间设定值的绝对误差，s；

T_x ——被校剩余电压测试仪交流输出电压持续（保持）时间设定值，s；

T_s ——标准计时器的时间示值，s。

C.3.3 不确定度传播律

由于各输入量互不相关，对上式求偏导，则不确定度传播律为：

$$u_c(\Delta) = \sqrt{c_1{}^2 u^2(T_x) + c_2{}^2 u^2(T_s)}$$

式中灵敏系数：$c_1 = \frac{\partial \Delta}{\partial T_x} = 1$，$c_2 = \frac{\partial \Delta}{\partial T_s} = -1$，则 $u_c(\Delta) = \sqrt{u^2(T_x) + u^2(T_s)}$。

C.3.4 主要不确定度来源

a）标准计时器测量不准确引入的标准不确定度分量 $u_1(T_s)$；

b）标准计时器分辨力不足引入的标准不确定度分量 $u_2(T_s)$；

c）测量重复性引入的标准不确定分量 $u(T_x)$。

C.3.5 标准不确定度评定

C.3.5.1 标准计时器测量不准确引入的标准不确定度分量 $u_1(T_s)$

标准计时器经计量机构量值传递合格，根据说明书技术指标，测量时间 60s 的最大允许误差为

±0.05s，则区间半宽度为 0.05s，认为服从均匀分布，置信因子 $k = \sqrt{3}$，则：

$$u_1(T_s) = \frac{0.05s}{\sqrt{3}} = 0.029s$$

C.3.5.2 标准计时器分辨力不足引入的标准不确定度分量 u_2（T_s）

标准计时器的分辨力为 0.01s，则区间半宽度为 0.005s，认为服从均匀分布，置信因子 $k = \sqrt{3}$，则：

$$u_2(T_s) = \frac{0.005s}{\sqrt{3}} = 0.0029s$$

C.3.5.3 测量重复性引入的标准不确定分量 u（T_x）

在重复性条件下，用标准计时器对被校剩余电压测试仪进行重复测量 10 次，测得数据见表 C.5。

表 C.5　测得数据记录表

次数	1	2	3	4	5
测得值/s	60.05	60.14	60.24	60.08	60.22
次数	6	7	8	9	10
测得值/s	60.13	60.32	60.18	60.29	60.14

测量结果的平均值：

$$\bar{x} = \frac{1}{10}\sum_{x=1}^{10} x_i = 60.18s$$

单次测量值的实验标准偏差：

$$s(x_i) = \sqrt{\frac{1}{n-1}\sum_{i=1}^{n}(x-\bar{x})^2} = 0.09s$$

取两次测量值的平均值作为测量结果，则 $u(T_x) = \frac{s(x_i)}{\sqrt{2}} = 0.07s$。

C.3.6 标准不确定度一览表（表 C.6）

表 C.6　标准不确定度一览表

输入量	不确定度来源	概率分布	评定方法	灵敏系数	标准不确定度
$u_1(T_s)$	标准计时器测量不准确引入	均匀	B	−1	0.029s
$u_2(T_s)$	标准计时器分辨力不足	均匀	B	1	0.0029s
$u(T_x)$	测量重复性	正态	A	1	0.07s

C.3.7 合成标准不确定度

考虑到重复性和分辨力为同种影响量且相互影响，为避免重复，在合成标准不确定度时将两者中的较小者舍去，则：

$$u_c = \sqrt{u_1^2(T_s) + u^2(T_x)} = \sqrt{(0.029s)^2 + (0.07s)^2} = 0.08s$$

C.3.8 扩展不确定度

取 $k = 2$，则交流输出电压持续（保持）时间 60s 校准结果的扩展不确定度为：

$$U = k \times u_c = 2 \times 0.08s = 0.16s$$

换算至相对扩展不确定度为：$U_{rel} = 0.27\%$。

C.4　断电时刻误差测量不确定度评定

C.4.1　测量方法

按规范中7.2.5校准，采用直接测量法。

C.4.2　测量模型

在标准条件下，忽略温度、湿度、磁场等环境因素的影响，有：

$$\Delta = T_s$$

式中：

Δ——被校剩余电压测试仪的断电时刻误差，s；

T_s——数字示波器读取的被校剩余电压测试仪交流输出电压的实际断电时刻与相邻峰值时刻之间的时间间隔，s。

C.4.3　不确定度传播律

由于各输入量互不相关，对上式求偏导，则不确定度传播律为：

$$u_c(\Delta) = u(T_s)$$

C.4.4　主要不确定度来源

a）数字示波器测量不准确引入的标准不确定度分量 $u_1(T_s)$；

b）数字示波器分辨力不足引入的标准不确定度分量 $u_2(T_s)$；

c）测量重复性引入的标准不确定分量 $u_3(T_s)$。

C.4.5　标准不确定度评定

C.4.5.1　数字示波器测量不准确引入的标准不确定度分量 $u_1(T_s)$

数字示波器经计量机构量值传递合格，其在测量1个周期20ms内的最大允许误差为±0.02ms，区间半宽度为0.02ms，认为服从均匀分布，置信因子 $k=\sqrt{3}$，则：

$$u_1(T_s) = \frac{0.02ms}{\sqrt{3}} = 0.012ms$$

C.4.5.2　数字示波器分辨力不足引入的标准不确定度分量 $u_2(T_s)$

数字示波器的分辨力为0.1ms，则区间半宽度为0.05ms，认为服从均匀分布，置信因子 $k=\sqrt{3}$，则：

$$u_2(T_s) = \frac{0.05ms}{\sqrt{3}} = 0.029ms$$

C.4.5.3　测量重复性引入的标准不确定分量 $u_3(T_s)$

在重复性条件下，用数字示波器对被校剩余电压测试仪断电时刻误差进行重复测量10次，测得数据见表C.7。

表 C.7　测得数据记录表

次数	1	2	3	4	5
测得值/ms	0.4	0.6	0.3	0.6	0.4
次数	6	7	8	9	10
测得值/ms	0.2	0.5	0.6	0.3	0.5

测量结果的平均值：

$$\bar{x} = \frac{1}{10}\sum_{x=1}^{10} x_i = 0.44\text{ms}$$

单次测量值的实验标准偏差：

$$s(x_i) = \sqrt{\frac{1}{n-1}\sum_{i=1}^{n}(x-\bar{x})^2} = 0.14\text{ms}$$

则：$u_3(T_s) = s(x_i) = 0.14\text{ms}$。

C.4.6 标准不确定度一览表（表C.8）

表 C.8 标准不确定度一览表

输入量	不确定度来源	概率分布	评定方法	灵敏系数	标准不确定度
$u_1(T_s)$	数字示波器测量不准确	均匀	B	1	0.012ms
$u_2(T_s)$	数字示波器分辨力不足	均匀	B	1	0.029ms
$u_3(T_s)$	测量重复性	正态	A	1	0.14ms

C.4.7 合成标准不确定度

考虑到重复性和分辨力为同种影响量且相互影响，为避免重复，在合成标准不确定度时将两者中的较小者舍去，则：

$$u_c = \sqrt{u_1{}^2(T_s) + u_3{}^2(T_s)} = \sqrt{(0.012\text{ms})^2 + (0.14\text{ms})^2} = 0.14\text{ms}$$

C.4.8 扩展不确定度

取 $k=2$，则断电时刻误差校准结果的扩展不确定度为：

$$U = k \times u_c = 2 \times 0.14\text{ms} \approx 0.3\text{ms}$$

C.5 测试时间测量不确定度评定

C.5.1 测量方法

按规范中7.2.6校准，采用直接测量法。

C.5.2 测量模型

在标准条件下，忽略温度、湿度、磁场等环境因素的影响，有：

$$\Delta = T_x - T_s$$

式中：

Δ ——被校剩余电压测试仪的测试时间设定值的绝对误差，s；

T_x ——被校剩余电压测试仪的测试时间设定值，s；

T_s ——数字示波器读取的被校剩余电压测试仪剩余电压测试时刻与交流输出电压断电时刻之间的时间间隔，s。

C.5.3 不确定度传播律

由于各输入量互不相关，对上式求偏导，则不确定度传播律为：

$$u_c(\Delta) = \sqrt{c_1{}^2 u^2(T_x) + c_2{}^2 u^2(T_s)}$$

其中，灵敏系数：$c_1 = \frac{\partial \Delta}{\partial T_x} = 1$，$c_2 = \frac{\partial \Delta}{\partial T_s} = -1$，则：$u_c(\Delta) = \sqrt{u^2(T_x) + u^2(T_s)}$。

C.5.4 主要不确定度来源

a）数字示波器测量不准确引入的标准不确定度分量 $u_1(T_s)$；

b）数字示波器分辨力不足引入的标准不确定度分量 $u_2(T_s)$；

c）测量重复性引入的标准不确定分量 $u(T_x)$。

C.5.5 标准不确定度评定

C.5.5.1 数字示波器测量不准确引入的标准不确定度分量 u_1 (T_s)

数字示波器经计量机构量值传递合格，根据说明书技术指标，时间间隔测量最大允许误差为±0.1%，测量时间 1s 的最大允许误差为±1ms，则区间半宽度为 1ms，认为服从均匀分布，置信因子 $k=\sqrt{3}$，则：

$$u_1(T_s) = \frac{1\text{ms}}{\sqrt{3}} = 0.59\text{ms}$$

C.5.5.2 数字示波器分辨力不足引入的标准不确定度分量 u_2 (T_s)

数字示波器的分辨力为 1ms，则区间半宽度为 0.5ms，认为服从均匀分布，置信因子 $k=\sqrt{3}$，则：

$$u_2(T_s) = \frac{0.5\text{ms}}{\sqrt{3}} = 0.29\text{ms}$$

C.5.5.3 测量重复性引入的标准不确定分量 u (T_x)

在重复性条件下，用数字示波器对被校剩余电压测试仪的测试时间进行重复测量 10 次，测得数据见表 C.9。

表 C.9 测得数据记录表

次数	1	2	3	4	5
测得值/s	1.002	1.004	1.003	1.005	1.003
次数	6	7	8	9	10
测得值/s	1.004	1.006	1.005	1.003	1.005

测量结果的平均值：

$$\bar{x} = \frac{1}{10}\sum_{x=1}^{10} x_i = 1.004\text{s}$$

单次测量值的实验标准偏差：

$$s(x_i) = \sqrt{\frac{1}{n-1}\sum_{i=1}^{n}(x - \bar{x})^2} = 1.3\text{ms}$$

则：$u(T_x) = s(x_i) = 1.3\text{ms}$。

C.5.6 标准不确定度一览表（表 C.10）

表 C.10 标准不确定度一览表

输入量	不确定度来源	概率分布	评定方法	灵敏系数	标准不确定度
$u_1(T_s)$	数字示波器测量不准确	均匀	B	−1	0.59ms
$u_2(T_s)$	数字示波器分辨力不足	均匀	B	1	0.29ms
$u(T_x)$	测量重复性	正态	A	1	1.3ms

C.5.7　合成标准不确定度

考虑到重复性和分辨力为同种影响量且相互影响，为避免重复，在合成标准不确定度时将两者中的较小者舍去，则：

$$u_c = \sqrt{u_2{}^2(T_s) + u^2(T_x)} = \sqrt{(0.59\text{ms})^2 + (1.3\text{ms})^2} = 1.5\text{ms}$$

C.5.8　扩展不确定度

取 $k = 2$，则测试时间 1s 校准结果的扩展不确定度为：

$$U = k \times u_c = 2 \times 1.5\text{ms} = 3\text{ms}$$

换算至相对扩展不确定度为：$U_{\text{rel}} = 0.3\%$。

C.6　输入阻抗测量不确定度评定

C.6.1　测量方法

按规范中 7.2.7 校准，采用直接测量法。

C.6.2　测量模型

在标准条件下，忽略温度、湿度、磁场等环境因素的影响，有：

$$R_x = R_s$$

式中：

R_x——被校剩余电压测试仪的输入阻抗，Ω；

R_s——高阻计的电阻示值，Ω。

C.6.3　不确定度传播律

由于各输入量互不相关，对上式求偏导，则不确定度传播律为：

$$u_c(R_x) = u(R_s)$$

C.6.4　主要不确定度来源

a) 高阻计测量不准确引入的标准不确定度分量 $u_1(R_s)$；

b) 高阻计分辨力不足引入的标准不确定度分量 $u_2(R_s)$；

c) 测量重复性引入的标准不确定分量 $u_3(R_s)$。

C.6.5　标准不确定度评定

C.6.5.1　高阻计测量不准确引入的标准不确定度分量 $u_1(R_s)$

高阻计经计量机构量值传递合格，根据说明书技术指标，100MΩ 电阻测量的最大允许误差为 ±7MΩ，则区间半宽度为 7MΩ，认为服从均匀分布，置信因子 $k = \sqrt{3}$，则：

$$u_1(R_s) = \frac{7\text{M}\Omega}{\sqrt{3}} = 4.1\text{M}\Omega$$

C.6.5.2　高阻计分辨力不足引入的标准不确定度分量 $u_2(R_s)$

高阻计的分辨力为 1MΩ，则区间半宽度为 0.5MΩ，认为服从均匀分布，置信因子 $k = \sqrt{3}$，则：

$$u_2(R_s) = \frac{0.5\text{M}\Omega}{\sqrt{3}} = 0.29\text{M}\Omega$$

C.6.5.3　测量重复性引入的标准不确定分量 $u_3(R_s)$

在重复性条件下，用高阻计对被校剩余电压测试仪的输入阻抗进行重复测量 10 次，测得数据见表 C.11。

表 C.11　测得数据记录表

次数	1	2	3	4	5
测得值/MΩ	112	115	117	113	115
次数	6	7	8	9	10
测得值/MΩ	114	118	114	119	115

测量结果的平均值：

$$\bar{x} = \frac{1}{10}\sum_{x=1}^{10} x_i = 115 \text{MΩ}$$

单次测量值的实验标准偏差：

$$s(x_i) = \sqrt{\frac{1}{n-1}\sum_{i=1}^{n}(x-\bar{x})^2} = 2.2 \text{MΩ}$$

则：$u_3(R_s) = s(x_i) = 2.2 \text{MΩ}$。

C.6.6　标准不确定度一览表（表 C.12）

表 C.12　标准不确定度一览表

输入量	不确定度来源	概率分布	评定方法	灵敏系数	标准不确定度
$u_1(R_s)$	高阻计测量不准确引入	均匀	B	1	4.1MΩ
$u_2(R_s)$	高阻计分辨力不足	均匀	B	1	0.29MΩ
$u_3(R_s)$	测量重复性	正态	A	1	2.2MΩ

C.6.7　合成标准不确定度

考虑到重复性和分辨力为同种影响量且相互影响，为避免重复，在合成标准不确定度时将两者中的较小者舍去，则：

$$u_c = \sqrt{u_1^2(R_s) + u_3^2(R_s)} = \sqrt{(4.1\text{MΩ})^2 + (2.2\text{MΩ})^2} = 4.7\text{MΩ}$$

C.6.8　扩展不确定度

取 $k=2$，则输入阻抗校准结果的扩展不确定度为：

$$U = k \times u_c = 2 \times 4.7\text{MΩ} \approx 10\text{MΩ}$$

JJF

中华人民共和国工业和信息化部
电子计量技术规范

JJF（电子）0092—2023

电磁兼容高阻抗电压探头校准规范

Calibration Specification for EMC High Impedance Voltage Probes

2023-08-16 发布   2023-09-01 实施

中华人民共和国工业和信息化部   发 布

电磁兼容高阻抗电压探头
校准规范
Calibration Specification for EMC High
Impedance Voltage Probes

JJF（电子）0092—2023

归 口 单 位：中国电子技术标准化研究院
主要起草单位：中国电子技术标准化研究院
江苏省电子信息产品质量监督检验研究院
（江苏省信息安全测评中心）

本规范技术条文委托起草单位负责解释

本规范主要起草人：

　　张　婷（中国电子技术标准化研究院）

　　朱明星（江苏省电子信息产品质量监督检验研究院）

　　褚　楚（中国电子技术标准化研究院）

参 加 起 草 人：

　　齐昕雨（江苏省电子信息产品质量监督检验研究院）

　　邓天垚（江苏省电子信息产品质量监督检验研究院）

　　张　珊（中国电子技术标准化研究院）

目　录

引　言

　　本规范依据 JJF 1071—2010《国家计量校准规范编写规则》和 JJF 1059.1—2012《测量不确定度评定与表示》编写。

　　本规范为首次发布。

电磁兼容高阻抗电压探头校准规范

1 范围

本规范适用于符合 GB/T 6113.102—2018《无线电骚扰和抗扰度测量设备和测量方法规范　第 1-2 部分：无线电骚扰和抗扰度测量设备　传导骚扰测量的耦合装置》中 5.2 要求的电磁兼容高阻抗电压探头（以下简称"电压探头"）的校准。与电压探头配合使用的衰减器（分压器）的校准可参考使用。

2 引用文件

本规范引用了下列文件：

GB/T 6113.102—2018《无线电骚扰和抗扰度测量设备和测量方法规范　第 1-2 部分：无线电骚扰和抗扰度测量设备　传导骚扰测量的耦合装置》

CISPR 16-1-2：2017 *Specification for radio disturbance and immunity measuring apparatus and methods—Part 1-2：Radio disturbance and immunity measuring apparatus—Coupling devices for conducted disturbance measurements.*

注：凡是注日期的引用文件，仅注日期的版本适用于本规范；凡是不注日期的引用文件，其最新版本（包括所有的修改单）适用于本规范。

3 概述

电压探头是传导骚扰测试系统中的重要辅助设备，当不能使用人工电源网络（AMN）来测量端子的骚扰电压时，可以使用电压探头来测量。电压探头是由一个隔直电容器 C 和一个电阻 R 串联组成的，使得电源线与地之间的总电阻值为 1500Ω。此探头可用来测量其他电源线上的电压，此时可能需要增加探头的输入阻抗，以避免高阻抗电路过载。为安全起见，电感可跨接在测量接收机的输入端（与地之间），其感抗 X_L 宜远大于 R。

电压探头的结构原理图如图 1 所示。

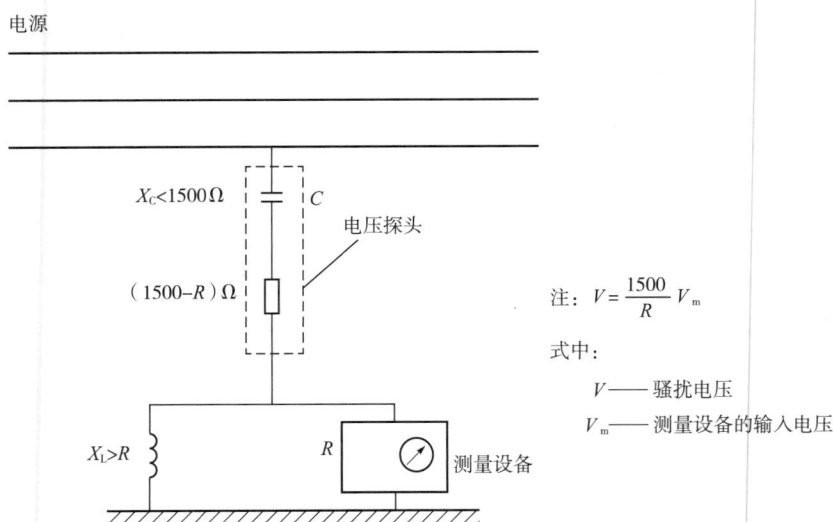

注：$V = \dfrac{1500}{R} V_m$

式中：

V ——骚扰电压

V_m ——测量设备的输入电压

图 1　电压探头结构原理图

4 计量特性

4.1 电压分压系数

频率范围：9kHz～30MHz；

典型值：30dB±1dB。

4.2 输入阻抗

阻抗模值参考值：1500Ω，±5%。

5 校准条件

5.1 环境条件

5.1.1 环境温度：23℃±5℃。

5.1.2 相对湿度：20%～80%。

5.1.3 电源要求：（220±22）V，（50±1）Hz。

5.1.4 周围无影响校准系统正常工作的电磁干扰和机械振动。

5.1.5 保证校准过程中对静电有严格的静电防护措施（如仪器的良好接地、防静电工作服及手环使用等）。

5.2 测量标准及其他设备

5.2.1 网络分析仪

频率范围：9kHz～30MHz；

动态范围：≥60dB；

传输系数幅值测量最大允许误差：±（0.01～0.4）dB；

阻抗测量最大允许误差：±5%。

5.2.2 50Ω 同轴匹配负载

频率范围：9kHz～30MHz；

电压驻波比：≤1.05。

5.2.3 T 型三通

频率范围：9kHz～30MHz；

插入损耗：≤0.1dB。

6 校准项目和校准方法

6.1 校准项目

校准项目如表1所示。

表 1　校准项目表

序号	校准项目	类型	条款
1	外观及工作正常性检查	功能检查	6.2

0

表1（续）

序号	校准项目	类型	条款
2	电压分压系数的校准	量值校准	6.3
3	输入阻抗的校准	量值校准	6.4

6.2　外观及工作正常性检查

被校电压探头应结构完好，探头上的插针、接线端子等外露件不应损坏或脱落，不应有影响正常工作的机械碰伤，接线端子等连接器不应有接触不良的现象，将检查结果记录于附录A表A.1中。

6.3　电压分压系数的校准

6.3.1　测量仪器按照说明书的要求进行预热。网络分析仪的扫频范围设置为9kHz~30MHz，测量模式设置为 S_{21} 传输测量，测量格式设置为对数幅度，源功率电平设置为0dB，中频带宽设置为1kHz或更小。

6.3.2　按照图2连接设备，进行参考测量。电压探头输出端口接50Ω匹配负载，输入端子通过BNC转香蕉头连接器与T型三通的端口③连接，网络分析仪端口1和端口2通过线缆分别连接至T型三通的端口①和②。

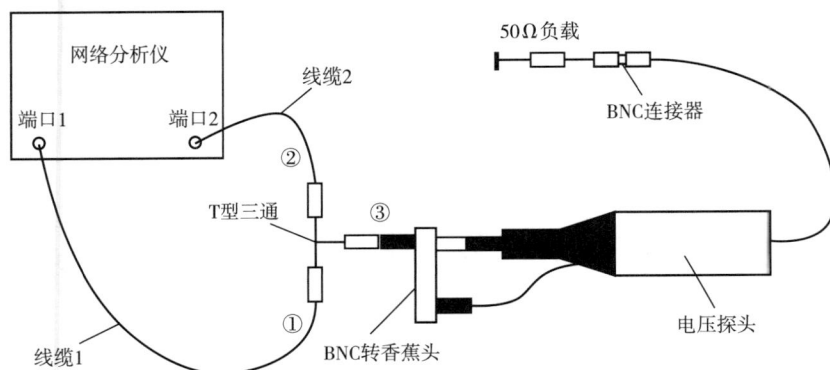

图2　电压分压系数的参考测量布置

6.3.3　网络分析仪进行"直通"校准。

6.3.4　按照图3改变电路连接，T型三通的端口②改接50Ω匹配负载，电压探头的输出端连接至网络分析仪的端口2。

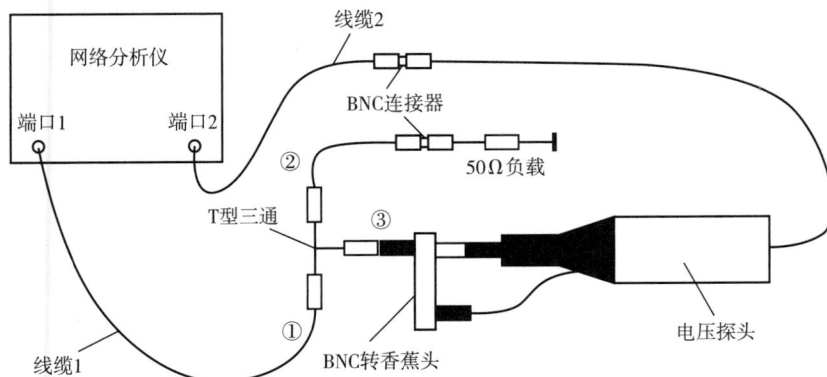

图3　电压分压系数的测量布置

6.3.5 对网络分析仪执行 S_{21} 测量。按照被测仪器技术说明书和用户需求，在网络分析仪上使用游标读出待测频率点的 S_{21} 传输测量结果，取绝对值即为被校电压探头的电压分压系数值，记录在附录 A 表 A.2 中。

6.4 输入阻抗的校准

6.4.1 网络分析仪的扫频范围设置为 9kHz～30MHz，源功率电平设置为 0dB，中频带宽设置为 1kHz 或更小，阻抗测量结果设为"模值—相角"格式。网络分析仪端口 1 连接对应线缆后进行"开路-短路-匹配"单端口校准。

6.4.2 按照图 4 所示，电压探头输入端子通过 BNC 转香蕉头连接器与网络分析仪端口 1 对应的线缆 1 连接，电压探头的输出端口接 50Ω 匹配负载。

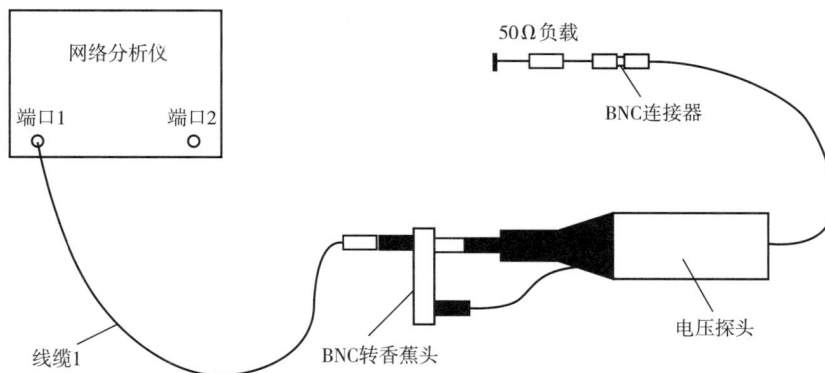

图 4 输入阻抗的测量布置

6.4.3 对网络分析仪执行 S_{11} 测量。按照被测仪器技术说明书和用户需求，在网络分析仪上使用游标读出待测频率点的阻抗测量结果，取阻抗模值即为被校电压探头的输入阻抗值，记录在附录 A 表 A.3 中。

7 校准结果表达

电压探头校准后，出具校准证书。校准证书至少应包含以下信息：
a）标题："校准证书"；
b）实验室名称和地址；
c）进行校准的地点（如果与实验室的地址不同）；
d）证书的唯一性标识（如编号），每页及总页数的标识；
e）客户的名称和地址；
f）被校对象的描述和明确标识；
g）进行校准的日期，如果与校准结果的有效性和应用有关时，应说明被校对象的接收日期；
h）如果与校准结果的有效性应用有关时，应对被校样品的抽样程序进行说明；
i）校准所依据的技术规范的标识，包括名称及代号；
j）本次校准所用测量标准的溯源性及有效性说明；
k）校准环境的描述；
l）校准结果及其测量不确定度的说明；
m）对校准规范的偏离的说明；
n）校准证书签发人的签名、职务或等效标识；

o）校准结果仅对被校对象有效的说明；

p）未经实验室书面批准，不得部分复制证书的声明。

8　复校时间间隔

由于复校时间间隔的长短是由仪器的使用情况、使用者、仪器本身质量等诸因素所决定的，因此，送校单位可根据实际使用情况自主决定复校时间间隔。

推荐复校时间间隔为 12 个月。

附录 A　校准原始记录格式

表 A.1　外观及工作正常性检查

项目	检查结果
外观检查	
工作正常性检查	

表 A.2　电压分压系数校准记录表

频率/Hz	电压分压系数标称值/dB	电压分压系数实测值/dB	不确定度 U（$k=2$）

表 A.3　输入阻抗校准记录表

频率/Hz	输入阻抗标称值/Ω	输入阻抗实测值/Ω	不确定度 U（$k=2$）

附录 B　校准证书内页格式

表 B.1　外观及工作正常性检查

项目	检查结果
外观检查	
工作正常性检查	

表 B.2　电压分压系数

频率/Hz	电压分压系数标称值/dB	电压分压系数实测值/dB	不确定度 U ($k=2$)

表 B.3　输入阻抗

频率/Hz	输入阻抗标称值/Ω	输入阻抗实测值/Ω	不确定度 U ($k=2$)

附录 C 测量不确定度评定示例

C.1 电压分压系数校准的测量不确定度评定

C.1.1 测量模型

依据校准原理，电压分压系数测量模型如式（C.1）：

$$VDF = |S_{21}| \qquad\qquad (C.1)$$

式中：

VDF ——被测电压分压系数，dB；

S_{21} ——网络分析仪传输幅度读数示值，dB。

C.1.2 不确定度来源

a）网络分析仪传输幅度测量的最大允许误差引入的标准不确定度 u_1；

b）T 型三通插入损耗引入的标准不确定度 u_2；

c）校准适配器插入损耗引入的标准不确定度 u_3；

d）失配误差引入的标准不确定度 u_4；

e）负载阻抗变化引入的标准不确定度 u_5；

f）测量重复性变化引入的不确定度分量 u_6。

C.1.3 标准不确定度分量的评定

a）网络分析仪传输幅度测量的最大允许误差引入的标准不确定度 u_1。

用 B 类方法评定。网络分析仪传输幅度测量的最大允许误差为±0.2dB，则区间半宽为 0.2dB，假设为均匀分布，$k=\sqrt{3}$，则：

$$u_1 = 0.2\text{dB}/\sqrt{3} = 0.115\text{dB}$$

b）T 型三通插入损耗引入的标准不确定度 u_2。

用 B 类方法评定。T 型三通插入损耗最大为 0.1dB，则区间半宽为 0.05dB，假设为均匀分布，$k=\sqrt{3}$，则：

$$u_2 = 0.05\text{dB}/\sqrt{3} = 0.029\text{dB}$$

c）校准适配器插入损耗引入的标准不确定度 u_3。

用 B 类方法评定。校准适配器插入损耗最大为 0.2dB，则区间半宽为 0.1dB，假设为均匀分布，$k=\sqrt{3}$，则：

$$u_3 = 0.1\text{dB}/\sqrt{3} = 0.058\text{dB}$$

d）失配误差引入的标准不确定度 u_4。

用 B 类方法评定。电压探头输出端连接网络分析仪输入端，由于阻抗无法完全匹配，会产生失配误差影响测量结果。

电压探头输出端电压驻波比≤1.1。

网络分析仪输入端电压驻波比≤1.2。

失配误差极限用下式估计：

$$\Delta_p = 4.34 \times 2 \times |\Gamma_{out}| |\Gamma_{in}|$$

式中：

Δ_p ——失配误差极限值，dB；

$|\Gamma_{out}|$——电压探头输出端反射系数；

$|\Gamma_{in}|$——网络分析仪输入端反射系数。

根据仪器设备的技术指标，得到：

$$|\Gamma_{out}| = (1.1-1)/(1.1+1) = 0.05$$

$$|\Gamma_{in}| = (1.2-1)/(1.2+1) = 0.09$$

$$\Delta_p = 4.34 \times 2 \times |\Gamma_{out}| \cdot |\Gamma_{in}| \approx 0.039dB$$

失配误差范围为±0.039dB，按反正弦分布处理，$k=\sqrt{2}$，则：

$$u_4 = 0.039dB/\sqrt{2} = 0.028dB$$

e）负载阻抗变化引入的标准不确定度 u_5。

用 B 类方法评定。负载阻抗变化会导致接入电压探头输入探针的信号电平变化，带来测量偏差。采用不同性能的负载做了一组实验，测得负载阻抗变化对测量结果的影响量约为±0.1dB，按反正弦分布处理，$k=\sqrt{2}$，则：

$$u_5 = 0.1dB/\sqrt{2} = 0.071dB$$

f）测量重复性变化引入的不确定度分量 u_6。

按 A 类方法评定。按照 7.3 中的方法测量电压探头在 10MHz 的电压分压系数，进行独立重复测量 10 次，重复性测试数据见表 C.1。

表 C.1　10MHz 电压分压系数测量数据

测量次数	1	2	3	4	5	6	7	8	9	10
测量值/dB	30.08	30.02	29.98	30.09	30.04	29.99	30.07	30.11	30.08	30.01
$\bar{x}$/dB	30.047									
$s(x)$/dB	0.05									

用贝塞尔公式计算得到单次测量值的实验标准偏差为 0.05dB。校准值由 m（$m=1$）次读数的算数平均值得到，故由重复性引起的测量不确定度分量为：

$$u_6 = 0.05dB/\sqrt{m} = 0.05dB$$

C.1.4　合成标准不确定度

电压分压系数的测量不确定度汇总于表 C.2 中。

表 C.2　电压分压系数测量不确定度分量一览表

不确定度分量	不确定度来源	评定方法	分布	k 值	标准不确定度
u_1	网络分析仪传输幅度测量的最大允许误差	B	均匀	$\sqrt{3}$	0.115dB
u_2	T 型三通插入损耗	B	均匀	$\sqrt{3}$	0.029dB
u_3	校准适配器	B	均匀	$\sqrt{3}$	0.058dB
u_4	失配误差	B	反正弦	$\sqrt{2}$	0.028dB
u_5	负载阻抗变化	B	反正弦	$\sqrt{2}$	0.071dB
u_6	测量重复性变化	A	—	—	0.05dB

以上各不确定度分量独立不相关，根据下面公式，则合成标准不确定度为：

$$u_c = \sqrt{u_1^2 + u_2^2 + u_3^2 + u_4^2 + u_5^2 + u_6^2} \approx 0.16dB$$

C.1.5 扩展不确定度

取包含因子 $k=2$，则扩展不确定度 $U=k \times u_c = 0.32\text{dB}$。

C.2 输入阻抗校准的测量不确定度评定

C.2.1 测量模型

依据校准原理，输入阻抗测量模型如式（C.2）：

$$Z = Z_x \qquad (C.2)$$

式中：

Z ——被测输入阻抗，Ω；

Z_x ——网络分析仪阻抗模值读数示值，Ω。

C.2.2 不确定度来源

a）网络分析仪阻抗模值测量的最大允许误差引入的标准不确定度 u_1；

b）校准适配器引入的标准不确定度 u_2；

c）端接负载阻抗变化引入的标准不确定度 u_3；

d）测量重复性变化引入的不确定度分量 u_4。

C.2.3 标准不确定度分量的评定

a）网络分析仪阻抗模值测量的最大允许误差引入的标准不确定度 u_1。

用 B 类方法评定。网络分析仪阻抗模值测量的最大允许误差为 $\pm 1.2\%$，假设为均匀分布，$k=\sqrt{3}$，则：

$$u_1 = 1.2\%/\sqrt{3} = 0.69\%$$

b）校准适配器引入的标准不确定度 u_2。

用 B 类方法评定。校准适配器用于实现同轴与非同轴的转换，由于寄生参数的存在，适配器会使阻抗校准结果产生偏差，实验数据表明，校准适配器对阻抗模值测量结果的影响量为 $\pm 2.5\%$，假设为均匀分布，$k=\sqrt{3}$，则：

$$u_2 = 2.5\%/\sqrt{3} = 1.44\%$$

c）端接负载阻抗变化引入的标准不确定度 u_3。

用 B 类方法评定。在对电压探头的输入阻抗进行校准时，需要在输出端端接 50Ω 同轴匹配负载，由于无法为理想的 50Ω，测量端接负载的驻波比 VSWR 小于 1.02，经计算分析，对阻抗模值测量结果的影响量为 $\pm 2\%$，假设为均匀分布，$k=\sqrt{3}$，则：

$$u_3 = 2\%/\sqrt{3} = 1.15\%$$

d）测量重复性变化引入的不确定度分量 u_4。

按 A 类方法评定。按照 7.4 中的方法测量电压探头在 10MHz 的输入阻抗，进行独立重复测量 10 次，重复性测试数据见表 C.3。算术平均值为 1502.4Ω。

表 C.3　10MHz 输入阻抗测量数据

测量次数	1	2	3	4	5	6	7	8	9	10
测量值/Ω	1505	1496	1504	1497	1503	1508	1494	1509	1507	1501
$\bar{x}/\Omega$	1502.4									
$s(x)/\Omega$	5.26									

用贝塞尔公式计算得到单次测量值的实验标准偏差为 5.26Ω。校准值由 m（$m=1$）次读数的算术平均值得到，故由重复性引起的测量不确定度分量为：

$$u_4 = 5.26\Omega / (1502.4\Omega \cdot \sqrt{m}) = 0.35\%$$

C.2.4　合成标准不确定度

输入阻抗的测量不确定度汇总于表 C.4 中。

表 C.4　输入阻抗测量不确定度分量一览表

不确定度分量	不确定度来源	评定方法	分布	k 值	标准不确定度
u_1	网络分析仪阻抗模值测量的最大允许误差	B	均匀	$\sqrt{3}$	0.69%
u_2	校准适配器	B	均匀	$\sqrt{3}$	1.44%
u_3	远端负载阻抗变化	B	均匀	$\sqrt{3}$	1.15%
u_4	测量重复性变化	A	—	—	0.35%

以上各不确定度分量独立不相关，根据下面公式，则合成标准不确定度为：

$$u_{\text{crel}} = \sqrt{u_1^2 + u_2^2 + u_3^2 + u_4^2} \approx 2.0\%$$

C.2.5　扩展不确定度

取包含因子 $k=2$，则扩展不确定度 $U_{\text{rel}} = k \times u_{\text{crel}} = 4\%$。

中华人民共和国工业和信息化部
电子计量技术规范

JJF（电子）0093—2023

带状线校准规范

Calibration Specification for Striplines

2023-08-16 发布   2023-09-01 实施

中华人民共和国工业和信息化部   发 布

带状线校准规范
Calibration Specification for Striplines

JJF（电子）0093—2023

归 口 单 位：中国电子技术标准化研究院

主要起草单位：广州广电计量检测股份有限公司

广州广电计量检测无锡有限公司

参加起草单位：广电计量检测（成都）有限公司

苏州泰思特电子科技有限公司

南京容向测试设备有限公司

本规范技术条文委托起草单位负责解释

本规范主要起草人：

      张　辉（广州广电计量检测股份有限公司）

      王卓念（广州广电计量检测股份有限公司）

      龙　阳（广州广电计量检测无锡有限公司）

      梁继燊（广州广电计量检测股份有限公司）

参 加 起 草 人：

      张雷刚［广电计量检测（成都）有限公司］

      胡小军（苏州泰思特电子科技有限公司）

      易浦飞（南京容向测试设备有限公司）

目　录

引　言

　　本规范依据 JJF 1071—2010《国家计量校准规范编写规则》和 JJF 1059.1—2012《测量不确定度评定与表示》编写。

　　本规范为首次发布。

带状线校准规范

1 范围

本规范适用于频率 10kHz～1000MHz 范围内带状线的校准，其他以横电磁波（TEM）模式传输的传输线和设备可参照使用。

2 引用文件

本规范引用了下列文件：

GB/T 18655—2018《车辆、船和内燃机 无线电骚扰特性 用于保护车载接收机的限值和测量方法》

GB/T 33014.5—2016《道路车辆 电气/电子部件对窄带辐射电磁能的抗扰性试验方法 第5部分：带状线法》

CISPR 25：2016《车辆、船和内燃机 无线电骚扰特性 用于保护车载接收机的限值和测量方法》（Vehicles, boats and internal combustion engines—Radio disturbance characteristics—Limits and methods of measurement for the protection of on-board receivers）

ISO 11452—5：2002《道路车辆 电气/电子部件对窄带辐射电磁能的抗扰性试验方法 第5部分：带状线法》（Road vehicles—Component test methods for electrical disturbances from narrowband radiated electromagnetic energy—Part 5 Stripline）

注：凡是注日期的引用文件，仅注日期的版本适用于本规范；凡是不注日期的引用文件，其最新版本（包括所有的修改单）适用于本规范。

3 术语和计量单位

3.1 电压驻波比 voltage sanding wave ration（VSWR）

电压驻波比又称驻波系数，驻波图形上电压最大值与电压最小值之比值，是一个无量纲的标量，用 S 表示。

3.2 特性阻抗 characteristic impedance

传输线上入射波电压与入射波电流之比值，或反射波电压与反射波电流之比的负值，单位 Ω。

4 概述

带状线是由有效导体、接地平板和匹配终端组成的传输线，电磁波在有效导体和接地平板之间以横电磁波模式传输，形成均匀的电磁场，用于汽车电子产品及零部件抗干扰性能测试。带状线的特性阻抗有 50Ω、90Ω 和 150Ω，其中 90Ω 带状线的末端有固定匹配终端，典型的 50Ω 带状线结构如图 1 所示。

根据带状线的结构图，l 的尺寸至少为 2m，b 和 h 的比值决定带状线的特性阻抗。若 b 的尺寸远大于 h，可按式（1）计算特性阻抗。

$$Z = \frac{120 \times \pi}{\frac{b}{h} + 2.42 - 0.44 \times \frac{h}{b} + \left(1 - \frac{h}{b}\right)^6} \qquad (1)$$

式中：

Z——带状线的特性阻抗，Ω；

π——约等于 3.14159。

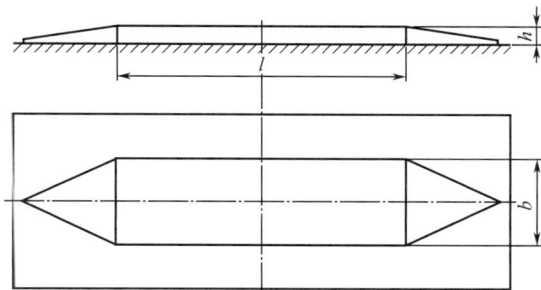

图中：

l——有效导体的长度，mm；

b——有效导体的宽度，mm；

h——有效导体在接地平板以上的高度，mm。

图 1　50Ω 带状线结构示意图

5　计量特性

5.1　电压驻波比

电压驻波比：1~3；

频率范围：10kHz~1000MHz。

5.2　特性阻抗

特性阻抗：（50~150）Ω；

最大允许误差：$\pm 10\%$。

注：以上范围及指标不适用于合格性判定，仅供参考。

6　校准条件

6.1　环境条件

6.1.1　环境温度：23℃±5℃。

6.1.2　环境相对湿度：≤80%。

6.1.3　供电电源：电压（220±11）V，频率（50±1）Hz。

6.1.4　其他：周围无影响仪器正常工作的电磁干扰和机械振动，宜在电磁屏蔽室或电波暗室中进行。

6.2　测量标准及其他设备

6.2.1　网络分析仪

频率范围：10kHz~1000MHz；

反射系数：0~1，最大允许误差：±（0.06~0.18）。

6.2.2 特性阻抗测试仪

特性阻抗：（50~150）Ω；

最大允许误差：±（1%~2%）。

注：也可用指标相当的取样示波器或带时域反射测量选件的矢量网络分析仪。

7 校准项目和校准方法

7.1 外观及工作正常性检查

被校带状线外观应完好，有效导体和接地平板应平整无明显变形，检查结果记录于附录 A 表 A.1 中。

7.2 电压驻波比

7.2.1 设置网络分析仪为单端口测量 S_{11}，中频带宽设为不大于 100Hz，起始频率为 10kHz，终止频率 1000MHz，测试线缆接网络分析仪测量端口，在线缆端口用开路-短路-负载校准件对网络分析仪进行单端口自校准，选择电压驻波比测量功能。

7.2.2 如图 2 所示，将被校带状线的输入端接至网络分析仪的测量端口，特性阻抗为 50Ω 或 150Ω 的带状线需在末端接匹配终端负载，特性阻抗为 90Ω 的带状线无须匹配终端负载。

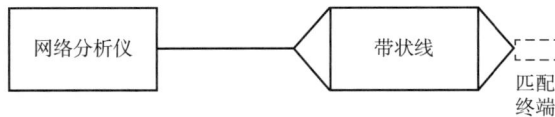

图 2 电压驻波比测量示意图

7.2.3 在带状线工作频率范围内均匀选点，所选频率点应包括带状线频率的上下限，用网络分析仪标记功能读取各频率点的电压驻波比 S，记录于附录 A 表 A.2 中。

7.3 特性阻抗

7.3.1 将测试线缆接至特性阻抗测试仪测试端口，按特性阻抗测试仪校准向导在线缆端口对特性阻抗测试仪进行自校准，设置特性阻抗测试仪为刻度自动缩放，调整垂直和水平显示刻度，打开光标功能，设置光标 1 位于阻抗变化值的 50% 处，即为测试线缆端口的位置 t_1。

7.3.2 按图 3 所示连接特性阻抗测试仪和被校带状线，设置光标 2 位于末端阻抗变化值的 50% 处，即为被校带状线匹配终端或开路的位置 t_2。

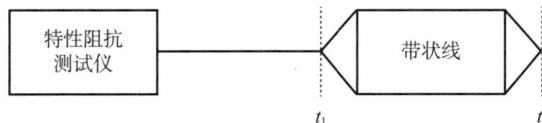

图 3 特性阻抗测量示意图

7.3.3 用式（2）计算被校带状线的传播时间或长度。

带状线的传播时间：

$$T_r = t_2 - t_1 \qquad (2)$$

式中：

T_r——带状线的传播时间，ns；

t_1——带状线输入端口位置，ns；

t_2——带状线匹配终端或开路的位置，ns。

7.3.4 根据使用需求和位置，用下列算式计算被校带状线的测量区域，以计算 30%~70% 为例。

测量区域的起始时刻 t_i 用式（3）计算：

$$t_i = t_1 + 30\% T_r \tag{3}$$

测量区域的结束时刻 t_f 用式（4）计算：

$$t_f = t_1 + 70\% T_r \tag{4}$$

7.3.5 设置特性阻抗测试仪的起始时刻为 t_i，结束时刻为 t_f，打开特性阻抗测试仪的统计功能，记录带状线特性阻抗的平均值于附录 A 表 A.3 中。

8 校准结果表达

校准后，出具校准证书。校准证书应至少包含以下信息：

a）标题："校准证书"；

b）实验室名称和地址；

c）进行校准的地点（如果与实验室的地址不同）；

d）证书或报告的唯一性标识（如编号），每页及总页数的标识；

e）客户的名称和地址；

f）被校准对象的描述和明确标识；

g）进行校准的日期，如果与校准结果的有效性和应用有关时，应说明被校对象的接收日期；

h）如果与校准结果的有效性应用有关时，应对被校样品的抽样程序进行说明；

i）校准所依据的技术规范的标识，包括名称及代号；

j）本次校准所用测量标准的溯源性及有效性说明；

k）校准环境的描述；

l）校准结果及其测量不确定度的说明；

m）对校准规范的偏离的说明；

n）校准证书签发人的签名、职务或等效标识；

o）校准结果仅对被校对象有效的说明；

p）未经实验室书面批准，不得部分复制证书的声明。

9 复校时间间隔

建议复校时间间隔不超过 1 年。由于复校时间间隔的长短是由仪器的使用情况、使用者、仪器本身质量等诸多因素决定的，因此，送校单位可根据实际使用情况自主决定复校时间间隔。

附录 A　原始记录格式

A.1　外观及工作正常性检查

表 A.1　外观及工作正常性检查

项目	检查结果
外观及工作正常性检查	

A.2　电压驻波比

表 A.2　电压驻波比

频率	电压驻波比 S	不确定度 U（$k=2$）
10kHz		
…		
1000MHz		

A.3　特性阻抗

表 A.3　特性阻抗

测量区域：			
标称值/Ω	示值/Ω	示值误差/Ω	不确定度 U（$k=2$）

附录 B 校准证书内页格式

B.1 外观及工作正常性检查

表 B.1 外观及工作正常性检查

项目	检查结果
外观及工作正常性检查	

B.2 电压驻波比

表 B.2 电压驻波比

频率	电压驻波比 S_{VSWR}	不确定度 U（$k=2$）
10kHz		
...		
1000MHz		

B.3 特性阻抗

表 B.3 特性阻抗

测量区域：

标称值/Ω	示值/Ω	示值误差/Ω	不确定度 U（$k=2$）

附录 C 测量不确定度评定示例

C.1 电压驻波比测量结果不确定度评定

C.1.1 测量模型

用网络分析仪测量带状线电压驻波比的测量模型为：

$$S = S_0 \tag{C.1}$$

式中：

S ——被校带状线的电压驻波比；

S_0 ——网络分析仪的示值。

C.1.2 不确定度来源

不确定度来源主要有：网络分析仪溯源不确定度、测量重复性和示值分辨力等引入的不确定度分量。

C.1.3 标准不确定度评定

C.1.3.1 网络分析仪溯源不确定度引入的不确定度分量 u_1

网络分析仪电压驻波比溯源的不确定度为 $U=0.015$，$k=2$，则不确定度分量 $u_1=0.015/2=0.0075$。

C.1.3.2 示值分辨力引入的不确定度分量 u_2

网络分析仪电压驻波比测量分辨力为 0.01，按均匀分布，$k=\sqrt{3}$，由分辨力引入的不确定度分量 $u_2=0.001/2\sqrt{3}=0.0029$。

C.1.3.3 测量重复性引入的不确定度分量 u_A

在 400MHz 对带状线的电压驻波比进行重复测量，结果见表 C.1。

表 C.1 测量数据记录表

测量序号	1	2	3	4	5
测量结果	1.71	1.69	1.65	1.69	1.68
测量序号	6	7	8	9	10
测量结果	1.67	1.72	1.74	1.75	1.72
平均值 $\bar{x}$	1.702		标准差 s	0.032	

测量重复性引入的标准不确定度分量：

$$u_A = s = \sqrt{\frac{\sum_{i=1}^{10}(x_i-x_a)^2}{n-1}} = 0.032$$

由于测量重复性包含了读数时因分辨力引入的误差，因此由分辨力引入的不确定度分量 u_2 和测量重复性引入的不确定度分量 u_A 取大者。

318

C.1.4 合成标准不确定度

C.1.4.1 主要不确定度汇总表（表 C.2）

表 C.2 主要不确定度

不确定度来源（u_i）	$a_i/\%$	k_i	$u_i/\%$
网络分析仪误差，u_1	0.015	2	0.0075
示值分辨力，u_2	0.005	$\sqrt{3}$	0.0029
测量重复性，u_A	0.032	1	0.032

C.1.4.2 合成不确定度计算

以上各项不确定度分量相互独立不相关，合成标准不确定度为：

$$u_c = \sqrt{u_1^2 + u_A^2} = 0.033$$

C.1.5 扩展不确定度

取包含因子 $k=2$，则扩展不确定度为：$U = ku_c = 0.07$。

C.2 特性阻抗测量结果不确定度评定

C.2.1 测量模型

用特性阻抗测试仪测量带状线特性阻抗的测量模型为：

$$Z = Z_0 \tag{C.2}$$

式中：

Z ——被校带状线的特性阻抗，Ω；

Z_0 ——特性阻抗测试仪的示值，Ω。

C.2.2 不确定度来源

不确定度来源主要有：特性阻抗测试仪阻抗测量误差、测量重复性和示值分辨力等引入的不确定度分量。

C.2.3 标准不确定度评定

C.2.3.1 特性阻抗测试仪阻抗测量误差引入的不确定度分量 u_1

由特性阻抗测试仪的技术指标可知，特性阻抗 50Ω 时测量最大允差为 $\pm 1.0\%$，按均匀分布，取 $k=\sqrt{3}$，则不确定度分量 $u_1 = 1.0\%/\sqrt{3} = 0.58\%$。

C.2.3.2 示值分辨力引入的不确定度分量 u_2

特性阻抗测试仪分辨力为 0.01Ω，按均匀分布，取 $k=\sqrt{3}$，由分辨力引入的不确定度分量 $u_2 = 0.01/2\sqrt{3} = 0.0029\Omega$，相对不确定度分量 $u_2 = 0.006\%$。

C.2.3.3 测量重复性引入的不确定度分量 u_A

对特性阻抗 50Ω 的带状线进行重复测量，结果见表 C.3。

表 C.3 测量数据记录表

单位：Ω

测量序号	1	2	3	4	5
测量结果	49.32	49.71	49.54	49.68	49.92

表 C.3 （续）

测量序号	6	7	8	9	10
测量结果	49.69	49.28	49.57	49.93	49.68
平均值 $\bar{x}$	49.632		标准差 s	0.216	

测量重复性引入的标准不确定度分量：

$$u_A = s = \sqrt{\frac{\sum_{i=1}^{10}(x_i - x_a)^2}{n-1}} = 0.216\Omega$$

相对不确定度分量 $u_A = 0.43\%$。

由于测量重复性包含了人员读数时因分辨力引入的误差，因此由分辨力引入的不确定度分量 u_2 和测量重复性引入的不确定度分量 u_A 取大者。

C.2.4 合成标准不确定度

C.2.4.1 主要不确定度汇总表（表 C.4）

表 C.4 汇总表

不确定度来源（u_i）	$a_i/\%$	k_i	$u_i/\%$
特性阻抗测试仪误差，u_1	1.0	$\sqrt{3}$	0.58
示值分辨力，u_2	0.01	$\sqrt{3}$	0.006
测量重复性，u_A	0.43	1	0.43

C.2.4.2 合成不确定度计算

以上各项不确定度分量相互独立不相关，合成标准不确定度为：

$$u_c = \sqrt{u_1^2 + u_A^2} = 0.73\%$$

C.2.5 扩展不确定度

取包含因子 $k=2$，则扩展不确定度为：

$$U_{rel} = k u_c = 1.5\%$$

附录 D 场强标定方法

D.1 测量标准和设备

场强标定使用的测量标准和设备应经过计量技术机构检定或校准，满足使用要求并在有效期内，测量标准和设备如下：

——信号发生器；

——功率放大器；

——定向耦合器；

——功率计；

——场强仪，场强探头的尺寸不超过有效导体高度的三分之一。

D.2 场强计算

D.2.1 按图 D.1 所示连接测量标准和被校带状线，信号发生器输出接功率放大器，功率放大器输出接定向耦合器，定向耦合器输出端接带状线，耦合端接功率计。

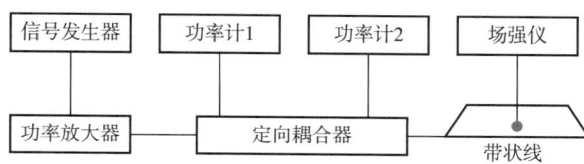

图 D.1 场强验证示意图

D.2.2 调节信号发生器和功率放大器，功率计显示正向耦合功率 P_1 和反向耦合功率 P_2，用下式计算净功率 P_0：

$$P_0 = \frac{C_t}{C_f}P_1 - \frac{P_2}{C_r} \qquad (D.1)$$

式中：

P_0——净功率，W；

P_1——正向耦合功率，W；

P_2——反向耦合功率，W；

C_r——定向耦合器反向耦合功率和输出端功率比值；

C_f——定向耦合器正向耦合功率和输入端功率比值；

C_t——定向耦合器输出端功率和输入端功率比值。

D.2.3 计算电场强度

$$E_0 = \frac{\sqrt{P_0 \times Z}}{h} \qquad (D.2)$$

式中：

E_0——电场强度，V/m；

P_0——净功率，W；

Z ——带状线的特性阻抗，Ω；

h ——接地平板与有效导体之间的高度，m。

D.3 场强标定

D.3.1 如图 D.1 所示，将场强探头放置在带状线的中心位置，场强探头的高度不大于有效导体和接地平板之间高度的三分之一，根据所需场强调节信号发生器输出功率和功率放大器，待场强仪显示场强为所需场强 E_i 时，记录功率计示值，用式 D.1 计算净功率 P_0。

D.3.2 绘制计算得出的带状线净功率 P_0 和均匀场区域场强 E_i 之间的标定曲线。

JJF

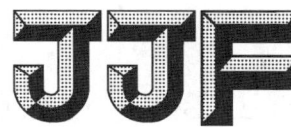

中华人民共和国工业和信息化部
电子计量技术规范

JJF（电子）0094—2023

直流接地故障查找仪校准规范

Calibration Specification for DC Ground Fault Detectors

2023-08-16 发布 　　　　　　　　　　　　2023-09-01 实施

中华人民共和国工业和信息化部 发 布

直流接地故障查找仪校准规范
Calibration Specification for DC
Ground Fault Detectors

JJF（电子）0094—2023

归 口 单 位：中国电子技术标准化研究院
主要起草单位：广州广电计量检测股份有限公司

本规范技术条文委托起草单位负责解释

本规范主要起草人：

　　吕东瑞（广州广电计量检测股份有限公司）

　　朱镇杰（广州广电计量检测股份有限公司）

　　张　辉（广州广电计量检测股份有限公司）

　　刘晓琴（广州广电计量检测股份有限公司）

参 加 起 草 人：

　　罗　欢［广电计量检测（重庆）有限公司］

　　徐玉凤（广州市仟顺电子设备有限公司）

　　陈　昕（广东电网有限责任公司汕头供电局）

　　王　清［云南电力试验研究院（集团）有限公司］

目　录

引　言

本规范依据国家计量技术规范 JJF 1071—2010《国家计量校准规范编写规则》和 JJF 1059.1—2012《测量不确定度评定与表示》编写。

本规范为首次发布。

直流接地故障查找仪校准规范

1　范围

本校准规范适用于直流接地故障查找仪（以下简称查找仪）的校准。

2　引用文件

本规范引用了下列文件：
DL/T 856—2004《电力用直流电源监控装置》
DL/T 1397.6—2014《电力直流电源系统用测试设备通用技术条件　第6部分：便携式接地巡测仪》

注：凡是注日期的引用文件，仅注日期的版本适用于本规范；凡是不注日期的引用文件，其最新版本（包括所有的修改单）适用于本规范。

3　术语

3.1　直流接地　DC grounding

采用不接地运行方式的厂/站直流电源系统，当直流母线的正极或负极接地电阻降低到规定值后，称为直流接地。
［DL/T 1397.6—2014，术语3.3］

3.2　接地电阻　grounding resistance

采用不接地运行方式的厂/站直流电源系统直流母线或回路的正极和负极对地绝缘电阻值。
［DL/T 1397.6—2014，术语3.2］

4　概述

直流接地故障查找仪用于在不断电情况下查找发电厂、变电站等直流系统的接地故障点。一般由信号发生系统、信号采集系统和开口式（电流）采样钳及连接线组成。信号发生系统发生一个交流低频信号叠加到被测直流系统的主电源，同时被测系统的直流电源为信号发生器提供供电电源，信号采集系统与采样钳用于检测各个直流系统的支路上是否有信号发生器的交流低频信号，分析正负极对地之间的电阻以及对地分布电容大小，进而判断是否存在接地故障及接地故障点。工作原理如图1所示。

5　计量性能要求

5.1　直流电压

测量范围：24V~300V，最大允许误差：±0.2%。

5.2　正、负极对地电阻

测量范围：1kΩ~1000kΩ，最大允许误差：±10%。

328

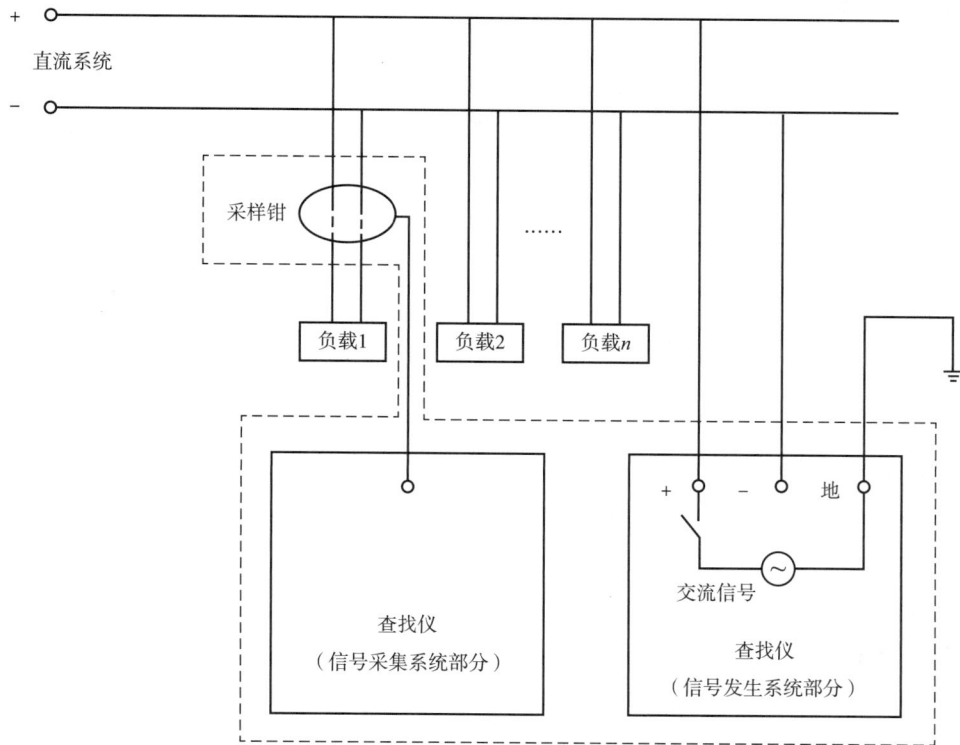

图1　查找仪工作原理图

5.3　系统对地电阻

测量范围：$1k\Omega \sim 1000k\Omega$，最大允许误差：$\pm 10\%$。

5.4　交流电压

测量范围：$10V \sim 300V$，最大允许误差：$\pm 0.5\%$。

5.5　系统对地电容

测量范围：$1\mu F \sim 999\mu F$，最大允许误差：$\pm 15\%$。

5.6　支路对地电阻

测量范围：$1k\Omega \sim 100k\Omega$，最大允许误差：$\pm 15\% \sim \pm 20\%$。

注：以上技术指标不作为合格性判断依据，仅供参考。

6　校准条件

6.1　环境条件

6.1.1　环境温度：$23℃ \pm 5℃$。

6.1.2　相对湿度：$\leqslant 80\%$。

6.1.3　交流电源：

电压：$220V \pm 11V$；频率：$50Hz \pm 0.5Hz$。

6.1.4　其他：周围无影响正常校准工作的电磁干扰和机械振动。

6.2 测量标准及其他设备

6.2.1 标准电阻箱

电阻范围：1kΩ～1000kΩ，最大允许误差：±2%。

6.2.2 直流数字电压表

测量范围：10V～500V，最大允许误差：±0.05%。

6.2.3 标准电容箱

电容范围：1μF～999μF，最大允许误差：±5%。

6.2.4 直流电压源

电压输出范围：10V～500V，最大允许误差：±0.1%，额定负载容量不小于20VA。

6.2.5 交流标准电压源

电压输出范围：10V～500V（45Hz～65Hz），最大允许误差：±0.2%，额定负载容量不小于20VA。

6.2.6 蓄电池

额定电压：110V或220V，额定容量100A·h。

7 校准项目和校准方法

7.1 外观及通电检查

被校查找仪的外观应整洁完好，无影响仪器正常工作的机械损伤；各种必要的标志应清晰准确；金属外壳或框架上应有明显的接地端钮及接地标志。检查各种调节旋钮、按键应灵活可靠。通电检查，仪器应能正常工作。检查结果记录于附录A表A.1中。

7.2 直流电压

7.2.1 如图2所示，连接被校查找仪（信号发生系统）、直流电压源和直流数字电压表。

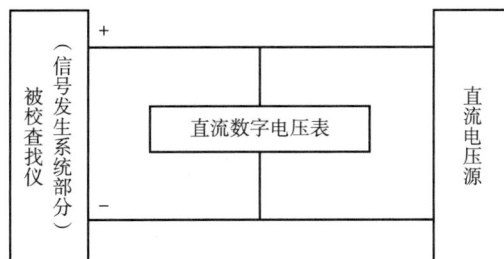

图2 直流电压校准接线图

7.2.2 在被校查找仪的电压测量范围内均匀选取至少5个校准点，调节直流电压源输出电压至校准点，读取被校查找仪电压示值 V_x 和直流数字电压表示值 V_n，记录于附录A表A.2中。按式（1）计算直流电压示值误差。

$$\Delta V = \frac{V_x - V_n}{V_n} \times 100\%$$ (1)

式中：

ΔV ——直流电压示值误差，%；

V_x ——被校查找仪直流电压示值，V；

V_n ——直流数字电压表示值，V。

7.3 正（负）极对地电阻

7.3.1 如图 3 所示，连接被校查找仪（信号发生系统）、直流电压源和标准电阻箱。

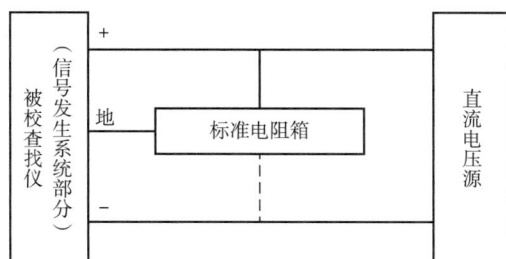

图 3 正（负）极对地电阻校准接线图

7.3.2 调节直流电压源输出 48V～220V 范围内任一电压值，使被校查找仪启动。在被校查找仪的对地电阻测量范围内均匀选取至少 5 个校准点，调节标准电阻箱至校准点 R_n，分别读取被校查找仪的正极和负极对地电阻示值 R_x，数据记录于附录 A 表 A.3 中。被校查找仪的电阻示值误差按式（2）计算。

$$\Delta R = \frac{R_x - R_n}{R_n} \times 100\% \tag{2}$$

式中：

ΔR ——正（负）极对地电阻示值误差，%；

R_x ——被校查找仪对地电阻示值，kΩ；

R_n ——标准电阻箱的电阻值，kΩ。

7.4 系统对地电阻

7.4.1 如图 4 所示，连接被校查找仪（信号发生系统）、直流电压源、标准电阻箱 1 和标准电阻箱 2。

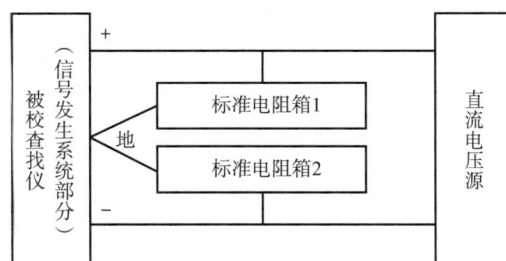

图 4 系统电阻校准接线图

7.4.2 调节直流电压源输出 48V～220V 范围内任一电压值，使被校查找仪启动。在被校查找仪的系统对地电阻测量范围内均匀选取至少 5 个校准点，按选取的校准点调节两个标准电阻箱的阻值分别为 R_1 和 R_2（R_1 和 R_2 取相同或相近的值），读取被校查找仪的系统电阻示值 R_x，数据记录于附录 A 表 A.4 中。系统对地电阻标准值 R_n 按公式（3）计算，被校查找仪的系统电阻示值误差按式（4）计算。

$$R_n = \frac{R_1 \times R_2}{R_1 + R_2} \quad (3)$$

$$\Delta R = \frac{R_x - R_n}{R_n} \times 100\% \quad (4)$$

式中：

ΔR —— 系统对地电阻示值误差，%；

R_x —— 被校查找仪系统对地电阻示值，kΩ；

R_n —— 系统对地电阻标准值，kΩ。

7.5 交流电压

7.5.1 如图5所示，连接被校查找仪（信号发生系统）、直流电压源（或蓄电池）和交流标准电压源。

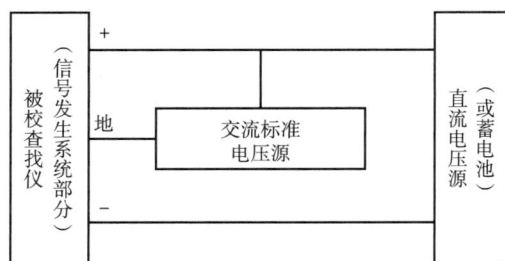

图5 交流电压校准接线图

7.5.2 调节直流电压源输出48V～220V范围内任一电压值（或接入蓄电池），使被校查找仪启动。在被校测试仪的交流电压测量范围内均匀选取至少5个校准点，按选取的校准点设置交流标准电压源输出频率为50Hz的交流电压V_n，读取被校查找仪的交流电压示值V_x，记录于附录A表A.5中。被校查找仪的交流电压示值误差按式（5）计算。

$$\Delta V = \frac{V_x - V_n}{V_n} \times 100\% \quad (5)$$

式中：

ΔV —— 交流电压示值误差，%；

V_x —— 被校查找仪交流电压示值，V；

V_n —— 交流标准电压源电压输出值，V。

7.6 系统对地电容

7.6.1 如图6所示，连接被校查找仪（信号发生系统）、直流电压源、标准电容箱1和标准电容箱2。

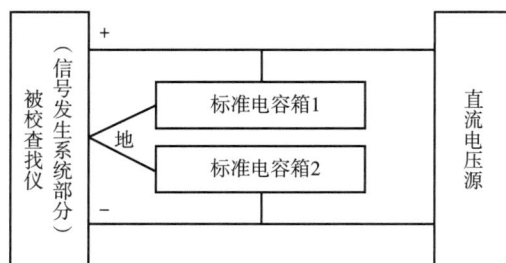

图6 系统对地电容校准接线图

7.6.2 调节直流电压源输出 48V~220V 范围内任一电压值，使被校查找仪启动。在被校查找仪的电容测量范围内均匀选取至少 5 个校准点，按选取的校准点调节两个标准电容箱的电容值分别为 C_1 和 C_2（C_1 和 C_2 取相同或相近的值）。读取被校查找仪的电容示值 C_x，记录于附录 A 表 A.6 中。系统电容标准值 C_n 按公式（6）计算，被校查找仪的电容示值误差按式（7）计算。

$$C_n = C_1 + C_2 \tag{6}$$

$$\Delta C = \frac{C_x - C_n}{C_x} \times 100\% \tag{7}$$

式中：

ΔC ——系统对地电容示值误差，μF；

C_x ——被校查找仪系统对地电容示值，%；

C_n ——电容标准值，μF。

7.7 支路对地电阻

7.7.1 如图 7 所示，连接被校查找仪、直流电压源和标准电阻箱。

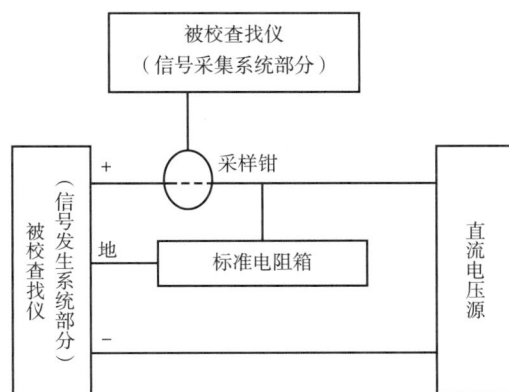

图 7 支路对地电阻校准接线图

7.7.2 调节直流电压源输出 48V~220V 范围内任一电压值，使被校查找仪启动。在被校查找仪的支路电阻测量范围内均匀选取至少 5 个校准点，调节标准电阻箱至校准点 R_n，读取被校查找仪的支路电阻示值 R_x，数据记录于附录 A 表 A.7 中。被校查找仪的电阻示值误差按式（8）计算。

$$\Delta R = \frac{R_x - R_n}{R_n} \times 100\% \tag{8}$$

式中：

ΔR ——支路对地电阻示值误差，%；

R_x ——被校查找仪支路对地电阻示值，kΩ；

R_n ——标准电阻箱的电阻值，kΩ。

8 校准结果的处理

校准结果应予在校准证书（报告）上反映。校准证书（报告）应至少包括以下信息：

a）标题（如"校准证书"或"校准报告"）；

b）实验室名称和地址；

c）进行校准的地点；

d）证书或报告的唯一性标识（如编号），每页及总页数的标识；

e）送校单位的名称和地址；

f）被校准对象的描述和明确标识；

g）进行校准的日期，如果与校准结果的有效性有关时，应说明被校对象的接收日期；

h）对校准所依据的技术规范的标识，包括名称和代号；

i）本次校准所用测量标准的溯源性及有效性说明；

j）校准环境的描述；

k）校准结果及测量不确定度的说明；

l）校准证书（或校准报告）签发人的签名、职位或等效标识，以及签发日期；

m）校准结果仅对被校对象有效的声明；

n）未经实验室书面批准，不得部分复制证书或报告的声明。

9 复校时间间隔

建议复校时间间隔一般为 1 年。由于复校时间间隔的长短是由仪器的使用情况、使用者、仪器本身质量等诸因素所决定的，因此，送校单位可根据实际使用情况自主决定复校时间间隔。

附录 A 原始记录格式

A.1 外观和通电检查

表 A.1 外观和通电检查

项目	检查结果
外观检查	□正常 □不正常：
通电检查	□正常 □不正常：

A.2 直流电压的校准

表 A.2 直流电压的校准

标准值 V_n/V	示值 V_x/V	误差 ΔV/%	测量不确定度（$k=2$）

A.3 正（负）极对地电阻的校准

表 A.3 正（负）极对地电阻的校准

标准值 R_n/kΩ	示值 R_x/kΩ	误差 ΔR/%	测量不确定度（$k=2$）

A.4 系统对地电阻的校准

表 A.4 系统对地电阻的校准

标准电阻箱1 R_1/kΩ	标准电阻箱2 R_2/kΩ	标准值 R_n/kΩ	示值 R_x/kΩ	误差 ΔR/%	测量不确定度（$k=2$）

A.5 交流电压的校准

表 A.5 交流电压的校准

标准值 V_n/V	示值 V_x/V	误差 $\Delta V/\%$	测量不确定度 （$k=2$）

A.6 系统对地电容的校准

表 A.6 系统对地电容的校准

标准电容箱1 $C_1/\mu F$	标准电容箱2 $C_2/\mu F$	标准值 $C_n/\mu F$	示值 $C_x/\mu F$	误差 $\Delta C/\%$	测量不确定度 （$k=2$）

A.7 支路对地电阻的校准

表 A.7 支路对地电阻的校准

标准值 $R_n/k\Omega$	示值 $R_x/k\Omega$	误差 $\Delta R/\%$	测量不确定度 （$k=2$）

附录 B　校准证书内页格式

B.1　外观和通电检查

表 B.1　外观和通电检查

项目	检查结果
外观检查	□正常　□不正常：
通电检查	□正常　□不正常：

B.2　直流电压的校准

表 B.2　直流电压的校准

标准值 V_n/V	示值 V_x/V	误差 $\Delta V/\%$	测量不确定度 $(k=2)$

B.3　正（负）极对地电阻的校准

表 B.3　正（负）极对地电阻的校准

标准值 $R_n/\text{k}\Omega$	示值 $R_x/\text{k}\Omega$	误差 $\Delta R/\%$	测量不确定度 $(k=2)$

B.4　系统对地电阻的校准

表 B.4　系统对地电阻的校准

标准值 $R_n/\text{k}\Omega$	示值 $R_x/\text{k}\Omega$	误差 $\Delta R/\%$	测量不确定度 $(k=2)$

B.5 交流电压的校准

表 B.5 交流电压的校准

标准值 V_n/V	示值 V_x/V	误差 $\Delta V/\%$	测量不确定度 $(k=2)$

B.6 系统对地电容的校准

表 B.6 系统对地电容的校准

标准值 $C_n/\mu\mathrm{F}$	示值 $C_x/\mu\mathrm{F}$	误差 $\Delta C/\%$	测量不确定度 $(k=2)$

B.7 支路对地电阻的校准

表 B.7 支路对地电阻的校准

标准值 $R_n/\mathrm{k}\Omega$	示值 $R_x/\mathrm{k}\Omega$	误差 $\Delta R/\%$	测量不确定度 $(k=2)$

附录 C   测量结果的不确定度评定示例

C.1   直流电压测量结果不确定度评定

C.1.1   测量模型

按规范校准方法接线，调节直流电压源电压输出至校准点，读取被校查找仪和直流数字电压表的电压示值。

$$\Delta V = V_x - V_n \tag{C.1}$$

式中：

ΔV ——直流电压示值误差；

V_x ——被测仪器示值；

V_n —— 电压标准值。

则 $c_1 = \dfrac{\partial \Delta V}{\partial V_x} = 1$；$c_2 = \dfrac{\partial \Delta V}{\partial V_n} = -1$。

C.1.2   不确定度来源

不确定度来源主要有：测量重复性，标准器引入的不确定度分量，被测仪器示值分辨力引入的不确定度分量，环境条件（温度、湿度、电源、电磁场）影响引起的误差等。测量是在规范规定的环境条件下进行，环境条件影响引起的误差可忽略不计。

C.1.3   标准不确定度的评定

C.1.3.1   测量重复性引入的不确定度 u_A

按 A 类方法进行不确定度评定。

直流电压源输出直流电压 100V，读取直流数字电压表和被校查找仪的直流电压，重复测量 10 次，被校仪器的示值见表 C.1。

表 C.1   测试数据

序号	1	2	3	4	5
实测值/V	99.98	99.97	99.98	99.96	99.97
序号	6	7	8	9	10
实测值/V	99.98	99.95	99.92	99.98	99.99
平均值	99.968				

根据贝塞尔公式：

$$s(x) = \sqrt{\frac{\sum_{i=1}^{n}(y_i - \overline{y_i})^2}{n-1}} = 0.020V$$

因此重复性测量引入标准不确定度为：

$$u_A = s(x) = 0.020V$$

C.1.3.2   直流标准电压表引入的不确定度 u_1

按 B 类不确定度评定。

直流标准电压表 100V 时最大允许误差为：±（0.0045%×99.97V+0.0006%×100V），即 ±5.1mV，视其为均匀分布，置信因子 $k=\sqrt{3}$，则有：

$$u_1 = a/\sqrt{3} = 2.94\text{mV}$$

C.1.3.3 被校查找仪示值分辨力引入的不确定度 u_2

按 B 类不确定度评定。

被校查找仪在直流电压 100V 时示值分辨力为 0.1V，视其为均匀分布，置信因子 $k_2 = \sqrt{3}$，则有：

$$u_2 = 0.1\text{V}/2\sqrt{3} = 0.029\text{V}$$

C.1.4 合成标准不确定度

C.1.4.1 标准不确定度分量

见表 C.2。

表 C.2　标准不确定度分量一览表

不确定度来源	标准不确定度		灵敏系数	标准不确定度分量
	符号	数值		
测量重复性引入	u_A	0.020V	1	0.020V
直流数字电压表引入	u_1	2.9mV	−1	2.94mV
被校查找仪示值分辨力不足引入	u_2	0.029V	1	0.029V

C.1.4.2 合成不确定度计算

由于重复性测量和被校仪器分辨力对测量不确定度的贡献存在重复，因此在合成标准不确定度时将二者中较小值舍去，则合成标准不确定为：

$$u_c = \sqrt{u_1^2 + u_2^2} = \sqrt{0.0029^2 + 0.00294^2} = 0.029\text{V}$$

C.1.5 扩展不确定度的计算

取 $k=2$，则 $U = ku_c \approx 0.1\text{V}$。

C.2 电阻测量结果不确定度评定

C.2.1 测量模型

按规范校准方法接线，调节电阻箱阻值至校准点，读取被校查找仪的电阻示值。

$$\Delta R = R_X - R_n \tag{C.2}$$

式中：

ΔR——电阻示值误差；

R_X——被测仪器示值；

R_n——电阻标准值。

则 $c_1 = \dfrac{\partial \Delta R}{\partial R_x} = 1$；$c_2 = \dfrac{\partial \Delta R}{\partial R_n} = -1$。

C.2.2 不确定度来源

不确定度来源主要有：测量重复性，标准器引入的不确定度分量，被测仪器示值分辨力引入的不确定度分量，环境条件（温度、湿度、电源、电磁场）影响引起的误差等。测量是在规范规定的环境条件下进行，环境条件影响引起的误差可忽略不计。

C.2.3 标准不确定度的评定

C.2.3.1 测量重复性引入的不确定度 u_A

按 A 类方法进行不确定度评定。

按上述方法对标准电阻器 100kΩ，连续测量 10 次，数据见表 C.3。

表 C.3 测量数据

序号	1	2	3	4	5
实测值/kΩ	99.5	100.1	99.9	99.7	99.4
序号	6	7	8	9	10
实测值/kΩ	100.2	100.0	99.6	99.2	99.8
平均值	99.74				

根据贝塞尔公式：

$$s(x) = \sqrt{\frac{\sum_{i=1}^{n} (y_i - \bar{y_i})^2}{n-1}} = 0.32\text{k}\Omega$$

因此重复性测量引入的标准不确定度为：$u_A = s(x) = 0.32\text{k}\Omega$。

C.2.3.2 标准电阻箱引入的不确定度 u_1

按 B 类不确定度评定。

标准电阻箱 100kΩ 时最大允许误差为±0.01%，视其为均匀分布，置信因子 $k_1 = \sqrt{3}$，则有：

$$u_1 = 0.01\% \times 100\text{k}\Omega / \sqrt{3} = 0.0058\text{k}\Omega$$

C.2.3.3 被测查找仪示值分辨力引入的不确定度 u_2

按 B 类不确定度评定。

被校查找仪电阻 100kΩ 时示值分辨力为 0.1kΩ，视其为均匀分布，置信因子 $k_2 = \sqrt{3}$，则有：

$$u_2 = 0.1\text{k}\Omega / 2\sqrt{3} = 0.029\text{k}\Omega$$

C.2.4 合成标准不确定度

C.2.4.1 标准不确定度分量（表 C.4）

表 C.4 标准不确定度分量一览表

不确定度来源	标准不确定度		灵敏系数	标准不确定度分量
	符号	数值		
测量重复性引入	u_A	0.32kΩ	1	0.32kΩ
标准电阻箱引入	u_1	0.0058kΩ	−1	0.0058kΩ
被校查找仪示值分辨力不足引入	u_2	0.029kΩ	1	0.029kΩ

C.2.4.2 合成不确定度计算

由于重复性测量和被校仪器分辨力对测量不确定度的贡献存在重复，因此在合成标准不确定度时将二者中较小值舍去，则合成标准不确定为：

$$u_c = \sqrt{u_A^2 + u_1^2} = \sqrt{0.32^2 + 0.0058^2} = 0.32\text{k}\Omega$$

C.2.5 扩展不确定度的计算

取 $k=2$，则 $U= ku_c \approx 0.7\mathrm{k\Omega}$。

C.3 系统对地电容测量结果不确定度评定

C.3.1 测量模型

按规范校准方法接线，调节电容箱阻值至校准点，读取被校查找仪的电容示值。

$$\Delta C = C_x - C_n \qquad (C.3)$$

式中：

ΔC ——电容示值误差；

C_x ——被测仪器示值；

C_n ——电容标准值。

则 $c_1 = \dfrac{\partial \Delta C}{\partial C_x} = 1$；$c_2 = \dfrac{\partial \Delta C}{\partial C_n} = -1$。

C.3.2 不确定度来源

不确定度来源主要有：测量重复性，标准器引入的不确定度分量，被测仪器示值分辨力引入的不确定度分量，环境条件（温度、湿度、电源、电磁场）影响引起的误差等。测量是在规范规定的环境条件下进行，环境条件影响引起的误差可忽略不计。

C.3.3 标准不确定度的评定

C.3.3.1 测量重复性引入的不确定度 u_A

按 A 类方法进行不确定度评定。

按上述方法对被校测试仪输出 $100\mu\mathrm{F}$ 连续测量 10 次，数据见表 C.5。

表 C.5 测量数据

序号	1	2	3	4	5
实测值/μF	99.2	99.8	99.3	99.7	100.0
序号	6	7	8	9	10
实测值/μF	99.1	99.5	100.4	99.1	99.3
平均值	99.54				

根据贝塞尔公式：

$$s(x) = \sqrt{\frac{\sum_{i=1}^{n}(y_i - \overline{y_i})^2}{n-1}} = 0.43\mu\mathrm{F}$$

因此重复性测量引入标准不确定度为：$u_A = s(x) = 0.43\mu\mathrm{F}$。

C.3.3.2 标准器引入的不确定度 u_1

按 B 类不确定度评定。

标准器 $100\mu\mathrm{F}$ 时最大允许误差为 $\pm0.2\%$，视其为均匀分布，置信因子 $k=\sqrt{3}$，则有：

$$u_1 = a/\sqrt{3} = 0.115\mu\mathrm{F}$$

C.3.3.3 被测仪器示值分辨力引入的不确定度 u_2，按 B 类不确定度评定

被校查找仪电容 $100\mu\mathrm{F}$ 时示值分辨力为 $0.1\mu\mathrm{F}$，视其为均匀分布，置信因子 $k=\sqrt{3}$，则有：

$$u_2 = 0.1\mu F/2\sqrt{3} = 0.029\mu F$$

C.3.4 合成标准不确定度 u_c 的计算

C.3.4.1 标准不确定度分量（表 C.6）

表 C.6 标准不确定度分量一览表

不确定度来源	标准不确定度		灵敏系数	标准不确定度分量
	符号	数值		
测量重复性引入	u_A	$0.43\mu F$	1	$0.43\mu F$
标准电容箱引入	u_1	$0.115\mu F$	-1	$0.115\mu F$
被校查找仪示值分辨力不足引入	u_2	$0.029\mu F$	1	$0.029\mu F$

C.3.4.2 合成不确定度计算

由于重复性测量和被校仪器分辨力对测量不确定度的贡献存在重复，因此在合成标准不确定度时将二者中较小值舍去，则合成标准不确定为：

$$u_c = \sqrt{u_A^2 + u_1^2} = \sqrt{0.43^2 + 0.115^2} = 0.45\mu F$$

C.3.5 扩展不确定度的计算

取 $k=2$，则 $U = ku_c \approx 0.9\mu F$。

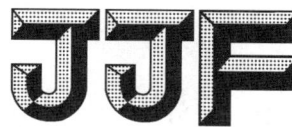

中华人民共和国工业和信息化部
电子计量技术规范

JJF（电子）0095—2023

飞机雷电冲击电流试验仪校准规范

Calibration Specification for Aircraft Lightning Impulse Current Tester

2023-08-16 发布　　　　　　　　　　　　2023-09-01 实施

中华人民共和国工业和信息化部　　发　布

飞机雷电冲击电流试验仪校准规范
Calibration Specification for Aircraft
Lightning Impulse Current Tester

JJF（电子）0095—2023

归 口 单 位：中国电子技术标准化研究院
主要起草单位：工业和信息化部电子第五研究所
参加起草单位：广州赛宝计量检测中心服务有限公司
　　　　　　　苏州泰思特电子科技有限公司
　　　　　　　西安爱邦电磁技术有限责任公司

本规范技术条文委托起草单位负责解释

本规范主要起草人：

　　谭艳清（工业和信息化部电子第五研究所）

　　曾宪金（工业和信息化部电子第五研究所）

　　方　霓（工业和信息化部电子第五研究所）

参 加 起 草 人：

　　张　成（广州赛宝计量检测中心服务有限公司）

　　惠晓晖（苏州泰思特电子科技有限公司）

　　刘　凯（西安爱邦电磁技术有限责任公司）

目　录

引　言

本规范依据 JJF 1071—2010《国家计量校准规范编写规则》、JJF 1001—2011《通用计量名词术语》和 JJF 1059.1—2012《测量不确定度评定与表示》编写。

本规范为首次发布。

飞机雷电冲击电流试验仪校准规范

1 范围

本规范适用于新制造、使用中及修理后的飞机雷电直接效应测试系统中雷电冲击电流试验仪的校准。

2 引用文件

GB/T 16927.4—2014《高电压和大电流试验技术 第4部分：试验电流和测量系统的定义和要求》

GJB 1389A—2005《系统电磁兼容性要求》

GJB 2639—1996《军用飞机雷电防护》

GJB 3567—1999《军用飞机雷电防护鉴定试验方法》

HB 6129—1987《飞机雷电防护要求及试验方法》

HB 6167.25—2014《民用飞机机载设备环境条件和试验方法 第25部分：雷电直接效应试验》

JJF（浙）1110—2015《冲击电流试验仪校准规范》

RTCA DO—160G《机载设备环境条件和实验方法》（*Environmental Conditions and Test Procedures for Airborne Equipment*）

注：凡是注日期的引用文件，仅注日期的版本适用于本规范；凡是不注日期的引用文件，其最新版本（包括所有的修改单）适用于本规范。

3 术语和计量单位

3.1 雷电冲击波 lightning shock wave

自然界大气中带不同静电的云层击穿空气放电时所产生的瞬态电压或瞬态电流波形，如图1、图2所示。雷电冲击电流波形参数通常包含电流峰值、上升时间、持续时间、电荷传递量、作用积分。

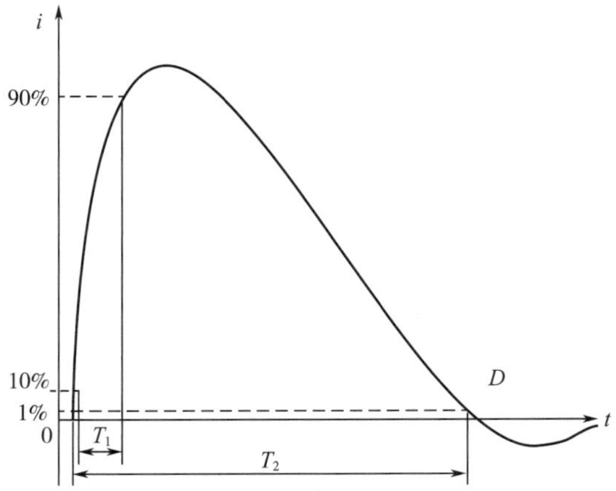

图1 指数型雷电冲击波形及参数

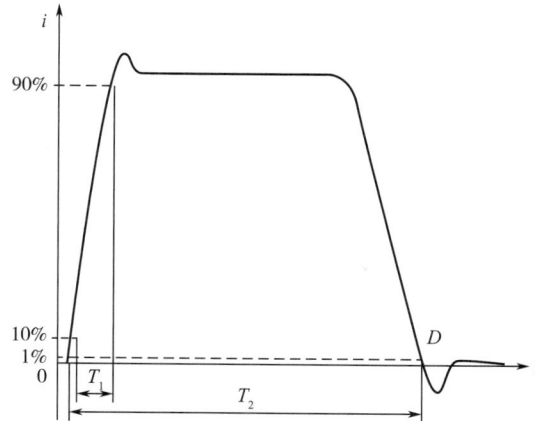

图 2　矩形雷电冲击波形及参数

3.2　上升时间　rising time

波形的上升时间 T_1 被定义为10%峰值电流上升到90%峰值电流所需要的时间。

3.3　持续时间　duration

波形的持续时间 T_2 被定义为从波形起始点到波形幅值（振荡衰减曲线为峰值）下降到它的起始峰值1%的时间。

3.4　电荷传递量　charge transfer

当波形表示电流时，电流量 $i(t)$ 在持续时间 T 上的积分，即为电荷传递量 Q，其单位为 A·s 或 C。

电荷传递量可用式（1）表达，它等于波形下面所包围的面积，如图3所示。

$$Q = \int_0^T i(t)\,\mathrm{d}t \tag{1}$$

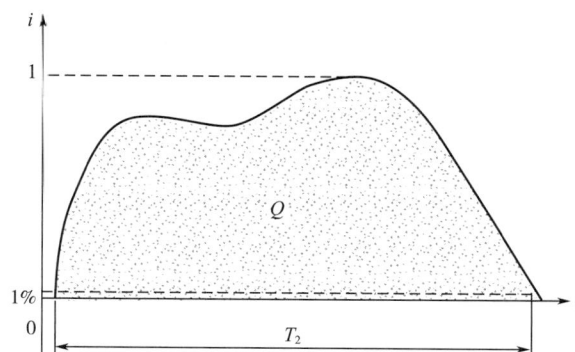

图 3　电流波形的电荷传递量

3.5　作用积分　action integral

当波形表示电流时，其作用积分是电流传递能量的能力的度量，为电流量 $i(t)$ 的平方在持续时间 T 上的积分，单位为 $A^2 \cdot s$，如式（2）所示：

$$I^2 t = \int_0^T i^2(t)\,\mathrm{d}t \tag{2}$$

4 概述

飞机雷电直接效应冲击电流试验是飞机系统电磁兼容性（强电磁环境）试验的关键测试项目，近年来在飞机的设计、试验、生产等环节发挥着不可替代的作用。飞机雷电冲击电流试验仪是用于飞机雷电直接效应冲击电流试验的关键设备。

飞机雷电直接效应冲击电流分量共 4 个，分别为：电流分量 A——初始高峰电流、电流分量；B——中间电流、电流分量；C——持续电流、电流分量；D——重复放电电流，如图 4 所示。根据试验部位和试验等级，还可以增加电流分量 A_h——过渡区域电流、电流分量 $A/5$——电弧引入电流，电流分量 C^*——扫掠附着区域上短暂持续电流。

根据鉴定试验的要求，这些电流分量可单独使用，也可以两个或多个分量组合使用。

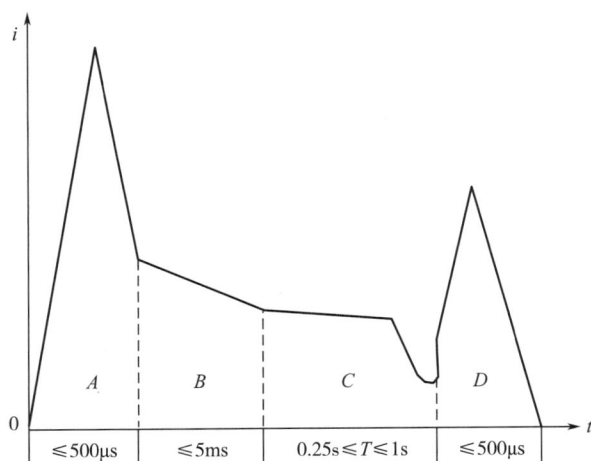

图 4 雷电冲击电流示意图

5 计量特性

5.1 电流分量 A

冲击电流峰值：200kA，最大允许误差：±10%。
上升时间：≤50μs。
持续时间：T≤500μs。
作用积分：$2×10^6$ $A^2 \cdot s$，最大允许误差：±20%。

5.2 电流分量 A_h

冲击电流峰值：150kA，最大允许误差：±10%。
上升时间：≤50μs。
持续时间：T≤500μs。
作用积分：$0.8×10^6$ $A^2 \cdot s$，最大允许误差：±20%。

5.3 电流分量 $A/5$

冲击电流峰值：40kA，最大允许误差：±10%。
上升时间：≤50μs。

持续时间：$T \leqslant 500 \mu s$。

作用积分：$0.08 \times 10^6 \, A^2 \cdot s$，最大允许误差：$\pm 20\%$。

5.4 电流分量 B

平均电流幅值：2kA，最大允许误差：$\pm 20\%$。

持续时间：5ms，最大允许误差：$\pm 10\%$。

电荷传递量：10C，最大允许误差：$\pm 10\%$。

5.5 电流分量 C

平均电流幅值：$200A \sim 800A$。

持续时间：$0.25s \leqslant T \leqslant 1s$。

电荷传递量：200C，最大允许误差：$\pm 20\%$。

5.6 电流分量 C^*

平均电流幅值：$\geqslant 400A$。

持续时间：45ms，最大允许误差：$\pm 20\%$。

电荷传递量：18C，最大允许误差：$\pm 20\%$。

5.7 电流分量 D

冲击电流峰值：100kA，最大允许误差：$\pm 10\%$。

上升时间：$\leqslant 25 \mu s$。

持续时间：$T \leqslant 500 \mu s$。

作用积分：$0.25 \times 10^6 A^2 \cdot s$，最大允许误差：$\pm 20\%$。

6 校准条件

6.1 环境条件

6.1.1 环境温度：$15^\circ C \sim 25^\circ C$。

6.1.2 相对湿度：$\leqslant 85\%$。

6.1.3 环境压力：$(84 \sim 107)$ kPa。

6.1.4 电源电压及频率：(220 ± 22) V，(50 ± 1) Hz；或 (380 ± 38) V，(50 ± 1) Hz。

6.1.5 周围无影响仪器正常工作的电磁干扰和机械振动。

6.1.6 实验室须接地良好，接地电阻 $\leqslant 0.5 \Omega$。

6.2 测量标准及其他设备

6.2.1 数字示波器

频带宽度：$\geqslant 100MHz$；

幅值测量最大允许误差：$\pm 2\%$；

时基最大允许误差：$\pm 2 \times 10^{-5}$；

具备波形积分运算功能。

6.2.2 电流探头

脉冲电流峰值：$\geqslant 200kA$；

带宽：$\geqslant 1MHz$；

电压/电流转换比率最大允许误差：±1%。

7 校准项目和校准方法

7.1 校准项目

校准项目见表1。

表 1 校准项目一览表

序号	校准项目	校准方法条款
1	外观及工作正常性检查	7.2.1
2	电流分量 A 校准	7.2.2
3	电流分量 A_h 校准	7.2.3
4	电流分量 $A/5$ 校准	7.2.4
5	电流分量 B 校准	7.2.5
6	电流分量 C 校准	7.2.6
7	电流分量 C^* 校准	7.2.7
8	电流分量 D 校准	7.2.8

7.2 校准方法

7.2.1 外观及工作正常性检查

飞机雷电冲击电流试验仪外观应无缺陷，且无影响正常工作及正确读数的机械损伤；有专用的接地端钮并良好接地。外壳上应标明名称、生产厂家、型号、编号等信息。通电预热后试验仪各功能应正常。开关、旋钮、按键插座应通断分明，旋转灵活平滑、换位准确、连接牢固。

7.2.2 电流分量 A 校准

7.2.2.1 电流分量 A 的校准连接如图5所示。

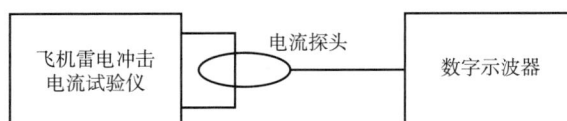

图 5 冲击电流峰值校准示意图

7.2.2.2 试验仪及示波器开机预热半小时以上。

7.2.2.3 将示波器调节至合适的幅值、时间档和触发模式，打开示波器波形积分运算功能。

7.2.2.4 设置示波器的电流补偿倍数和电流探头的转换比率相同。

7.2.2.5 设置飞机雷电冲击电流试验仪输出极性，调节至需校准点，启动测试。

7.2.2.6 将示波器捕捉到的电流波形存储，并将冲击电流峰值、上升时间和持续时间记录在附录A表A.2中。

7.2.2.7 冲击电流峰值的相对误差按公式（3）计算，并记录在附录A表A.2中。

$$\Delta = \frac{I_x - I_0}{I_0} \times 100\% \qquad (3)$$

式中：

Δ ——冲击电流峰值的相对误差；

I_X ——冲击电流峰值的指示值，kA；

I_0 ——冲击电流峰值的实际值，kA。

7.2.2.8 作用积分通过式（2）计算得到，并记录在附录 A 表 A.2 中。

7.2.2.9 作用积分的相对误差按公式（4）计算，并记录在附录 A 表 A.2 中。

$$\Delta = \frac{(I^2t)_X - (I^2t)_0}{(I^2t)_0} \times 100\% \tag{4}$$

式中：

Δ ——冲击电流峰值的相对误差；

$(I^2t)_X$ ——冲击电流峰值的指示值，$A^2 \cdot s$；

$(I^2t)_0$ ——冲击电流峰值的实际值，$A^2 \cdot s$。

7.2.2.10 调节飞机雷电冲击电流试验仪的极性和输出电流，按照 7.2.2.3~7.2.2.9 步骤中的方法校准下一点，并将测量结果记录在附录 A 表 A.2 中。

7.2.2.11 校准完毕，将飞机雷电冲击电流试验仪输出调节到零，关闭设备或执行后续校准项目。

7.2.3 电流分量 A_h 校准

7.2.3.1 电流分量 A_h 的校准连接如图 5 所示。

7.2.3.2 试验仪及示波器开机预热半小时以上。

7.2.3.3 将示波器调节至合适的幅值、时间档和触发模式，打开示波器波形积分运算功能。

7.2.3.4 设置示波器的电流补偿倍数和电流探头的转换比率相同。

7.2.3.5 设置飞机雷电冲击电流试验仪输出极性，调节至需校准点，启动测试。

7.2.3.6 将示波器捕捉到的电流波形存储，并将冲击电流峰值、上升时间和持续时间记录在附录 A 表 A.3 中。

7.2.3.7 冲击电流峰值的相对误差按公式（3）计算得到，作用积分通过式（2）计算得到，作用积分的相对误差按公式（4）计算得到，并记录在附录 A 表 A.3 中。

7.2.3.8 调节飞机雷电冲击电流试验仪的极性和输出电流，按照 7.2.3.3~7.2.3.7 步骤中的方法校准下一点，并将测量结果记录在附录 A 表 A.3 中。

7.2.3.9 校准完毕，将飞机雷电冲击电流试验仪输出调节到零，关闭设备或执行后续校准项目。

7.2.4 电流分量 $A/5$ 校准

7.2.4.1 电流分量 $A/5$ 的校准连接如图 5 所示。

7.2.4.2 试验仪及示波器开机预热半小时以上。

7.2.4.3 将示波器调节至合适的幅值、时间档和触发模式，打开示波器波形积分运算功能。

7.2.4.4 设置示波器的电流补偿倍数和电流探头的转换比率相同。

7.2.4.5 设置飞机雷电冲击电流试验仪输出极性，调节至需校准点，启动测试。

7.2.4.6 将示波器捕捉到的电流波形存储，并将冲击电流峰值、上升时间和持续时间记录在附录 A 表 A.4 中。

7.2.4.7 冲击电流峰值的相对误差按公式（3）计算得到，作用积分通过式（2）计算得到，作用积分的相对误差按公式（4）计算得到，并记录在附录 A 表 A.4 中。

7.2.4.8 调节飞机雷电冲击电流试验仪的极性和输出电流，按照 7.2.4.3~7.2.4.7 步骤中的方法校准下一点，并将测量结果记录在附录 A 表 A.4 中。

7.2.4.9 校准完毕，将飞机雷电冲击电流试验仪输出调节到零，关闭设备或执行后续校准项目。

7.2.5 电流分量 B 校准

7.2.5.1 电流分量 B 的校准连接如图 5 所示。

7.2.5.2 试验仪及示波器开机预热半小时以上。

7.2.5.3 将示波器调节至合适的幅值、时间档和触发模式，打开示波器波形积分运算功能。

7.2.5.4 设置示波器的电流补偿倍数和电流探头的转换比率相同。

7.2.5.5 设置飞机雷电冲击电流试验仪输出极性，调节至需校准点，启动测试。

7.2.5.6 将示波器捕捉到的电流波形存储，将电荷传递量、持续时间记录在附录A表A.5中。

7.2.5.7 电荷传递量的相对误差按公式（5）计算，并记录在附录A表A.5中。

$$\Delta = \frac{Q_X - Q_0}{Q_0} \times 100\% \tag{5}$$

式中：

Δ ——冲击电流峰值的相对误差；

Q_X ——冲击电流峰值的指示值，C；

Q_0 ——冲击电流峰值的实际值，C。

7.2.5.8 平均电流幅值通过式（6）计算，并记录在附录A表A.5中。

$$\bar{I} = \frac{Q}{T_2} \tag{6}$$

式中：

$\bar{I}$ ——平均电流幅值，kA；

Q ——电荷传递量，C；

T_2 ——电流持续时间，ms。

7.2.5.9 调节飞机雷电冲击电流试验仪的极性和输出电流，按照7.2.5.3～7.2.5.8步骤中的方法校准下一点，并将测量结果记录在附录A表A.5中。

7.2.5.10 校准完毕，将飞机雷电冲击电流试验仪输出调节到零，关闭设备或执行后续校准项目。

7.2.6 电流分量C校准

7.2.6.1 电流分量C的校准连接如图5所示。

7.2.6.2 试验仪及示波器开机预热半小时以上。

7.2.6.3 将示波器调节至合适的幅值、时间档和触发模式，打开示波器波形积分运算功能。

7.2.6.4 设置示波器的电流补偿倍数和电流探头的转换比率相同。

7.2.6.5 设置飞机雷电冲击电流试验仪输出极性，调节至需校准点，启动测试。

7.2.6.6 将示波器捕捉到的电流波形存储，将电荷传递量、持续时间记录在附录A表A.6中。

7.2.6.7 电荷传递量的相对误差按公式（5）计算得到，平均电流幅值通过式（6）计算得到，并记录在附录A表A.6中。

7.2.6.8 调节飞机雷电冲击电流试验仪的极性和输出电流，按照7.2.6.3～7.2.6.7步骤中的方法校准下一点，并将测量结果记录在附录A表A.6中。

7.2.6.9 校准完毕，将飞机雷电冲击电流试验仪输出调节到零，关闭设备或执行后续校准项目。

7.2.7 电流分量 C^* 校准

7.2.7.1 电流分量 C^* 的校准连接如图5所示。

7.2.7.2 试验仪及示波器开机预热半小时以上。

7.2.7.3 将示波器调节至合适的幅值、时间档和触发模式，打开示波器波形积分运算功能。

7.2.7.4 设置示波器的电流补偿倍数和电流探头的转换比率相同。

7.2.7.5 设置飞机雷电冲击电流试验仪输出极性，调节至需校准点，启动测试。

7.2.7.6 将示波器捕捉到的电流波形存储，将电荷传递量、持续时间记录在附录A表A.7中。

7.2.7.7 电荷传递量的相对误差按公式（5）计算得到，平均电流幅值通过式（6）计算得到，并记录在附录A表A.7中。

7.2.7.8 调节飞机雷电冲击电流试验仪的极性和输出电流，按照 7.2.7.3～7.2.7.7 步骤中的方法校准下一点，并将测量结果记录在附录 A 表 A.7 中。

7.2.7.9 校准完毕，将飞机雷电冲击电流试验仪输出调节到零，关闭设备或执行后续校准项目。

7.2.8 电流分量 D 校准

7.2.8.1 电流分量 D 的校准连接如图 5 所示。

7.2.8.2 试验仪及示波器开机预热半小时以上。

7.2.8.3 将示波器调节至合适的幅值、时间档和触发模式，打开示波器波形积分运算功能。

7.2.8.4 设置示波器的电流补偿倍数和电流探头的转换比率相同。

7.2.8.5 设置飞机雷电冲击电流试验仪输出极性，调节至需校准点，启动测试。

7.2.8.6 将示波器捕捉到的电流波形存储，并将冲击电流峰值、上升时间和持续时间记录在附录 A 表 A.8 中。

7.2.8.7 冲击电流峰值的相对误差按公式（3）计算得到，作用积分通过式（2）计算得到，作用积分的相对误差按公式（4）计算得到，并记录在附录 A 表 A.8 中。

7.2.8.8 调节飞机雷电冲击电流试验仪的极性和输出电流，按照 7.2.8.3～7.2.8.7 步骤中的方法校准下一点，并将测量结果记录在附录 A 表 A.8 中。

7.2.8.9 校准完毕，将飞机雷电冲击电流试验仪输出调节到零，关闭设备。

8 校准结果表达

校准后，出具校准证书。校准证书至少应包含以下信息：

a）标题："校准证书"；
b）实验室名称和地址；
c）进行校准的地点（如果与实验室的地址不同）；
d）证书的唯一性标识（如编号），每页及总页数的标识；
e）客户的名称和地址；
f）被校对象的描述和明确标识；
g）进行校准的日期，如果与校准结果的有效性和应用有关时，应说明被校对象的接收日期；
h）如果与校准结果的有效性应用有关时，应对被校样品的抽样程序进行说明；
i）校准所依据的技术规范的标识，包括名称及代号；
j）本次校准所用测量标准的溯源性及有效性说明；
k）校准环境的描述；
l）校准结果及其测量不确定度的说明；
m）对校准规范的偏离的说明；
n）校准证书签发人的签名；
o）校准结果仅对被校对象有效的说明；
p）未经实验室书面批准，不得部分复制证书的声明。

9 复校时间间隔

飞机雷电冲击电流试验仪复校时间间隔一般不超过 12 个月。由于复校时间间隔的长短是由仪器的使用情况、使用者、仪器本身质量等诸多因素所决定的，因此，送校单位可根据实际使用情况自主决定复校时间间隔。

附录 A   原始记录格式

送校单位：　　　　　　　　　　　　　证书编号：
仪器名称：　　　　　　　　　　　　　仪器型号：
仪器编号：　　　　　　　　　　　　　制造厂商：
环境温度：　　　℃　　　　　　　　　环境湿度：　　　%RH
校准依据：

A.1　外观及工作正常性检查

表 A.1　外观及工作正常性检查

项目	检查结果
外观检查	
工作正常性检查	

A.2　电流分量 A

表 A.2　电流分量 A

标称值/kA	极性	冲击电流峰值			上升时间		持续时间		作用积分		
		测量值/kA	相对误差	不确定度（$k=2$）	测量值/μs	不确定度（$k=2$）	测量值/μs	不确定度（$k=2$）	测量值/（$A^2 \cdot s$）	相对误差	不确定度（$k=2$）
200	+										
−200	−										
最大允许误差		±10%			≤50μs		≤500μs		$2 \times 10^6\ A^2 \cdot s$ ±20%		

A.3　电流分量 A_h

表 A.3　电流分量 A_h

标称值/kA	极性	冲击电流峰值			上升时间		持续时间		作用积分		
		测量值/kA	相对误差	不确定度（$k=2$）	测量值/μs	不确定度（$k=2$）	测量值/μs	不确定度（$k=2$）	测量值/（$A^2 \cdot s$）	相对误差	不确定度（$k=2$）
150	+										
−150	−										
最大允许误差		±10%			≤50μs		≤500μs		$0.8 \times 10^6\ A^2 \cdot s$ ±20%		

A.4 电流分量 A/5

表 A.4 电流分量 A/5

标称值/kA	极性	冲击电流峰值			上升时间		持续时间		作用积分		
		测量值/kA	相对误差	不确定度（$k=2$）	测量值/μs	不确定度（$k=2$）	测量值/μs	不确定度（$k=2$）	测量值/（$A^2 \cdot s$）	相对误差	不确定度（$k=2$）
40	+										
−40	−										
最大允许误差		±10%			≤50μs		≤500μs		$0.08×10^6 \ A^2 \cdot s \ ±20\%$		

A.5 电流分量 B

表 A.5 电流分量 B

标称值/C	极性	电荷传递量			平均电流幅值			持续时间	
		测量值/C	相对误差	不确定度（$k=2$）	测量值/kA	相对误差	不确定度（$k=2$）	测量值/ms	不确定度（$k=2$）
10	+								
−10	−								
最大允许误差	+	±10%			2kA±20%			5ms±10%	
	−	±10%			−1kA±20%			5ms±10%	

A.6 电流分量 C

表 A.6 电流分量 C

标称值/C	极性	电荷传递量			平均电流幅值		持续时间	
		测量值/C	相对误差	不确定度（$k=2$）	测量值/A	不确定度（$k=2$）	测量值/s	不确定度（$k=2$）
200	+							
−200	−							
最大允许误差	+	±20%			（200~800）A		（0.25~1）s	
	−	±20%			（−200~−800）A		（0.25~1）s	

A.7 电流分量 C^*

表 A.7 电流分量 C^*

标称值/C	极性	电荷传递量			平均电流幅值		持续时间	
		测量值/C	相对误差	不确定度（$k=2$）	测量值/A	不确定度（$k=2$）	测量值/ms	不确定度（$k=2$）
18	+							
−18	−							
最大允许误差	+	±20%			≥400A		45ms±20%	
	−	±20%			≤−400A		45ms±20%	

A.8 电流分量 D

表 A.8 电流分量 D

标称值/kA	极性	冲击电流峰值			上升时间		持续时间		作用积分		
		测量值/kA	相对误差	不确定度（$k=2$）	测量值/μs	不确定度（$k=2$）	测量值/μs	不确定度（$k=2$）	测量值/($A^2 \cdot s$)	相对误差	不确定度（$k=2$）
100	+										
−100	−										
最大允许误差		±10%			≤25μs		≤500μs		$0.25 \times 10^6 A^2 \cdot s$ ±20%		

附录 B 校准证书内页格式

送校单位：　　　　　　　　　　　　　　证书编号：

仪器名称：　　　　　　　　　　　　　　仪器型号：

仪器编号：　　　　　　　　　　　　　　制造厂商：

环境温度：　　　℃　　　　　　　　　　环境湿度：　　　%RH

校准依据：

B.1 外观及工作正常性检查

表 B.1 外观及工作正常性检查

项目	检查结果
外观检查	
工作正常性检查	

B.2 电流分量 A

表 B.2 电流分量 A

标称值/kA	极性	冲击电流峰值			上升时间		持续时间		作用积分		
		测量值/kA	相对误差	不确定度（$k=2$）	测量值/μs	不确定度（$k=2$）	测量值/μs	不确定度（$k=2$）	测量值/（$A^2 \cdot s$）	相对误差	不确定度（$k=2$）
200	+										
−200	−										
最大允许误差		±10%			≤50μs		≤500μs		$2 \times 10^6 \ A^2 \cdot s$ ±20%		

B.3 电流分量 A_h

表 B.3 电流分量 A_h

标称值/kA	极性	冲击电流峰值			上升时间		持续时间		作用积分		
		测量值/kA	相对误差	不确定度（$k=2$）	测量值/μs	不确定度（$k=2$）	测量值/μs	不确定度（$k=2$）	测量值/（$A^2 \cdot s$）	相对误差	不确定度（$k=2$）
150	+										
−150	−										
最大允许误差		±10%			≤50μs		≤500μs		$0.8 \times 10^6 \ A^2 \cdot s$ ±20%		

B.4 电流分量 A/5

表 B.4 电流分量 A/5

标称值/kA	极性	冲击电流峰值			上升时间		持续时间		作用积分		
		测量值/kA	相对误差	不确定度（$k=2$）	测量值/μs	不确定度（$k=2$）	测量值/μs	不确定度（$k=2$）	测量值/（$A^2 \cdot s$）	相对误差	不确定度（$k=2$）
40	+										
−40	−										
最大允许误差		±10%			≤50μs		≤500μs		0.08×10^5 A^2·s ±20%		

B.5 电流分量 B

表 B.5 电流分量 B

标称值/C	极性	电荷传递量			平均电流幅值			持续时间	
		测量值/C	相对误差	不确定度（$k=2$）	测量值/kA	相对误差	不确定度（$k=2$）	测量值/ms	不确定度（$k=2$）
10	+								
−10	−								
最大允许误差	+	±10%			2kA±20%			5ms±10%	
	−	±10%			−2kA±20%			5ms±10%	

B.6 电流分量 C

表 B.6 电流分量 C

标称值/C	极性	电荷传递量			平均电流幅值		持续时间	
		测量值/C	相对误差	不确定度（$k=2$）	测量值/A	不确定度（$k=2$）	测量值/s	不确定度（$k=2$）
200	+							
−200	−							
最大允许误差	+	±20%			（200~800）A		（0.25~1）s	
	−	±20%			（−200~−800）A		（0.25~1）s	

B.7 电流分量 C^*

表 B.7　电流分量 C^*

标称值/C	极性	电荷传递量			平均电流幅值		持续时间	
		测量值/C	相对误差	不确定度 ($k=2$)	测量值/A	不确定度 ($k=2$)	测量值/ms	不确定度 ($k=2$)
18	+							
−18	−							
最大允许误差	+	±20%			≥400A		45ms±20%	
	−	±20%			≤−400A		45ms±20%	

B.8 电流分量 D

表 B.8　电流分量 D

标称值/kA	极性	冲击电流峰值			上升时间		持续时间		作用积分		
		测量值/kA	相对误差	不确定度 ($k=2$)	测量值/μs	不确定度 ($k=2$)	测量值/μs	不确定度 ($k=2$)	测量值/($A^2\cdot s$)	相对误差	不确定度 ($k=2$)
100	+										
−100	−										
最大允许误差		±10%			≤25μs		≤500μs		$0.25\times10^6\ A^2\cdot s$ ±20%		

附录 C　测量不确定度评定示例

C.1　冲击电流峰值测量结果不确定度评定

C.1.1　测量方法

采用电流探头及示波器，以电流分量 D 正极性 100kA 校准点为例，对冲击电流峰值进行校准。

C.1.2　测量模型

$$I = U_1/k_1 \tag{C.1}$$

式中：

I ——冲击电流峰值，A；

U_1 ——示波器读数值，V；

k_1 ——电流探头电压/电流转换比率，V/A。

C.1.3　不确定度来源

a）由示波器示值分辨力引入的不确定度分量 u_1；

b）由示波器电压测量准确度引入的不确定度分量 u_2；

c）电流探头电压/电流转换比率最大允许误差引入的不确定度分量 u_3；

d）由测量重复性引入的不确定度分量 u_4。

C.1.4　标准不确定度评定

C.1.4.1　由示波器示值分辨力引入的不确定度分量 u_1

用 B 类标准不确定度评定。根据技术指标可知，选用的示波器调至 20kA/Div，测量分辨力为 0.4kA，半区间 $a = 0.2$kA，为均匀分布，置信因子为 $k = \sqrt{3}$，则标准不确定度分量为：

$$u_1 = \frac{0.2}{\sqrt{3}} = 0.12\text{kA}$$

对峰值电压 100kA 进行测量，则相对标准不确定度分量：

$$u_1 = 0.12\text{kA}/100\text{kA} \times 100\% = 0.12\%$$

C.1.4.2　由示波器电压测量准确度引入的不确定度分量 u_2

用 B 类标准不确定度评定。根据技术指标可知，选用的示波器最大允许误差为±2%，为均匀分布，置信因子为 $k = \sqrt{3}$，则标准不确定度分量为：

$$u_2 = \frac{2\%}{\sqrt{3}} = 1.2\%$$

C.1.4.3　电流探头电压/电流转换比率最大允许误差引入的不确定度分量 u_3

电流探头电压/电流转换比率最大允许误差为±1%，为均匀分布，置信因子为 $k = \sqrt{3}$，则标准不确定度分量为：

$$u_3 = \frac{1\%}{\sqrt{3}} = 0.58\%$$

C.1.4.4　由测量重复性引入的不确定度分量 u_4

用 A 类标准不确定度评定。用示波器对被校试验仪的冲击电流峰值进行独立重复性测量 10 次，重复性试验数据见表 C.1。

表 C.1　冲击电流峰值测量重复性试验数据

测量次数	1	2	3	4	5	6	7	8	9	10
测量值/kA	102.83	102.67	103.00	102.50	102.33	102.33	102.67	102.67	102.33	103.00
$\bar{x}$/kA	102.63										
标准差	0.258										
$s(x)/\bar{x}$	0.25%										

由于测量重复性包含了人员读数时因分辨力引入的误差，因此由示值分辨力引入的不确定度分量 u_1 和测量重复性引入的不确定度分量 u_4 取大者。

C.1.5　合成标准不确定度

冲击电流峰值的测量不确定度汇总于表 C.2 中。

表 C.2　冲击电流峰值测量不确定度分量一览表

不确定度分量	不确定分量来源	评定方法	分布	k	标准不确定度
u_2	示波器测量准确度	B 类	均匀	$\sqrt{3}$	1.2%
u_3	电流探头电压/电流转换比率	B 类	均匀	$\sqrt{3}$	0.58%
u_4	测量重复性	A 类	正态	—	0.25%

各测量不确定度分量按不相关考虑，则合成标准不确定度 u_{crel} 为：

$$u_{crel} = \sqrt{{u_2}^2 + {u_3}^2 + {u_4}^2} = 1.4\%$$

C.1.6　扩展不确定度

取包含因子 $k=2$，则扩展不确定度为：

$$U_{rel} = k \times u_{crel} = 2 \times 1.4\% = 2.8\%$$

C.2　持续时间测量结果不确定度的评定

C.2.1　测量方法

采用电流传感器和示波器，以电流分量 D 正极性 100kA 校准点持续时间 35μs 为例，对冲击电流持续时间进行校准。

C.2.2　测量模型

$$T = T_0 + \delta_T \qquad (C.2)$$

式中：

T ——电流持续时间，μs；

T_0 ——示波器读数值，μs；

δ_T ——示波器准确度的影响量，μs。

C.2.3　不确定度来源

a）由示波器时间测量准确度引入的不确定度分量 u_1；

b）由示波器示值分辨力引入的不确定度分量 u_2；

c）由电流探头带宽引入的不确定度分量 u_3；

d）由测量重复性引入的不确定度分量 u_4。

C.2.4 标准不确定度评定

C.2.4.1 由示波器时间测量准确度引入的不确定度分量 u_1

用 B 类标准不确定度评定。根据技术指标可知，选用的示波器时间测量最大允许误差为 $\pm 2 \times 10^{-5}$，为均匀分布，置信因子为 $k = \sqrt{3}$，则标准不确定度分量为：

$$u_1 = \frac{2 \times 10^{-5}}{\sqrt{3}} = 1.2 \times 10^{-5}$$

$$u_{1\,rel} = 0.0012\%$$

C.2.4.2 由示波器示值分辨力引入的不确定度分量 u_2

用 B 类标准不确定度评定。选用的示波器时间调至 $10\mu s/Div$，对应分辨力为 $0.05\mu s$，半区间 $a = 0.025\mu s$，为均匀分布，置信因子 $k = \sqrt{3}$，则标准不确定度分量为：

$$u_2 = \frac{0.025}{\sqrt{3}} = 0.014\mu s$$

$$u_{2\,rel} = 0.04\%$$

C.2.4.3 由电流探头带宽引入的不确定度分量 u_3

用 B 类标准不确定度评定。根据技术指标可知，选用的电流探头带宽为 $1MHz$，上升沿约为 $0.4\mu s$，为均匀分布，置信因子 $k = \sqrt{3}$，则标准不确定度分量为：

$$u_1 = \frac{0.4}{\sqrt{3}} = 0.23\mu s$$

$$u_{3\,rel} = 0.66\%$$

C.2.4.4 由测量重复性引入的不确定度分量 u_4

用 A 类标准不确定度评定。用示波器对被校试验仪的持续时间进行独立重复性测量 10 次，重复性试验数据见表 C.3。

表 C.3 持续时间测量重复性试验数据

测量次数	1	2	3	4	5	6	7	8	9	10
测量值/μs	34.38	35.10	34.92	34.81	34.62	34.67	35.05	34.60	34.70	34.65
$\bar{x}/\mu s$	34.75									
标准差	0.66									
$u_{4\,rel}$	1.9%									

由于测量重复性包含了人员读数时因分辨力引入的误差，因此由示值分辨力引入的不确定度分量 u_2 和测量重复性引入的不确定度分量 u_4 取大者。

C.2.5 合成标准不确定度

持续时间的测量不确定度汇总于表 C.4 中。

表 C.4 持续时间测量不确定度分量一览表

不确定度分量	不确定分量来源	评定方法	分布	k	相对标准不确定度
u_1	示波器时间测量准确度	B 类	均匀	$\sqrt{3}$	0.0012%
u_3	电流探头带宽	B 类	均匀	$\sqrt{3}$	0.66%
u_4	测量重复性	A 类	正态	—	1.9%

各测量不确定度分量按不相关考虑，则合成标准不确定度 u_c 为：

$$u_{crel} = \sqrt{u_1{}^2 + u_3{}^2 + u_4{}^2} = 2.0\%$$

C.2.6 扩展不确定度

取包含因子 $k=2$，则扩展不确定度为：

$$U_{rel} = k \times u_{crel} = 2 \times 2.0\% = 4.0\%$$

JJF

中华人民共和国工业和信息化部
电子计量技术规范

JJF（电子）0096—2023

图像尺寸测量仪校准规范

Calibration Specification for Image Size Measuring Instruments

2023-08-16 发布　　　　　　　　　　　　　2023-09-01 实施

中华人民共和国工业和信息化部　发　布

图像尺寸测量仪校准规范
Calibration Specification for Image
Size Measuring Instruments

JJF（电子）0096—2023

归 口 单 位：中国电子技术标准化研究院
主要起草单位：工业和信息化部电子第五研究所
参加起草单位：广州赛宝计量检测中心服务有限公司
　　　　　　　深圳市中图仪器股份有限公司

本规范技术条文委托起草单位负责解释

本规范主要起草人：

　　罗凯元（工业和信息化部电子第五研究所）

　　谢开捷（工业和信息化部电子第五研究所）

　　王道锦（工业和信息化部电子第五研究所）

参 加 起 草 人：

　　陈昌宗（广州赛宝计量检测中心服务有限公司）

　　张君和（深圳市中图仪器股份有限公司）

　　马俊杰（深圳市中图仪器股份有限公司）

<h1 style="text-align:center">目　　录</h1>

引　言

　　本规范依据 JJF 1071—2010《国家计量校准规范编写规则》、JJF 1001—2011《通用计量名词术语》和 JJF 1059.1—2012《测量不确定度评定与表示》编写。

　　本规范为首次发布。

图像尺寸测量仪校准规范

1　范围

本规范适用于基于光学镜头和图像分析软件，在测量范围内通过一次完整成像或图像二次拼接的方法进行测量的图像尺寸测量仪的校准。

2　引用文件

本规范引用了下列文件：

JB/T 12639—2016《闪测影像测量仪》

注：凡是注日期的引用文件，仅注日期的版本适用于本规范；凡是不注日期的引用文件，其最新版本（包括所有的修改单）适用于本规范。

3　术语和计量单位

3.1　一次成像　imaging in one shot

一次性获取被测量工件（或工件的被测量区域）的完整影像。

3.2　图像拼接　image stitching

为得到更大的测量范围，将一次成像所获得的两张或多张图像拼接为一张完整的图像。

3.3　探测误差　probing error

用图像尺寸测量仪在视场范围内通过一次成像测量平面圆形实物标准器的半径变化范围。

3.4　单视场尺寸测量示值误差　measurement error of single field of view size

对于单视场测量范围内一次成像的测量图像进行尺寸测量的示值误差。

3.5　图像拼接视场尺寸测量示值误差　image stitching field of view size measurement error

对于通过图像拼接而成的测量图像进行尺寸测量的示值误差。

3.6　测量结果的一致性　consistency of measurement results

指在单镜头视场范围内，同一被测物体于任意位置重复测量所得测量结果的一致程度。

4　概述

图像尺寸测量仪，也称为闪测影像测量仪，是基于图像摄取技术与图像分析算法，同时集合了一键闪测功能的高智能高精度测量仪器。设备通过精密光学镜头获取被测件的光学图像，再通过高精度图像分析算法对信号进行分析运算来达到测量的目的。现多用于复杂零部件的检测。可分为载物台可移动型式（图1）与载物台不可移动型式（图2）［JB/T 12639—2016《闪测影像测量仪》，典型结构型式4.1］。

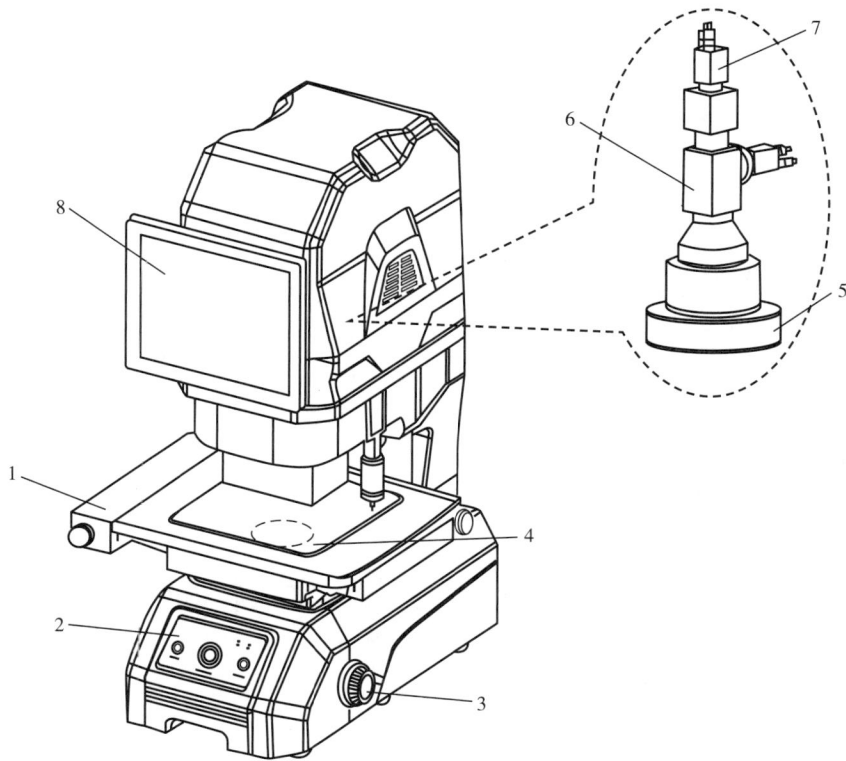

1—载物台　2—操作面板　3—Z 轴调节装置　4—透射光源　5—反射光源
6—光学镜头　7—图像传感器　8—显示装置

图 1　图像尺寸测量仪结构图（载物台可移动型式）

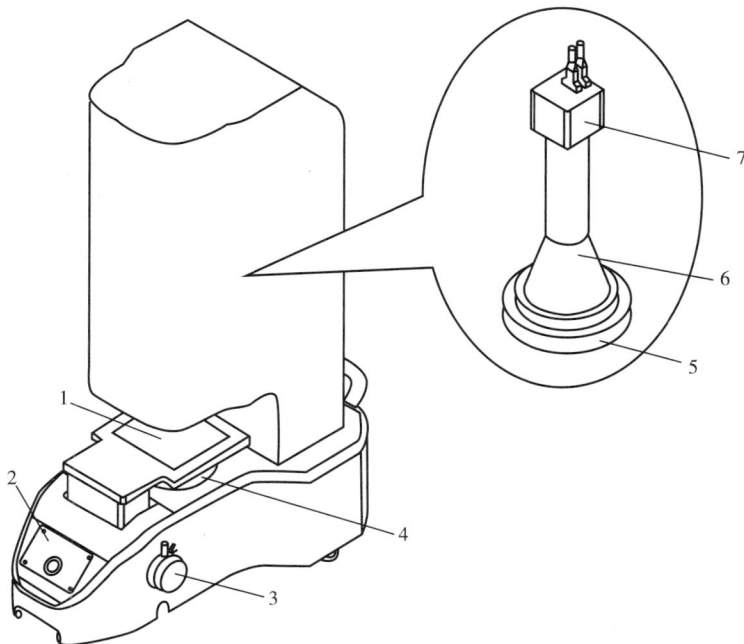

1—载物台　2—操作面板　3—Z 轴调节装置　4—透射光源　5—反射光源　6—光学镜头　7—图像传感器

图 2　图像尺寸测量仪结构图（载物台不可移动型式）

5 计量特性

5.1 探测误差

根据被校图像尺寸测量仪出厂说明书技术指标确定。

5.2 示值误差

5.2.1 单视场尺寸测量示值误差

广角模式测量精度：±5μm；

精密模式测量精度：±2μm。

注：以上指标仅为典型范例，上述计量特性应优先符合仪器使用说明书要求。

5.2.2 图像拼接视场尺寸测量示值误差

广角模式测量精度：±（7+0.02L）μm；

精密模式测量精度：±（4+0.02L）μm，L 单位为 mm。

注：1. 以上指标仅为典型范例，上述计量特性应优先符合仪器使用说明书要求；

2. 对于有图像拼接功能的图像尺寸测量仪需校准此项，无拼接功能的图像尺寸测量仪无须校准此项。

5.2.3 光照探针的尺寸测量示值误差

根据被校图像尺寸测量仪出厂说明书技术指标确定。

注：对于有光照探针的图像尺寸测量仪需校准此项，无该功能的图像尺寸测量仪无须校准此项。

5.3 重复性

5.3.1 图像测量的重复性

单镜头广角模式重复性：±1μm；

单镜头精密模式重复性：±0.5μm；

图像拼接广角模式重复性：±2μm；

图像拼接精密模式重复性：±1.5μm。

注：以上指标仅为典型范例，上述计量特性应优先符合仪器使用说明书要求。

5.3.2 光照探针测量的重复性

根据被校图像尺寸测量仪出厂说明书技术指标确定。

5.4 测量结果的一致性

根据被校图像尺寸测量仪出厂说明书技术指标确定。

6 校准条件

6.1 环境条件

6.1.1 环境的温度：（20±3）℃，校准期间温度波动不大于1℃/h，被校仪器在室内温度平衡时间不少于12h，标准器与被校仪器在同一环境下的温度平衡时间不少于6h［JB/T 12539—2016《闪测影像测量仪》，检验条件7］。

注：实际测量时，应以符合仪器出厂指标要求的环境条件进行测量。

6.1.2 环境相对湿度：30%～75%。

6.1.3 其他：周围无影响测量结果的灰尘、噪声、腐蚀性气体、电磁干扰和机械振动等。

6.2 测量标准及其他设备

6.2.1 圆形靶标

圆度不超过 0.5μm，影像直径为被校仪器视场范围 10%~30% 的平面圆形实物标准器。

6.2.2 一维标准器

线纹尺：不确定度不大于被校图像尺寸测量仪 1/4MPE；

一维点阵掩模板：不确定度不大于被校图像尺寸测量仪 1/4MPE；

量块：不确定度不大于被校图像尺寸测量仪 1/4MPE。

6.2.3 二维点阵掩模板

点阵坐标间的距离的不确定度不大于被校图像尺寸测量仪 1/4MPE，其测量范围不小于被校仪器测量范围的 2/3，其建议型式见附录 C。

注：也可使用满足不确定度要求的其他标准器进行校准。

7 校准项目和校准方法

7.1 校准项目

图像尺寸测量仪校准项目见表 1。

表 1 图像尺寸测量仪校准项目一览表

序号	项目名称
1	外观及工作正常性检查
2	探测误差
3	单视场尺寸测量示值误差
4	图像拼接视场尺寸测量示值误差
5	光照探针的尺寸测量示值误差
6	图像测量的重复性
7	光照探针测量的重复性
8	测量结果的一致性

注 应根据被校图像尺寸测量仪的功能选择校准项目。

7.2 外观及工作正常性检查

检查被校仪器的结构是否完整，无影响正常工作的机械损伤。使用环境条件应满足仪器要求，无影响计量特性的因素。

7.3 探测误差

将圆形靶标放置于在单镜头视场范围下，调节焦距与光照条件至成像清晰。用被校仪器摄取圆形靶标的图像，获取图像边缘所有的数据点坐标。通过被校仪器的测量软件将所获得的数据点坐标利用最小二乘法拟合成一个圆形，得到圆心坐标值。计算图像边缘所采集到的所有数据点坐标到圆心坐标的距离，取其中最大值与最小值之差为探测误差的测量结果，填入附录 A 表 A.2 中。

7.4 示值误差

7.4.1 单视场尺寸测量示值误差

7.4.1.1 对于被校仪器的单视场尺寸测量误差，应当按被校仪器单视场的最大测量范围选择标准器，标准器的测量范围不小于被校仪器最大测量范围的 2/3。将符合 6.2.2～6.2.3 要求的一维标准器或二维点阵掩模板平行放置于工作台上，调节焦距与光照条件至成像清晰后进行测量。

7.4.1.2 在工作台上选取 4 个位置进行测量，其中两个位置应是 XY 测量范围对角线方向，另外两个位置应分别平行于 X 轴和 Y 轴方向，如图 3 所示。

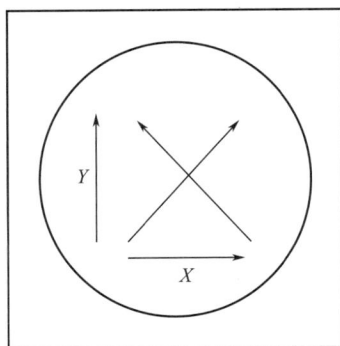

图 3 测量方向示意图

7.4.1.3 每个测量方向测量 3 个近似等间距的间隔，最小测量间隔不大于该测量方向测量范围的 10%，最大测量间隔不小于该测量方向测量范围的 66%，每个测量间隔测量 3 次，将测量结果填入附录 A 表 A.3 中。

7.4.1.4 测量结果处理：测量值与标准器实际值的差值为示值误差，所有示值误差均不应超过对应的最大允许误差。

注：若图像尺寸测量仪存在多个不同倍率镜头，则应分别对所有镜头的单视场尺寸测量示值误差进行校准。

7.4.2 图像拼接视场尺寸测量示值误差

7.4.2.1 对于可进行图像拼接的图像尺寸测量仪，首先应当按被校准仪器图像拼接后的最大测量范围选择标准器，标准器的测量范围不小于图像拼接后最大测量范围的 2/3。

7.4.2.2 由于标准器的测量范围大于单镜头视场范围，故需通过移动工作台或镜头对标准器各部分别进行图像摄取，然后将所获得的所有图像通过被校仪器的配套软件拼接为一张完整的图像进行测量。

7.4.2.3 将标准器按 7.4.1.2 要求选取 4 个方向进行放置，再分别利用图像拼接功能获取其完整图像，然后按 7.4.1.3～7.4.1.4 的要求进行测量，将测量结果填入附录 A 表 A.4 中。

注：若图像尺寸测量仪存在多个不同倍率镜头并可进行图像拼接，则应分别对所有镜头图像拼接视场尺寸测量示值误差进行校准。

7.4.3 光照探针的尺寸测量示值误差

将满足 6.2.2 要求的量块平行放置于工作台上。用专用夹具固定量块的位置保持不变，按 7.4.1.2 要求选取 4 个位置，按 7.4.1.3～7.4.1.4 的要求，利用光照探针对量块进行测量，将测量结果填入附录 A 表 A.5 中。测得值与量块实际值的差值为光照探针的示值误差，所有示值误差均不应超过对应的最大允许误差。

7.5　重复性

7.5.1　图像测量的重复性

7.5.1.1　在单视场范围下，将符合 6.2.2~6.2.3 要求的一维标准器或二维点阵掩模板平行放置于工作台上，调节焦距与光照条件至成像清晰。

7.5.1.2　对同一标准值于相同位置重复测量 10 次，并将测量结果填入附录 A 表 A.6 中。

7.5.1.3　以贝塞尔公式计算实验标准偏差评价其重复性，重复性结果应当满足仪器技术指标要求。

7.5.2　光照探针测量的重复性

7.5.2.1　将任意尺寸的量块平行放置于工作台上，利用夹具固定量块的位置保持不变。

7.5.2.2　用光照探针对该量块重复测量 10 次，将测量结果填入附录 A 表 A.7 中。

7.5.2.3　以贝塞尔公式计算实验标准偏差来评价其重复性，重复性结果应当满足仪器技术指标要求。

7.6　测量结果的一致性

7.6.1　在单视场范围下，将符合 6.2.2~6.2.3 要求的一维标准器或二维点阵掩模板平行放置于工作台上，调节焦距与光照条件至成像清晰。

7.6.2　取视场内均匀分布的 9 个位置，如图 4 所示。

7.6.3　通过移动标准器分别在 9 个位置处对同一标准值进行测量，将测得值填入附录 A 表 A.8 中。

7.6.4　测量值的最大值与最小值之差为测量结果的一致性。

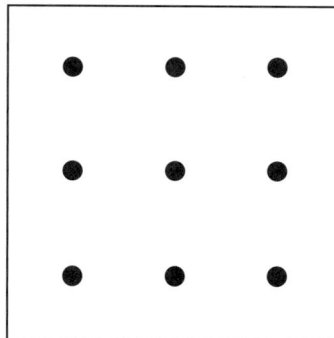

图 4　测量结果的一致性放置位置示意图

8　校准结果表达

校准后，出具校准证书。校准证书应至少包含以下信息：

a）标题："校准证书"；

b）实验室名称和地址；

c）进行校准的地点（如果与实验室的地址不同）；

d）证书或报告的唯一性标识（如编号），每页及总页数的标识；

e）客户的名称和地址；

f）被校准对象的描述和明确标识；

g）进行校准的日期，如果与校准结果的有效性和应用有关时，应说明被校对象的接收日期；

h）如果与校准结果的有效性应用有关时，应对被校样品的抽样程序进行说明；

i）校准所依据的技术规范的标识，包括名称及代号；

j）本次校准所用测量标准的溯源性及有效性说明；

k）校准环境的描述；

l）校准结果及其测量不确定度的说明；

m）对校准规范的偏离的说明；

n）校准证书或校准报告签发人的签名、职务或等效标识；

o）校准结果仅对被校对象有效的声明；

p）未经实验室书面批准，不得部分复制证书的声明。

9　复校时间间隔

建议复校时间间隔不超过1年。由于复校时间间隔的长短是由仪器的使用情况、使用者、本身质量等诸多因素决定的，因此，申请校准单位可根据实际使用情况自主决定复校时间间隔。

附录 A　原始记录格式

A.1　外观及工作正常性检查

表 A.1　外观及工作正常性检查

项目	检查结果
外观检查	
工作正常性检查	

A.2　探测误差

表 A.2　探测误差

实测值/μm	不确定度/μm（$k=2$）

A.3　示值误差

表 A.3　单视场尺寸测量示值误差

标准值/mm	指示值/mm	示值误差/μm	不确定度/μm（$k=2$）

表 A.4　图像拼接视场尺寸测量示值误差

标准值/mm	指示值/mm	示值误差/μm	不确定度/μm（$k=2$）

表 A.5　光照探针尺寸测量示值误差

标准值/mm	指示值/mm	示值误差	不确定度/μm（$k=2$）

A.4　重复性

表 A.6　图像测量的重复性

指示值/mm	重复性/mm

表 A.7　光照探针测量的重复性

指示值/mm					重复性/mm

A.5　测量结果的一致性

表 A.8　测量结果的一致性

指示值/mm					一致性/mm

附录 B 校准证书内页格式

B.1 外观及工作正常性检查

表 B.1 外观及工作正常性检查

项目	检查结果
外观检查	
工作正常性检查	

B.2 探测误差

表 B.2 探测误差

实测值/μm	不确定度/μm（$k=2$）

B.3 示值误差

表 B.3 单视场尺寸测量示值误差

标准值/mm	指示值/mm			示值误差/μm	不确定度/μm（$k=2$）

表 B.4 图像拼接视场尺寸测量示值误差

标准值/mm	指示值/mm			示值误差/μm	不确定度/μm（$k=2$）

表 B.5 光照探针尺寸测量示值误差

标准值/mm	指示值/mm			示值误差/μm	不确定度/μm（$k=2$）

B.4 重复性

表 B.6 图像测量的重复性

实测值/μm

表 B.7　光照探针测量的重复性

实测值/μm

B.5　测量结果的一致性

表 B.8　测量结果的一致性

实测值/μm

附录 C 二维点阵掩模板样式

C.1 概述

二维点阵掩模板是于特定材质的玻璃平板上按一定规律刻画一系列具有二维尺寸坐标的图形标记（如网格、十字标记、圆形标记等）的二维标准器。通过校准后可作为图像尺寸测量仪的标准器测量尺寸测量示值误差。

C.2 二维点阵掩模板的样式

二维掩模板的尺寸范围应能覆盖被校仪器测量范围的 2/3 以上，其样式建议如图 C.1 所示，也可使用其他样式的二维掩模板。

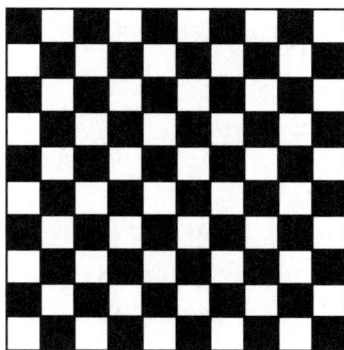

图 C.1 掩模板样式示意图

附录 D 测量不确定度评定示例

D.1 探测误差测量结果的测量不确定度

D.1.1 测量方法

图像尺寸测量仪的探测误差是通过对圆形靶标直接测量得到的。先将圆形靶标放置于工作台上，调节焦距直至图像清晰，通过一次成像获取圆形靶标的图像，再对图像进行分析得到探测误差。

D.1.2 测量模型

$$y = x \tag{D.1}$$

式中：

y ——探测误差测量结果，μm；

x ——图像尺寸测量仪的测得值，μm。

D.1.3 探测误差测量结果的不确定度分量

探测误差测量结果 y 的不确定度主要来源于测量读数引入的不确定度 $u(x_1)$ 与标准器引入的不确定度 $u(x_2)$。

D.1.3.1 测量读数的不确定度主要受测量重复性影响。将圆形靶标放置在被检仪器工作台的中间位置上，通过测量仪对圆形靶标进行一次成像分析测量，重复测量 10 次，得到读数值如表 D.1 所示，用贝塞尔公式计算实验标准偏差。

表 D.1 探测误差重复测量的读数值

测量序号	1	2	3	4	5
测量结果/μm	1.4	1.5	1.6	1.5	1.4
测量序号	6	7	8	9	10
测量结果/μm	1.5	1.5	1.6	1.4	1.5

则测量读数引入的标准不确定度分量为：

$$u(x_1) = s = \sqrt{\frac{\sum_{i=1}^{10} (x_{1i} - \bar{x})^2}{n-1}} = 0.08 \mu m$$

D.1.3.2 标准器引入的不确定度分量来源于圆形靶标校准证书给出的圆度误差及其不确定度。例如，证书中给出圆形靶标的圆度测量值 $F = 0.30 \mu m$，测量不确定度为 $U(F) = 0.30 \mu m$，$k = 2$。圆度测量值引入的不确定度分量按均匀分布考虑，则标准器引入的标准不确定度分量为：

$$u(x_2) = \sqrt{\left(\frac{F}{2\sqrt{3}}\right)^2 + \left[\frac{U(F)}{k}\right]^2} = \sqrt{\left(\frac{0.30}{2\sqrt{3}}\right)^2 + \left(\frac{0.30}{2}\right)^2} = 0.18 \mu m \tag{D.2}$$

D.1.4 探测误差测量结果的标准不确定度

$$u(y) = \sqrt{u^2(x_1) + u^2(x_2)} = \sqrt{0.08^2 + 0.18^2} = 0.20 \mu m \tag{D.3}$$

D.1.5 探测误差测量结果的扩展不确定度

取包含因子 $k = 2$，则探测误差测量结果 y 的扩展不确定度为：

$$U(y) = 2u(y) = 0.4\mu m \tag{D.4}$$

D.2 尺寸测量示值误差的测量不确定度

D.2.1 测量方法（用标准玻璃线纹尺进行校准）

图像尺寸测量仪的尺寸测量示值误差的校准可用标准玻璃线纹尺进行测量。先将标准玻璃线纹尺放置在工作台上，调整焦距使线纹尺刻线的影像清晰，再通过对标准玻璃线纹尺进行一次成像分析进行测量，测量间隔为标准玻璃线纹尺 0 刻线至任意刻线，测得值与标准器的实际值的差值为尺寸测量示值误差。以下以分辨力为 0.0001mm 的图像尺寸测量仪为例进行不确定度评定。

D.2.2 测量模型

各点的误差按公式（5）计算：

$$\delta_i = L_i - L_{si} \tag{D.5}$$

式中：

δ_i——被测尺寸测量仪各点的误差值，mm；

L_i——相应测量间隔的测得值，mm；

L_{si}——标准玻璃线纹尺所用相应段的实际尺寸，mm。

D.2.3 方差和灵敏系数

考虑各分量彼此独立，依据不确定度传播律：

$$u_c^2 = u^2(\delta_i) = c_1^2 u^2(L_i) + c_2^2 u^2(L_{si}) \tag{D.6}$$

式中：

$$c_1 = \frac{\partial \delta_i}{\partial L_i} = 1; \quad c_2 = \frac{\partial \delta_i}{\partial L_{si}} = -1$$

D.2.4 计算标准不确定度分量

D.2.4.1 测量读数影响引入的标准不确定度分量 $u(L_i)$

测量时，对测量读数有影响的包括测量重复性、分辨力误差及测量结果的一致性。将标准玻璃线纹尺放置在被检仪器工作台的中间位置上，选取 100mm 间隔作为测量对象，通过测量仪对标准玻璃线纹尺进行一次成像分析测量，重复 10 次，得到读数值见表 D.2，用贝塞尔公式计算实验标准偏差。

表 D.2 尺寸测量误差重复测量的读数值

测量序号	1	2	3	4	5
测量结果/mm	100.0001	100.0002	100.0001	100.0002	100.0001
测量序号	6	7	8	9	10
测量结果/mm	100.0002	100.0002	100.0001	100.0003	100.0002

则测量重复性引入的标准不确定度分量为：

$$u(L_0) = s = \sqrt{\frac{\sum_{i=1}^{10}(L_i - \bar{L})^2}{n-1}} = 0.07\mu m$$

由分辨力引入的不确定度：

$$u(L_1) = \frac{0.1}{2\sqrt{3}} = 0.03\mu m$$

将玻璃线纹放置于工作台上，按规范的方法测得测量结果的一致性为 1 2μm，半宽区间为 0.6μm，按均匀分布计算，则测量结果的一致性引入的不确定度分量为：

$$u(L_2) = \frac{1.2}{2\sqrt{3}} = 0.35 \ \mu m$$

取影响量较大者，则测量读数影响引入的不确定度为：

$$u(L_i) = u(L_2) = 0.35 \ \mu m$$

D.2.4.2　标准玻璃线纹尺引入的标准不确定度分量 $u(L_{si})$

该项不确定度主要由标准玻璃线纹尺检定误差的不确定度和标准玻璃线纹尺受温度影响的不确定度组成。

D.2.4.2.1　标准玻璃尺线纹尺检定误差的标准不确定度 $u_1(L_{si})$

检定证书给出的测量不确定度为 $U = 0.2\mu m + 1.5 \times 10^{-6}L$，$k = 3$，各测量点的标准不确定度分量见表 D.3。

表 D.3　标准器检定误差所引入的不确定度分量

测量点/mm	10	50	100	150	200
$u_1(L_{si})$ /μm	0.07	0.09	0.12	0.14	0.17

D.2.4.2.2　标准线纹尺由于温度线膨胀系数引入的标准不确定度分量 $u_2(L_{si})$

设测量期间环境温度为（20±1）℃，则 $\Delta t = 2$℃，标准玻璃线纹尺的温度线膨胀系数为 $a = 8.6 \times 10^{-6}$℃$^{-1}$，在测量期间由温度偏离20℃引入的误差服从均匀分布，故得：

$$u_2(L_{si}) = \frac{L \times \Delta t \times a}{2\sqrt{3}} \tag{D.7}$$

由标准器温度线膨胀系数引入的不确定度见表 D.4。

表 D.4　标准器温度线膨胀系数引入的不确定度分量

测量点/mm	10	50	100	150	200
$u_2(L_{si})$/μm	0.05	0.25	0.50	0.74	0.99

D.2.4.2.3　标准玻璃线纹尺影响估算的标准不确定度 $u(L_{si})$

$$u(L_{si}) = \sqrt{u_1^2(L_{si}) + u_2^2(L_{si})} \tag{D.8}$$

各测量点由标准器引入的不确定度分量见表 D.5。

表 D.5　标准器引入的不确定度分量

测量点/mm	10	50	100	150	200
$u(L_{si})$ /μm	0.09	0.27	0.51	0.75	1.0

D.2.5　合成标准不确定度

$$u_c = \sqrt{c_1^2 u^2(L_i) + c_2^2 u^2(L_{si})} \tag{D.9}$$

见表 D.6。

表 D.6　合成标准不确定度

测量点/mm	10	50	100	150	200
u_c/μm	0.36	0.44	0.62	0.83	1.1

D.2.6　扩展不确定度

取 $k=2$，$U=k\times u_c$ 评定结果如表 D.7 所示。

表 D.7　扩展不确定度

测量点/mm	10	50	100	150	200
U/μm	0.8	0.9	1.3	1.7	2.2

D.2.7　标准不确定度分量一览表

标准不确定度分量见表 D.8。

表 D.8　标准不确定度一览表

被检点 L/mm				10	50	100	150	200
不确定度来源 u_i	分辨力引入不确定度来源		取其中较大值/μm	0.35	0.35	0.35	0.35	0.35
	重复性引入的不确定度							
	测量结果的一致性引入的不确定度							
	标准器引入的不确定度	标准玻璃线纹尺检定误差的影响/μm	0.07	0.09	0.12	0.14	0.17
		温度偏离 20℃ 引起的尺寸变化量的影响/μm	0.05	0.25	0.50	0.74	0.99
合成标准不确定度 u_c/μm				0.36	0.44	0.62	0.83	1.1
扩展不确定度 U/μm（$k=2$）				0.8	0.9	1.3	1.7	2.2

按照评定结果可知，在（0~200）mm 范围内尺寸测量示值误差测量结果扩展不确定度近似呈线性，根据上述结果可知其拟合直线方程为：$U=0.64\text{μm}+8\times10^{-6}L$，$k=2$，$L$ 单位为 μm。

如果评定其他分辨力的图像尺寸测量仪示值误差的测量不确定度，在环境条件不变的情况下，采用相应的测量结果代入即可。

JJF

中华人民共和国工业和信息化部
电子计量技术规范

JJF（电子）0097—2023

谐振腔法电容器等效串联电阻
测试系统校准规范

Calibration Specification of the Test System with Resonant
Coaxial-Line for Effective Series Resistance of Capacitors

2023-08-16 发布   2023-09-01 实施

中华人民共和国工业和信息化部　发　布

谐振腔法电容器等效串联电阻
测试系统校准规范

Calibration Specification of the Test System
with Resonant Coaxial-Line for Effective
Series Resistance of Capacitors

JJF（电子）0097—2023

归　口　单　位：中国电子技术标准化研究院
主要起草单位：中国电子技术标准化研究院

本规范技术条文委托起草单位负责解释

本规范主要起草人：

裴　静（中国电子技术标准化研究院）

王宇航（中国电子技术标准化研究院）

赵　飞（中国电子技术标准化研究院）

目　录

引　言

　　本规范依据 JJF 1071—2010《国家计量校准规范编写规则》和 JJF 1059.1—2012《测量不确定度评定与表示》编写。

　　本规范为首次发布。

谐振腔法电容器等效串联电阻测试系统校准规范

1 范围

本规范适用于谐振频率范围在 120MHz～2.1 GHz 的新制造、新购置和使用中的谐振腔法电容器等效串联电阻（ESR）测试系统的校准，其他频率范围的相同原理的测试系统也适用于本规范。

2 引用文件

EIA Standard RS—483《多层陶瓷电容器的高频等效串联电阻（ESR）及电容测试方法》（*Standard Method of Test for Effective Series Resistance（ESR）and Capacitance Multilayer Ceramic Capacitors at High Frequencies.*）

注：凡是注日期的引用文件，仅注日期的版本适用于本规范；凡是不注日期的引用文件，其最新版本（包括所有的修改单）适用于本规范。

3 术语和计量单位

3.1 谐振频率

当谐振电路外部输入电压的正弦频率达到某一特定频率时，谐振电路的感抗与容抗相等即为谐振，该特定频率即为谐振频率（Resonance Frequency，单位：赫兹）。根据谐振频率，通过公式（1）可计算出电容值。

$$f_0 = \frac{1}{2\pi\sqrt{LC}} \tag{1}$$

式中：
f_0——谐振频率，Hz；
L——电感，H；
C——电容，F。

3.2 品质因数 Q

在谐振频率下，当信号振幅不随时间变化时，系统储存能量与一个周期内消耗的能量的比值为品质因数（Factor，无量纲量）。

4 概述

ESR 是微波陶瓷电容器十分关键的性能指标。理想电容器在信号通过时没有任何能量损失，在实际应用中，由于多层陶瓷电容器的内电极和陶瓷介质都存在损耗，在交流信号通过时会产生发热，因此也会有能量损失，在外部的表现上好像电容内部又串联了一个电阻。通常一个电容器可以等效成一个 LCR 串联电路，该串联电路的 ESR 值会导致电容自发热等问题，影响电容性能。国内外相关单位普遍采用谐振腔法测量高 Q 电容的 ESR 值，该方法使用谐振腔法电容器 ESR 测试系统进行射频/微波高 Q 值电容器 ESR 的测试。

基于同轴谐振腔法的电容器 ESR 测试系统包括网络分析仪、同轴谐振腔、电缆等，见图1。其中同轴谐振腔的长度决定了 ESR 值的测试频率。通过测试加载被测电容器前后同轴谐振腔谐振频率和品质因数的变化情况，通过计算得到 ESR。

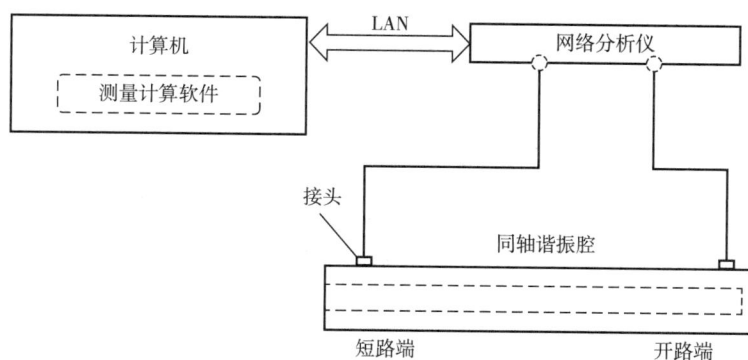

图 1　测试系统框图

5　计量特性

5.1　短路谐振频率

标称值范围：120MHz～1900MHz，最大允许误差：±0.1%。

5.2　短路品质因数

标称值范围：900～3000，最大允许误差：±10%。

5.3　开路谐振频率

标称值范围：250MHz～2100MHz，最大允许误差：±0.1%。

5.4　开路品质因数

标称值范围：1700～4200，最大允许误差：±10%。

5.5　同轴谐振腔特征阻抗

标称值范围：75.75Ω，最大允许误差：±10%。

6　校准条件

6.1　环境条件

6.1.1　环境温度：（23±2）℃。

6.1.2　相对湿度：20%～80%。

6.1.3　电源要求：（220±11）V，（50±1）Hz。

6.1.4　周围无影响仪器正常工作的电磁干扰和机械振动。

6.1.5　保证校准过程中对静电有严格的防护措施，以免损害校准用设备。

6.2　测量标准及其他设备

6.2.1　频率计

频率测量范围：10MHz～3GHz，最大允许误差：±2×10^{-6}。

6.2.2　功分器

频率范围：1MHz～3GHz，插入损耗：（4～8.5）dB，幅度平衡度：≤0.2dB。

6.2.3 外径千分尺

量程：（0~25）mm，最大允许误差：±0.005mm。

6.2.4 三点内径千分尺

量程：（25~50）mm，最大允许误差：±0.005mm。

7 校准项目和校准方法

7.1 外观、附件及功能性检查

被检仪器外观应完好，无影响正常工作的机械损伤，各附件应齐全。

面板或铭牌上应有名称、型号、国别厂家、出厂编号等，各按键、开关应有保证正确使用的标志。将检查结果记录在附录 A 的表格 A.1 中。

通电后被检仪器应能正常工作，各种指示和显示应正确。将检查结果记录在附录 A 的表格 A.1 中。

7.2 短路谐振频率校准

7.2.1 校准设备的连接

校准设备的连接方式如图 2 所示，频率计和被校测试系统的网络分析仪、谐振腔通过功分器的三个端口相连接。

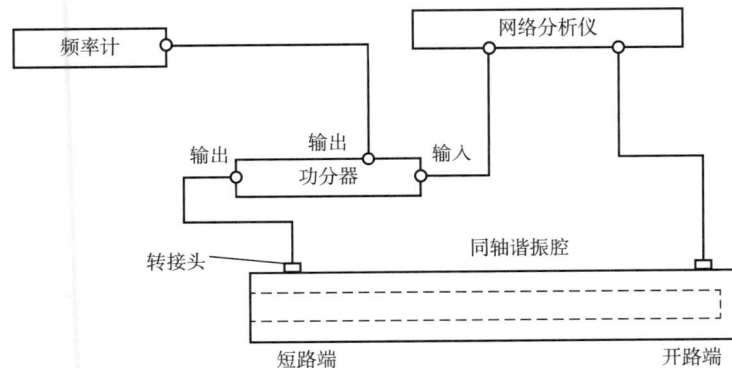

图 2 谐振腔法 ESR 测试系统校准连接示意图

7.2.2 校准步骤

7.2.2.1 在对测试系统进行校准之前，先对测试系统中的网络分析仪进行自校准。

7.2.2.2 将谐振腔（图 3）的银制活塞与中心导体短路，在网络分析仪上找到谐振腔的第一谐振峰（λ/4），此时网络分析仪上标出的第一谐振峰（λ/4）的中心频率即为第一谐振峰（λ/4）的短路谐振频率 f_{sc} 指示值，将其记录在附录 A 的表格 A.2 中的相应位置。

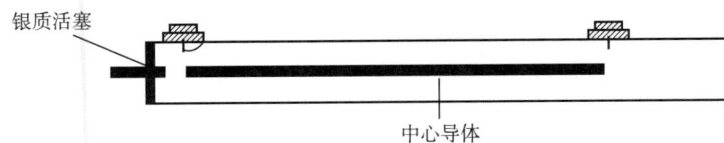

图 3 谐振腔剖面结构图

7.2.2.3 将网络分析仪的中心频率（center）设为短路谐振频率指示值，频带宽度（span）设为 1Hz，此时频率计上显示的即为第一谐振峰（$\lambda/4$）的短路谐振频率f_{sc}实测值，将实测值记录在附录 A 的表格 A.2 中的相应位置。

7.2.2.4 用同样的方法得到其余谐振模式的短路谐振频率指示值和实测值，记录在附录 A 的表格 A.2 中。

7.3 短路品质因数校准

7.3.1 谐振品质因数

谐振腔品质因数由如图 4 所示的谐振峰中心谐振频率的 3dB 带宽f_{BW}与中心频率f，通过公式（2）计算得到。

$$Q = \frac{f}{f_{BW}} \tag{2}$$

式中：

Q ——谐振腔品质因数；

f ——谐振峰中心谐振频率，Hz；

f_{BW} ——谐振峰中心谐振频率的 3dB 带宽，Hz。

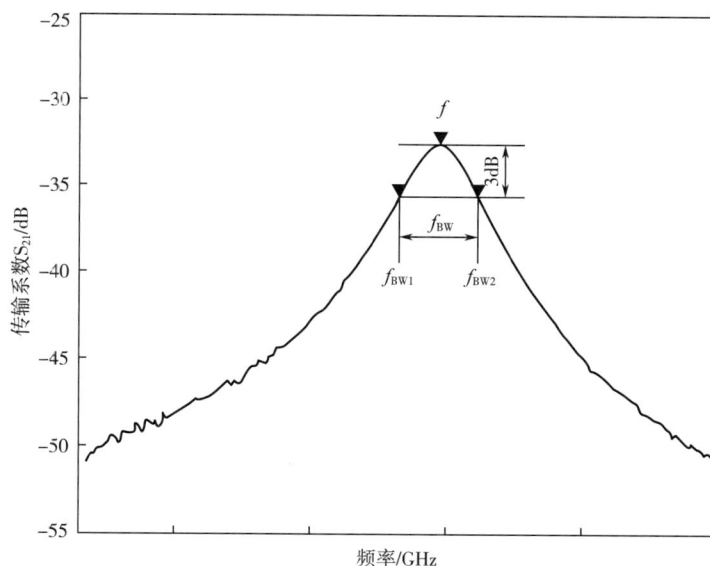

图 4 品质因数 Q 值示意图

7.3.2 校准步骤

7.3.2.1 用 7.2.3 所述的方法测得第一谐振峰（$\lambda/4$）短路谐振频率后，在网络分析仪上调出 3dB 带宽，此时在网络分析仪上可读出相应的 Q 值，即为第一谐振峰（$\lambda/4$）短路品质因数Q_{sc}的指示值，将其记录在附录 A 的表格 A.3 中的相应位置。

7.3.2.2 在网络分析仪上标出图 4 所示f_{BW1}，将网络分析仪的中心频率（center）设为f_{BW1}，频带宽度（span）设为 1Hz，此时频率计上显示的即为第一谐振峰（$\lambda/4$）的f_{BW1}实测值，将该值记录在附录 A 表 A.3 中的相应位置。

7.3.2.3 用同样的方法得到f_{BW2}实测值，记录在附录 A 的表格 A.3 中的相应位置。

7.3.2.4 结合表格 A.2 中相应的f_{sc}，通过公式（2）计算出第一谐振峰（$\lambda/4$）短路品质因数Q_{sc}的实测值。

7.3.2.5 以此类推可得到其余模式谐振峰短路品质因数 Q_{sc} 的指示值和实测值，记录在附录 A 表 A.3 中。

7.4 开路谐振频率校准

校准设备的连接方式不变，如图 2 所示。将谐振腔内部的银制活塞与中心导体分离，如图 3 所示，即为开路方式。在网络分析仪上找到谐振腔各个模式下的谐振峰（$\lambda/2$、λ、…），按照与 7.2.3 相同的步骤校准，并将开路谐振频率 f_{oc} 的指示值和测量值记录在附录 A 表 A.4 中。

7.5 开路品质因数校准

保持谐振腔处于开路方式，按照与 7.3.2 相同的步骤校准，得到各个模式谐振峰开路品质因数 Q_{oc} 的指示值和实测值，记录在附录 A 表 A.5 中。

7.6 同轴谐振腔特征阻抗校准

7.6.1 同轴谐振腔的拆解

如被校系统中的同轴谐振腔的侧面是可开合结构，则打开盖板即可供内径千分尺和外径千分尺进行校准操作；如被校系统中的同轴谐振腔侧面不可开合，则需要从短路端拆解开，再进行校准操作。一般地，谐振腔特征阻抗校准只在首次校准中开展，后续校准可不做此项校准。

7.6.2 校准步骤

7.6.2.1 用外径千分尺测量谐振腔内导体的外径尺寸，连续测量 3 次，将 3 次的测量值及其平均值分别记录在附录 A 表 A.6 中的相应位置。

7.6.2.2 用内径千分尺测量谐振腔外导体的内径尺寸，连续测量 3 次，将 3 次的测量值及其平均值分别记录在附录 A 表 A.6 中的相应位置。

7.6.2.3 用公式 3 计算谐振腔的特性阻抗，并将其记录在附录 A 表 A.6 中的相应位置。

$$Z_0 = 59.94 \cdot \ln\frac{d_2}{d_1} \tag{3}$$

式中：
Z_0——谐振腔的特性阻抗，Ω；
d_1——谐振腔的内导体的外径，mm；
d_2——谐振腔的外导体的内径，mm。

8 校准结果表达

校准后，出具校准证书。校准证书至少应包含以下信息：
a）标题："校准证书"；
b）实验室名称和地址；
c）进行校准的地点（如果与实验室的地址不同）；
d）证书的唯一性标识（如编号），每页及总页数的标识；
e）客户的名称和地址；
f）被校对象的描述和明确标识；
g）进行校准的日期，如果与校准结果的有效性和应用有关时，应说明被校对象的接收日期；
h）如果与校准结果的有效性应用有关时，应对被校样品的抽样程序进行说明；
i）校准所依据的技术规范的标识，包括名称及代号；
j）本次校准所用测量标准的溯源性及有效性说明；

k）校准环境的描述；

l）校准结果及其测量不确定度的说明；

m）对校准规范的偏离的说明；

n）校准证书签发人的签名、职务或等效标识；

o）校准结果仅对被校对象有效的说明；

p）未经实验室书面批准，不得部分复制证书的声明。

9 复校时间间隔

复校时间间隔由用户根据使用情况自行确定，一般推荐为1年。

附录 A 原始记录格式

A.1 外观、附件及功能性检查

表 A.1 外观、附件及功能性检查

项目	检查结果
外观、附件检查	
功能性检查	

A.2 短路谐振频率 f_{sc}

表 A.2 短路谐振频率 f_{sc}

谐振模式	短路谐振频率 f_{sc}/GHz		测量不确定度 U_{rel} （$k=2$）
	指示值	实测值	
$\lambda/4$			
$3\lambda/4$			
$5\lambda/4$			
$7\lambda/4$			
$9\lambda/4$			
$11\lambda/4$			
$13\lambda/4$			
$15\lambda/4$			

A.3 短路品质因数（Q_{sc} 值）

表 A.3 短路品质因数（Q_{sc} 值）

谐振模式	指示值	3dB 带宽 f_{BW}/GHz			实测值	测量不确定度 U_{rel} （$k=2$）
		f_{BW1}	f_{BW2}	f_{BW}		
$\lambda/4$						
$3\lambda/4$						
$5\lambda/4$						
$7\lambda/4$						
$9\lambda/4$						
$11\lambda/4$						
$13\lambda/4$						
$15\lambda/4$						

A.4 开路谐振频率 f_{oc}

表 A.4 开路谐振频率 f_{oc}

谐振模式	开路谐振频率 f_{oc}/GHz		测量不确定度 U_{rel} （$k=2$）
	指示值	实测值	
$\lambda/2$			
λ			
$3\lambda/2$			
2λ			
$5\lambda/2$			
3λ			
$7\lambda/2$			
4λ			

A.5 开路品质因数（Q_{oc} 值）

表 A.5 开路品质因数（Q_{oc} 值）

谐振模式	指示值	3dB 带宽 f_{BW}/GHz			实测值	测量不确定度 U_{rel} （$k=2$）
		f_{BW1}	f_{BW2}	f_{BW}		
$\lambda/2$						
λ						
$3\lambda/2$						
2λ						
$5\lambda/2$						
3λ						
$7\lambda/2$						
4λ						

A.6 谐振腔特征阻抗（Z_0 值）

表 A.6 谐振腔特征阻抗（Z_0 值）

特征阻抗标称值/Ω	内导体外径测量值/mm	内导体外径实测值/mm	外导体内径测量值/mm	外导体内径实测值/mm	特征阻抗校准值/Ω	测量不确定度 U_{rel} （$k=2$）
75.75						

附录 B 校准证书内页格式

B.1 外观、附件及功能性检查

表 B.1 外观、附件及功能性检查

项目	检查结果
外观、附件检查	
功能性检查	

B.2 短路谐振频率 f_{sc}

表 B.2 短路谐振频率 f_{sc}

谐振模式	短路谐振频率 f_{sc}/GHz		测量不确定度 U_{rel}（$k=2$）
	指示值	实测值	
$\lambda/4$			
$3\lambda/4$			
$5\lambda/4$			
$7\lambda/4$			
$9\lambda/4$			
$11\lambda/4$			
$13\lambda/4$			
$15\lambda/4$			

B.3 短路品质因数（Q_{sc} 值）

表 B.3 短路品质因数（Q_{sc} 值）

谐振模式	短路品质因数 Q_{sc}		测量不确定度 U_{rel}（$k=2$）
	指示值	实测值	
$\lambda/4$			
$3\lambda/4$			
$5\lambda/4$			
$7\lambda/4$			
$9\lambda/4$			
$11\lambda/4$			
$13\lambda/4$			
$15\lambda/4$			

B.4 开路谐振频率 f_{oc}

表 B.4　开路谐振频率 f_{oc}

谐振模式	开路谐振频率 f_{oc}/GHz		测量不确定度 U_{rel}（$k=2$）
	指示值	实测值	
$\lambda/2$			
λ			
$3\lambda/2$			
2λ			
$5\lambda/2$			
3λ			
$7\lambda/2$			
4λ			

B.5 开路品质因数（Q_{oc} 值）

表 B.5　开路品质因数（Q_{oc} 值）

谐振模式	开路品质因数 Q_{oc}		测量不确定度 U_{rel}（$k=2$）
	指示值	实测值	
$\lambda/2$			
λ			
$3\lambda/2$			
2λ			
$5\lambda/2$			
3λ			
$7\lambda/2$			
4λ			

B.6 谐振腔特征阻抗（Z_0 值）

表 B.6　谐振腔特征阻抗（Z_0 值）

标称值/Ω	实测值/Ω	测量不确定度 U_{rel}（$k=2$）
75.75		

附录 C 测量不确定度评定示例

C.1 短路谐振频率校准结果的不确定度的评定

以第五谐振峰，谐振模式 $9\lambda/4$ 的校准为例。

C.1.1 测量模型

通过功分器将频率计接入短路模式下的测试系统，用直接测量法测得测试系统谐振峰的谐振频率，记录频率计的读数，按照式（C.1）可以得出被校测试系统的短路谐振频率：

$$f = f_m \tag{C.1}$$

式中：

f ——测试系统谐振峰的谐振频率，GHz；

f_m ——频率计测得的频率，GHz。

C.1.2 不确定度来源

a）频率计测量频率的准确度引入的不确定度分量 u_B；

b）测量重复性引入的不确定度分量 u_A。

C.1.3 标准不确定度评定

C.1.3.1 频率计测量频率的准确度引入的不确定度分量 u_B

用 B 类标准不确定度评定。频率计测量频率的准确度为 2×10^{-6}，远远优于测量重复性带来的不确定度，因此该项不确定度分量对校准结果的不确定度的贡献可以忽略不计。

C.1.3.2 测量重复性引入的不确定度分量 u_A

按 A 类评定，进行独立重复测量 10 次，重复性测试数据见表 C.1。

$$u_A = s(x) = \sqrt{\frac{\sum_{i=1}^{10}(x_i - \bar{x})^2}{n-1}} = 7.6\text{kHz}$$

表 C.1 测试数据记录表

单位：GHz

x_1	x_2	x_3	x_4	x_5	x_6	x_7	x_8	x_9	x_{10}	$\bar{x}$	$s(x)$
1.160245	1.160256	1.160248	1.160265	1.160258	1.160255	1.160265	1.160254	1.160242	1.160253	1.160254	7.6×10^{-6}

C.1.4 合成标准不确定度

根据上述计算，合成标准不确定度为：$u_c = 7.6\text{kHz}$。

C.1.5 扩展不确定度

取 $k=2$，则扩展不确定度 $U = u_c \times k = 17\text{kHz}$，相对扩展不确定度为 $U_{rel} = 1.4\times10^{-5}$。

C.2 短路品质因数校准结果的不确定度的评定

以第五谐振峰，谐振模式 $9\lambda/4$ 的校准为例。

C.2.1 测量模型

根据下式计算谐振腔品质因数：

$$Q = \frac{f}{f_{BW}}$$

式中：

Q——谐振腔品质因数，无单位；

f——谐振峰中心谐振频率，Hz；

f_{BW}——谐振峰中心谐振频率的3dB带宽，Hz。

C.2.2 不确定度来源

a）频率f的测量不准确引入的标准不确定度分量u_{B1}；

b）谐振峰频率3dB带宽测量不准确的影响u_{B2}；

c）测量重复性引入的不确定度分量u_A。

C.2.3 标准不确定度评定

C.2.3.1 频率f的测量不准确引入的不确定度分量u_{B1}

用B类标准不确定度评定。

谐振频率的测量不确定度主要由频率测量准确度和频率测量重复性决定。经C.1中的计算可知，谐振频率的测量不确定度约为0.0014%，其对Q值的影响为0.002%，概率分布为均匀分布，则$k=\sqrt{3}$，故其不确定度分量$u_{B1}=a/k=0.0011\%$。

C.2.3.2 谐振峰频率3dB带宽测量不准确的影响引入的标准不确定度分量u_{B2}

用B类标准不确定度评定。

首先估算出f_{BW}，对于第五谐振峰，谐振模式$9\lambda/4$，$f_0 \approx 1.1602$ GHz，$Q \approx 2500$，则$f_{BW} \approx 0.464$MHz，$f_{BW}/2 \approx 0.232$MHz。

将谐振曲线近似为开口向下的抛物线，其数学公式为：$x^2=-2py$，若二分之一3dB带宽为0.232MHz，$x=\pm0.232$MHz，$y=-3$dB，得到$-2p=0.0179413$，则该公式为：$x^2=0.0179413y$。

根据网络分析仪的技术指标，当谐振频率点传输系数模值在-50dB左右时，其测量准确度为0.06dB，则$y_1=3.06$dB，$x_1=0.2343$MHz；$y_2=2.94$dB，$x_2=0.2297$MHz。即$f_{BW}=0.2343\times2-0.2297\times2=0.0092$MHz，半宽区间为$\pm0.0049$MHz。

概率分布为均匀分布，则$k=\sqrt{3}$，故其不确定度分量：

$$u_{B2}=a/k=0.61\%$$

C.2.3.3 测量重复性引入的不确定度分量u_A

按A类评定，进行独立重复测量10次，重复性测试数据见表C.2。

$$u_A=s(x)=\sqrt{\frac{\sum_{i=1}^{10}(x_i-\bar{x})^2}{n-1}}=15.40$$

$$u_{relA}=0.6\%$$

表C.2 测试数据记录表

x_1	x_2	x_3	x_4	x_5	x_6	x_7	x_8	x_9	x_{10}	$\bar{x}$	$s(x)$
2589	2577	2565	2548	2579	2558	2569	2583	2599	2562	2562	15.40

C.2.4 合成标准不确定度

以上各不确定度分量独立不相关，根据下面公式，则合成标准不确定度为：

$$u_c = \sqrt{u_{B1}^2 + u_{B2}^2 + u_A^2} \approx 0.9\%$$

C.2.5　扩展不确定度

取 $k = 2$，则扩展不确定度：

$$U_{rel} = u_c \times k = 1.8\%$$

C.3　谐振腔特征阻抗校准结果的不确定度的评定

C.3.1　测量模型

根据谐振腔特性阻抗计算公式：

$$Z_0 = 59.94 \cdot \ln \frac{d_2}{d_1}$$

式中：

Z_0——谐振腔的特性阻抗，Ω；

d_1——谐振腔的内导体的外径，mm；

d_2——谐振腔的外导体的内径，mm。

可以得到谐振腔特性阻抗测量不确定度计算公式：

$$u_{c\,rel}^2(Z_0) = u_{rel}^2(d_1) + u_{rel}^2(d_2)$$

C.3.2　不确定度来源

a）谐振腔的内导体的外径测量不准确引入的不确定度分量 u_{B1}；

b）谐振腔的外导体的内径测量不准确引入的不确定度分量 u_{B2}。

C.3.3　标准不确定度评定

C.3.3.1　谐振腔的内导体的外径测量不准确引入的不确定度分量 u_{B1}

谐振腔的内导体的外径测量误差来源包括：外径千分尺的标准值的不确定度和测量重复性等因素。

a）外径千分尺的标准值的不确定度，参考其最大允许误差为 $\pm 0.4\mu m$，按照正态分布考虑：$0.4/2 = 0.2\mu m$；

b）测量重复性按 A 类方法评定，进行独立重复测量 10 次，重复性测试数据见表 C.3。

表 C.3　测试数据记录表

单位：mm

x_1	x_2	x_3	x_4	x_5	x_6	x_7	x_8	x_9	x_{10}	$\bar{x}$	$s(x)$
7.938	7.937	7.938	7.936	7.938	7.936	7.938	7.937	7.936	7.938	7.9372	0.0009

$$u_A = s(x) = \sqrt{\frac{\sum_{i=1}^{10}(x_i - \bar{x})^2}{n-1}} = 0.0009 \text{（mm）}$$

$$u_{B1} = \sqrt{(0.2 \times 10^{-3})^2 + 0.0009^2} = 0.0022 \text{（mm）}$$

$$u_{B1\,rel} = \frac{0.0022}{7.9372} = 0.28 \times 10^{-3}$$

根据不确定度传播率，得到合成标准不确定度 u_{B1} 为：0.0022mm，即谐振腔的内导体的外径测量不准确引入的不确定度分量 $u_{B1\,rel}$ 为 0.00028mm。

C.3.3.2　谐振腔的外导体的内径测量不准确引入的不确定度分量 u_{B2}

谐振腔的外导体的内径测量误差来源包括：内径千分尺的标准值的不确定度和测量重复性等因素。

a）内径千分尺的标准值的不确定度，根据上级溯源机构给出的校准结果，其测量不确定度为 1.3μm（$k=2$）；

b）测量重复性按 A 类方法评定，进行独立重复测量 10 次，重复性测试数据见表 C.4。

表 C.4　测试数据记录表

单位：mm

x_1	x_2	x_3	x_4	x_5	x_6	x_7	x_8	x_9	x_{10}	$\bar{x}$	$s(x)$
28.094	28.096	28.096	28.095	28.098	28.094	28.097	28.093	28.092	28.091	28.0946	0.0022

$$u_A = s(x) = \sqrt{\frac{\sum_{i=1}^{10}(x_i - \bar{x})^2}{n-1}} = 0.0022\ (\text{mm})$$

$$u_{B2} = \sqrt{(0.2 \times 10^{-3})^2 + 0.0022^2} = 0.0030(\text{mm})$$

$$u_{B2\,rel} = \frac{0.0030}{28.092} = 0.11 \times 10^{-3}$$

根据不确定度传播率，得到合成标准不确定度 u_{B2} 为：0.0030mm，即谐振腔的内导体的外径测量不准确引入的不确定度分量 $u_{B2\,rel}$ 为 0.00011mm。

C.3.4　合成标准不确定度

根据 C.3.1 中给出的不确定度计算公式，得到合成标准不确定度 u_c 为：

$$u_C = 59.94 \cdot \left(\frac{\Delta d_1}{d_1} - \frac{\Delta d_2}{d_2}\right) = 0.010\Omega$$

$$u_{C\,rel} = \sqrt{(0.28 \times 10^{-3})^2 + (0.11 \times 10^{-3})^2} \approx 0.30 \times 10^{-3}$$

C.3.5　扩展不确定度

取 $k=2$，则扩展不确定度：

$$U = 0.30 \times 10^{-3} \times 2 = 0.06\%$$